电力施工危险因素辨识与控制

主编　孟祥泽

内 容 提 要

《电力施工危险因素辨识与控制》是围绕火电工程、送变电工程和风电工程施工过程中的危险因素及控制措施精心编写而成的。全书共分土建工程施工、锅炉安装、汽轮发电机组安装、电气与热控设备安装、起重机械安装与拆除、焊接与金属检测、风电与送电线路工程施工 7 章。

本书既可作为施工现场作业人员必备手册，也可作为电力施工企业安全管理的培训教材，可供电力工程施工、建设、监理等单位的工程技术人员和安全管理人员及技术工人阅读。

图书在版编目（CIP）数据

电力施工危险因素辨识与控制/孟祥泽主编. —北京：中国电力出版社，2021.10
ISBN 978-7-5198-5953-4

Ⅰ. ①电… Ⅱ. ①孟… Ⅲ. ①电力工程－工程施工－安全管理 Ⅳ. ①TM08

中国版本图书馆 CIP 数据核字（2021）第 175924 号

出版发行：中国电力出版社
地　　址：北京市东城区北京站西街 19 号
邮政编码：100005
网　　址：http://www.cepp.sgcc.com.cn
责任编辑：孙建英（010-63412369） 董艳荣
责任校对：黄 蓓 朱丽芳
装帧设计：郝晓燕
责任印制：吴 迪

印　　刷：三河市万龙印装有限公司
版　　次：2021 年 10 月第一版
印　　次：2021 年 10 月北京第一次印刷
开　　本：880 毫米×1230 毫米 横 32 开本
印　　张：14.75
字　　数：428 千字
印　　数：0001—1000 册
定　　价：59.00 元

前言

preface

施工现场人员、机器、原料、方法、环境等众多因素导致施工现场容易产生安全事故。因此，施工过程是安全管理的重点，也是保证安全生产的重要环节。那么，如何保证施工过程的安全管理措施到位；如何保证员工安全规程落实到位；如何控制好生产现场人、机、料、法、环等因素，切实做好施工过程安全工作，确保员工在职业活动中的健康和安全，确保企业的财产安全，确保企业持续、稳定发展的良好局面，是每个安全管理人员、工程技术人员必须认真思考的问题。

本书注重体现坚持创新、强化管理，建立安全生产长效机制的要求；体现通过逐项落实，实现安全生产从人治向法治转变，从被动防范向源头管理转变，从集中开展安全检查向规范化、经常化、制度化管理转变，从事后查处向强化基础转变，从以控制伤亡事故为主向全面做好职业健康安全工作转变。本书内容包括火电工程、送变电工程和风电工程施工过程中的危险因素及控制措施，是一本具有实用价值的安全管理工具书，也可作为电力施工企业安全管理的培训教材。

本书由孟祥泽主编，副主编是刘培勇、张俭平、张升坤，第一章由赵启龙编写，第二章由孟祥泽、刘培勇、孟令晋编写，第三章由张升坤、刘培勇、孟祥泽、吕明凯、鹿昭勋、曾小峰编写，第四章由孟令晋、张鹏、孟祥泽编写，第五章由孟祥泽、张俭平、刘培勇、高义民、闻鹏德、孟令晋编写，第六章焊接部分由李海编写，金属检测部分由孟令晋、孟祥泽编写，第七章由孟祥泽、张鹏、房秀玲、徐子越编写。全书由孟祥泽、刘培勇、张俭平、张升坤、孟令晋统稿和定稿。

本书在编写过程中得到了中国电力出版社、中国电建集团山东电力建设第一工程有限公司、华电莱州发电有限公司、德州学院能源与机械工程学院、可再生能源发电工程质量监督站等单位的大力支持，在此表示感谢。

由于编者能力和水平有限，书中难免存在疏漏和不妥之处，望广大同行批评指正。

编　者

2021 年 4 月

目 录

contents

第一章

土建工程施工

第一节　土　方　开　挖

土方开挖的安全危险因素及控制见表 1-1。

表 1-1　　　　**土方开挖的安全危险因素及控制**

序号	施工工序	可能导致的事故	风险分级/风险标识	主要防范措施	工作依据
1	井点降水及土方开挖	触电事故	一级重大	（1）施工用电应由专业电工（持政府监管部门发的证件为准）负责运行和维护，非电工严禁从事电气作业。电气设备严禁超铭牌使用。多路电源开关柜或配电箱采用密封式。不同电压的插座与插销严禁混用。 （2）严禁将电源线直接挂在闸刀或直接插入插座内使用。每台电动机械与电动工具应配置独立的负荷开关和漏电保护器，并设置标识。移动式电动机械应使用橡胶软电缆。严禁一个负荷开关接两台及以上的电气设备。现场的临时照明线路应相对固定，并经常检查、维修。照明灯具的悬挂高度应不低于 2.5m，并不得任意挪动；低于 2.5m 时应设保护罩。照明应设置独立电源。 （3）电动机械的外壳或电源箱外壳要有良好的接地，并应派专人定期检查漏电保护器可靠情况。电	施工方案、《电力建设安全工作规程　第 1 部分：火力发电》（DL 5009.1—2014）

续表

序号	施工工序	可能导致的事故	风险分级/风险标识	主要防范措施	工作依据
1	井点降水及土方开挖	触电事故	一级重大	源线、电动工器具绝缘保护应良好，每季度进行检查标识。 （4）土方开挖前应确认开挖区域无地下电缆。在有电缆、管道及光缆等地下设施的地方进行土石方开挖时，应取得有关管理部门的书面许可；查明并标识出地下设施宽度或直径、深度、走向；在地下设施外边缘 1m 范围内，严禁使用冲击工具或机械挖掘；同时应制定相应的安全技术措施且设专人监护	施工方案、《电力建设安全工作规程　第1部分：火力发电》（DL 5009.1—2014）
2	土方开挖	机械伤害	一级重大	（1）雨季施工机械作业完停在较高坚实地面上。 （2）推土机行驶前严禁人站在履带、刀片支架上，机械四周无障碍，确认安全后方可启动。 （3）施工人员不得在挖掘机斗臂下逗留。基坑开挖两人操作间距大于 2.5m。自卸汽车卸料时车厢上空附近应无障碍物，向基坑等地卸料时，必须与坑边保持安全距离，防止塌方翻车，严禁在斜坡侧向倾卸。卸料后车厢及时复位，不得在倾卸情况下行驶，严禁车厢内载人。自卸汽车就位停稳后应拉紧手制动器，铲斗必须越过汽车驾驶室作业时，驾驶	施工方案、《电力建设安全工作规程　第1部分：火力发电》（DL 5009.1—2014）

续表

序号	施工工序	可能导致的事故	风险分级/风险标识	主要防范措施	工作依据
2	土方开挖	机械伤害	一级重大	室内不应有人停留。 （4）现场道路不得任意开挖或切断，因工程需要必须开挖或切断道路时，应经主管部门批准，开挖期间应有保证安全通行的措施	施工方案、《电力建设安全工作规程　第1部分：火力发电》（DL 5009.1—2014）
3	土方运输	交通事故	三级一般	（1）拖拉机、车在厂区内限速行驶，空载不超过10km/h，载重后不超过5km/h。机动车在超车、转弯、倒车时必须鸣笛。在厂区内不得与摩托车、自行车等抢道行驶。施工人员不得坐在后车斗内或车头与车斗的连接点处。挖掘机行驶时，铲斗应位于机械的正前方并离地面1m左右，回转机构应可靠制动并锁定，上下坡的坡度不得超过20°。 （2）载货运输车辆仅允许用于工程运输材料，不得作为交通工具出入生活区及厂外道路。上班前、下班后15min严禁在道路上行驶	规章制度、《电力建设安全工作规程　第1部分：火力发电》（DL 5009.1—2014）
4	土方开挖	边坡塌方	一级重大	（1）土石方开挖前应根据工程地质勘查资料，制定施工方案及安全技术措施。 （2）挖掘土石方应自上而下进行，严禁挖空底脚。挖掘前应将斜坡上的浮石、悬石清理干净，堆土的距离及高度应按《土方与爆破工程施工及验收规	施工方案、《电力建设安全工作规程　第1部分：火力发电》（DL 5009.1—2014）

续表

序号	施工工序	可能导致的事故	风险分级/风险标识	主要防范措施	工作依据
4	土方开挖	边坡塌方	一级重大	范》（GB 50201）的规定执行。开挖严格按要求放坡和支护，发现有塌方危险时，应及时将机械撤至安全地带。 （3）当土质良好时，重物距土坡安全距离：汽车不应小于 3m，堆土或材料应距边缘 800mm 以外，高度不宜超过 1.5m，石材、材料堆放高度不应大于 1m。应在基坑四周设置挡水沿，以防止雨水灌入基坑内。在电杆或地下构筑物附近挖土时，其周围应有加固措施。在靠近建筑物处挖掘基坑时，应采取相应的防塌陷措施。沿铁路边缘挖土时，应设专人监护或在轨道外侧设围栏。围栏与轨道中心的距离：宽轨不应小于 2.5m，1m 宽的轻轨不应小于 2m，750mm 以下的窄轨不应小于 1.5m。 （4）雨季施工应制定专项安全技术措施，工作面不宜过大，应逐段、逐片分期完成。开挖基坑（槽）时应注意边坡稳定，必要时可适当放缓边坡坡度或设置支撑。施工时应加强对边坡或支撑的检查，采取防止地面水冲刷边坡或流入坑（槽）内的措施。土体不稳定，可能发生坍塌、沉陷、喷水、喷气危险时，应立即停止作业。天气突变，可能发生暴雨、	施工方案、《电力建设安全工作规程 第 1 部分：火力发电》（DL 5009.1—2014）

续表

序号	施工工序	可能导致的事故	风险分级/风险标识	主要防范措施	工作依据
4	土方开挖	边坡塌方	一级重大	水位暴涨、泥石流、山洪暴发危险时，应立即停止作业。雨后应仔细检查边坡的稳定性，发现问题及时进行处理。 （5）挖土机械作业时，与建筑物墙体、台阶等结构的安全距离应大于1m；墙体出现沉降时，应立即停止作业	施工方案、《电力建设安全工作规程　第1部分：火力发电》（DL 5009.1—2014）
5	深基坑施工	坍塌	一级重大	（1）开挖深度超过5m（含5m）的基坑（槽）的土方开挖、支护、降水工程，应编制专项施工方案并经论证，且有应急措施。边坡坡度应符合设计要求。 （2）应符合《建筑地基基础工程施工质量验收标准》（GB 50202—2018）的要求，当不能按GB 50202—2018要求时，应设置支撑	施工方案、《电力建设安全工作规程　第1部分：火力发电》（DL 5009.1—2014）、《建筑地基基础工程施工质量验收标准》（GB 50202—2018）

第二节　土（石）方回填

土（石）方回填的安全危险因素及控制见表1-2。

表 1-2　　　　　　　　土（石）方回填的安全危险因素及控制

序号	施工工序	可能导致的事故	风险分级/风险标识	主要防范措施	工作依据
1	土石方回填	塌方及塌方伤人	一级重大	（1）施工人员不得坐在基坑底部休息，防塌方伤人。 （2）上下台阶时应走坡道，不得直接沿斜坡上下。 （3）雨后及冻土融化后应仔细检查边坡的稳定性，如边坡出现松动、开裂等现象应及时处理，确保无误后，方可继续施工	施工方案、《电力建设安全工作规程　第1部分：火力发电》（DL 5009.1—2014）
2	土石方运输	交通事故	三级一般	（1）所有机动车驾驶员必须经培训取证上岗，遵守交通规则及公司、项目部有关规定。 （2）施工道路坚实、平整、畅通，不得随意开挖截断，对危险地段设置围栏及红色指示灯。 （3）厂内机动车辆应限速行驶，载货时不得超过5km/h，空车时不得超过10km/h。夜间应有良好的照明，车辆应定期检查和保养，以保证制动部分、喇叭、方向机构的可靠安全性，在泥泞道路上应低速行驶，不得急刹车。 （4）参加施工前必须对所有施工机械、车辆进行检查，尾气及噪声排放超标者严禁参加施工，以降低其对施工人员人身健康和环境的影响。 （5）严禁无牌、无照车辆进入施工现场。 （6）行驶时，驾驶室外及车厢外不得载人，驾驶	《电力建设安全工作规程　第1部分：火力发电》（DL 5009.1—2014）

续表

序号	施工工序	可能导致的事故	风险分级/风险标识	主要防范措施	工作依据
2	土石方运输	交通事故	三级一般	员不得与他人谈笑。启动前应先鸣号。 （7）压路机应停放在平坦坚实的地方，并可靠制动；不得在坡道或土路边缘停车	《电力建设安全工作规程　第1部分：火力发电》（DL 5009.1—2014）
3	土石方回填	机械及人身事故	一级重大	（1）机械操作人员应经培训考试合格，取得操作合格证后方可上岗作业。 （2）进行夜间土方施工时应有足够的照明，危险地段应设警戒标志，转弯处必须慢行，机械运行前应发出规定的信号，防机械伤人。 （3）机械施工时应注意以下几项：严禁任何人在机械伸臂及挖斗下面通过或逗留；严禁人员进入斗内，不得利用挖斗递送物件；严禁在挖土机回转半径内进行各种辅助作业；装运土石方时，应在运输车辆停稳后进行，铲斗严禁从车辆驾驶室或人员的头顶上方越过。 （4）挖土机暂停作业时，应将挖斗放到地面上，不得使其悬空。 （5）清除斗内泥土时，应在挖土机停止作业，司机许可后方可进行。 （6）施工机械距离基坑边缘不可过近，应有3m以上的安全距离。 （7）挖掘机上下坡道，坡道不得超过20°，并保	《电力建设安全工作规程　第1部分：火力发电》（DL 5009.1—2014）

续表

序号	施工工序	可能导致的事故	风险分级/风险标识	主要防范措施	工作依据
3	土石方回填	机械及人身事故	一级重大	证坡道强度，以免引起机械下陷。 （8）施工机械进入基坑时应有防止机身下陷的措施，特别是雨雪后。 （9）施工前应对施工道路进行检查，熟悉路段，确认无危险地段。 （10）土方开挖前应对开挖现场进行检查，确认开挖区域无地下电缆及地下水管。 （11）基坑周围设置围栏及警告标志。围栏距基坑边不应小于1.5m	《电力建设安全工作规程　第1部分：火力发电》（DL 5009.1—2014）
4	土石方回填	触电事故	一级重大	（1）施工用电应由专业电工负责运行和维护，非电工严禁从事电气作业。 （2）电气设备严禁超铭牌使用。 （3）多路电源开关柜或配电箱采用密封式。 （4）不同电压的插座与插销严禁混用。严禁将电源线直接挂在闸刀或直接插入插座内使用。连接电动机械或电动工具的电气回路设开关或插座，并有保护装置，严禁一个开关接两台用电器。 （5）电源线路不得接近热源或直接绑挂在金属构件与金属架杆上。 （6）电动机械的外壳或电源箱外壳要有良好的接地。蛙式打夯机操作和传递导线人员须戴绝缘手	《电力建设安全工作规程　第1部分：火力发电》（DL 5009.1—2014）

续表

序号	施工工序	可能导致的事故	风险分级/风险标识	主要防范措施	工作依据
4	土石方回填	触电事故	一级重大	套，穿绝缘胶鞋。 （7）蛙式打夯机作业电缆线不得张拉过紧，保证有3～4m余量，递线人员按夯实路线随时调整，电缆线不得扭结和缠绕，作业中先停止作业再移动电缆线。 （8）蛙式打夯机作业后切断电源，卷好电缆，如有破损，及时修理、更换	《电力建设安全工作规程　第1部分：火力发电》（DL 5009.1—2014）

第三节　锅炉与汽轮机基础施工

锅炉与汽轮机基础施工的安全危险因素及控制见表1-3。

表1-3　　锅炉与汽轮机施工的安全危险因素及控制

序号	施工工序	可能导致的事故	风险分级/风险标识	主要防范措施	工作依据
1	混凝土养护	火灾事故	一级重大	现场及木工厂设置有效的灭火机及防火器材，现场严禁烟火，严禁吸烟，不得明火取暖，安排专人监督监护所有电动工器具，必须经检查检验合格，绝缘接地良好，试运转正常才可以使用	操作规程、《电力建设安全工作规程　第1部分：火力发电》（DL 5009.1—2014）

续表

序号	施工工序	可能导致的事故	风险分级/风险标识	主要防范措施	工作依据
2	排架搭设	排架倒塌	二级较大	（1）非专业工种不得搭、拆脚手架，作业人员应挂好安全带，递杆、撑杆作业人员应密切配合。 （2）随着排架的搭设，脚手架的两端、转角处以及每隔 6～7 根立杆，应设支杆及剪刀撑。支杆和剪刀撑与地面的夹角不得大于 60°。架子高度在 7m 以上或无法设支杆时，竖向每隔 4m、横向每隔 7m 必须与建（构）筑物连接牢固。剪刀撑、横向支撑应随立柱、纵横向水平杆等同步搭设。每道剪刀撑跨越立柱的根数宜在 5～7 根之间。每道剪刀撑宽度不应小于 4 跨，且不应小于 6m，斜杆与地面的倾角宜在 45°～60°之间。当脚手架搭设高度超过 24m 时，在脚手架全外侧立面上必须设置连续剪刀撑。剪刀撑的斜杆除两端用旋转扣件与脚手架立杆或大横杆扣紧外，在其中间应增加 2～4 个扣结点。内外脚手架必须连接牢固，外排架自由度超过两个步距时必须采取拉结措施。拆除时，严禁事先将全部排架拉接杆、连接杆拆掉，必须随着排架的拆除随着拆连接件。排架拆除应自上而下顺序进行，严禁上下同时作业或将排架整体推倒，并保证排架的整体稳定性	《电力建设安全工作规程　第1部分：火力发电》（DL 5009.1—2014）

续表

序号	施工工序	可能导致的事故	风险分级/风险标识	主要防范措施	工作依据
3	混凝土浇筑	触电事故	一级重大	所有电动工器具必须经检测合格，专人专用，专人保管，发现问题及时检查检修。所有电动工器具使用人员必须要熟悉其机械性能及使用方法，并且要正确使用。操作时必须戴好绝缘手套。所有电动工器具必须采用绝缘良好的软橡胶电缆，电气回落应设开关或插座，并应有漏电保护器，严禁一个开关接两台及以上的电动工具和设备。所有电动工器具电源线必须由持证电工接拆，严禁私自拆接电源线。使用时严禁直接将电源线插入插座，使用前先检查绝缘及接地是否良好、是否有漏电保护器，必须停电作业	操作规程、《电力建设安全工作规程　第1部分：火力发电》（DL 5009.1—2014）
4	排架搭设、钢筋工程	高空坠落、高空落物	一级重大	所有现场临空面必须搭设安全可靠的安全护栏，并且挂警示牌予以标识。人员上下、基础间行走必须搭设安全可靠的爬梯或通道，严禁上下、基础间来回跳跃。高空作业人员必须扎挂好安全带，作业面铺绑好脚手板，脚手板两端用8号以上退火铁丝绑牢，严禁翘头板或探头板，脚手板应满铺。冬季施工上下爬梯或来回通道易积雪、结冰或有霜雪，天冷路滑，施工前先清除霜雪和冰层，必要时通道和作业面铺设草袋子用以防滑。施工中应避免交叉	《电力建设安全工作规程　第1部分：火力发电》（DL 5009.1—2014）

续表

序号	施工工序	可能导致的事故	风险分级/风险标识	主要防范措施	工作依据
4	排架搭设、钢筋工程	高空坠落、高空落物	一级重大	作业，高处排架搭设、拆除时，下面不允许施工；架管、扣件不允许抛掷，传送采用棕绳。操作平台侧面用高密度网进行围护，高密度网和脚手架管之间用 8 号退火铁丝绑牢。安装、拆卸时，应自备工具袋，休息时将扳手、锤子、螺栓、螺母等物件装入工具袋。操作面上不得堆积物品（扣件、钢管），所有物品应堆放整齐且不得集中堆放。排架搭设、拆除时，下方拉设安全警戒绳，并安排专人监护	《电力建设安全工作规程 第1部分：火力发电》（DL 5009.1—2014）

第四节 混凝土灌注桩与预制桩及水泥搅拌桩施工

混凝土灌注桩施工的安全危险因素及控制见表 1-4。

表 1-4 混凝土灌注桩施工的安全危险因素及控制

序号	施工工序	可能导致的事故	风险分级/风险标识	主要防范措施	工作依据
1	钢筋工程	人身坠落	一级重大	施工人员在进行验桩孔、吊运钢筋时，施工人员必须挂安全带，安全带必须挂于安全绳或其他牢固	施工方案、《电力建设安全工作

续表

序号	施工工序	可能导致的事故	风险分级/风险标识	主要防范措施	工作依据
1	钢筋工程	人身坠落	一级重大	可靠之处，以防施工人员误坠入桩孔内。泥浆池边不小于 1m 处，应设高度不小于 1.2m 的安全防护设施，以防施工人员或机械误坠入泥浆坑内。成孔后浇混凝土前桩口必须封闭，防止人身坠落	规程　第 1 部分：火力发电》（DL 5009.1—2014）
2		机械伤害	三级一般	使用切断机下料时，手与刃口距离不小于 15cm，活动刀片前进时禁止送料。切断长钢筋时应有人配合，操作时动作要一致。切断短于 30cm 的钢筋必须用钳子夹牢，不得用手直接送料，机械运转中严禁用手直接清理刀口附近的短头和杂物。成套调直设备应标明额定牵引力及调直钢筋的允许直径及延伸率；操作工应能看到调直设备的工作情况；调直卷扬机前应设防护挡板。调直钢筋上好夹具，发现有滑动或其他异常情况时，应先停车并放松钢筋后方可进行检修。调直时沿线两侧 2m 为危险区，严禁有人来往，发现异常应立即停车并放松钢筋后方能进行检查	操作规程、《电力建设安全工作规程　第 1 部分：火力发电》（DL 5009.1—2014）

续表

序号	施工工序	可能导致的事故	风险分级/风险标识	主要防范措施	工作依据
3	混凝土工程	触电事故	一级重大	现场各部分电源必须装设漏电保护器，所有电源线应完好无损、防止漏电，照明灯具应用木支撑。电源箱、电焊机在雨季应采取防淋措施，以免电源箱、电焊机进水发生短路或漏电。施工现场的电源线、电焊皮线应摆放整齐，并且放置于明显处，以防钢管、材料等砸断电源线，造成漏电。所有电源线、电焊皮线接头必须包扎良好，并防水，以防漏电伤人。施工过程中应严防钢筋与任何带电体接触。现场用电必须由专业电工进行统一敷设，严禁非电工私接电源。电源线不得挂于导电体上，对电源线及电动设备工器具定期检查，及时消除不安全因素。过路电源要有良好的保护措施，以防轧坏或砸伤。现场照明灯具，要有良好的保护措施，以防歪倒在导电体上。使用的电动工具的外壳和手柄无裂缝、无破损、接地正确牢固，电缆、插头完好，且通过漏电保护器	《电力建设安全工作规程　第1部分：火力发电》（DL 5009.1—2014）

预制桩施工的安全危险因素及控制见表 1-5。

表 1-5　　　　预制桩施工的安全危险因素及控制

序号	施工工序	可能导致的事故	风险分级/风险标识	主要防范措施	工作依据
1	预制桩运输	预制桩坠落事故	一级重大	（1）起重机械应有有关部门颁发的使用证。起重机械的制动、限位、联锁以及保护等安全装置应灵敏可靠。 （2）起重机上应有灭火装置，操作室内应铺绝缘垫，不得存放易燃品。 （3）未经机械主管部门同意，起重机械上的各部机构和装置不得随意更换。 （4）起重机械停放及行驶时，其车支腿或履带的前端或外侧与沟、坑边缘的距离不得小于沟、坑深度的 1.2 倍。 （5）作业时，起重机应置于平坦、坚实的地面上，机身倾斜度不得超过制造厂的规定。 （6）加油时严禁动用明火或抽烟。油料着火时，应使用泡沫灭火器或砂土扑灭，严禁用水浇灭。 （7）汽车起重机行驶时，应将臂杆放在支架上，吊钩挂在挂钩上并将钢丝绳收紧。 （8）汽车起重机或轮胎起重机作业前应先支好全部支腿后方可进行其他操作；作业完毕后，应先将	起重机械安全操作规程、《电力建设安全工作规程　第 1 部分：火力发电》（DL 5009.1—2014）

续表

序号	施工工序	可能导致的事故	风险分级/风险标识	主要防范措施	工作依据
1	预制桩运输	预制桩坠落事故	一级重大	臂杆放在支架上，然后方可收腿。 （9）起重机的指挥人员应按《起重机　手势信号》（GB/T 5082）的规定指挥，发出的信号必须明确、清晰、准确。指挥人视线应良好。 （10）钢丝绳的选用应符合《重要用途钢丝绳》（GB 8918）的规定，并按规定使用，保持良好的润滑状态，经常检查，发现问题及更换。钢丝绳的安全选用系数为 6	起重机械安全操作规程、《电力建设安全工作规程　第 1 部分：火力发电》（DL 5009.1—2014）
2	打桩	预制桩倾倒事故	一级重大	（1）打桩机操作人员应经培训考试合格，取得操作合格证后方可上岗作业。 （2）移动桩机时应将桩锤放至最低位置，移动时应缓慢，统一指挥，并应有防倾倒措施，作业中如停机时间过长，应将桩锤落下、垫好。不得悬挂桩锤进行检修。 （3）遇有六级及以上大风或有雷雨、大雾、大风天气应停止作业，当风力超过七级时应将桩机顺向放置，并加缆风绳，必要时应将桩机放倒在地面上。 （4）锤击不应偏心，开始落距要小。如遇贯入度突然增大、桩身突然倾斜或位移、桩头严重损坏、桩身断裂、桩锤严重回弹等现象，应停止锤击，采	打桩机安装操作规程、《电力建设安全工作规程　第 1 部分：火力发电》（DL 5009.1—2014）

续表

序号	施工工序	可能导致的事故	风险分级/风险标识	主要防范措施	工作依据
2	打桩	预制桩倾倒事故	一级重大	取措施后方可继续施工。 （5）套送桩时，应使送桩、桩锤和桩身中心在同一轴线上。插桩后应及时校正桩的垂直度，桩身入土深度在 3m 以上时，严禁用桩身行走或回转动作纠正桩的倾斜度。 （6）用打桩机吊桩时，钢丝绳应按规定的吊点绑扎牢固，棱角处应采取保护措施。在桩上应系好拉绳，并有专人控制，不得偏吊或远距离起吊桩身。 （7）吊桩前应将桩锤提起并固定牢固；在起吊 2.5m 以外的混凝土桩时，则应将桩锤落在下部，待桩吊进后方可提升桩锤。 （8）起吊时应使桩身两端同时离开地面，起吊速度应均匀，桩身应平稳，严禁在起吊后的桩身下通过。 （9）桩身吊离地面时，如发现桩架后部翘起，应立即将桩身放下，并检查缆风、地锚的稳定情况。 （10）严禁吊桩、吊锤、回转或行走同时进行。桩机在吊桩或锤击的情况下，操作人员不得离开岗位。 （11）桩身沉入到设计深度后应将桩帽升高到 4m 以上，锁住后方可检查桩身	打桩机安全操作规程、《电力建设安全工作规程　第 1 部分：火力发电》（DL 5009.1—2014）

续表

序号	施工工序	可能导致的事故	风险分级/风险标识	主要防范措施	工作依据
3	接桩	火灾或者气瓶爆炸事故	一级重大	（1）使用电火焊时，施工区域 10m 范围内不得堆放易燃易爆物品，电火焊人员作业时必须戴好防护眼镜或面罩及专用防护用品，以防烫伤事故的发生。 （2）现场严禁使用电炉及生明火，以防火灾事故的发生。 （3）施工现场必须放置足够数量的消防器材及器械，并悬挂防火标志。 （4）氧气、乙炔瓶应按规定进行漆色和标注。 （5）气瓶瓶阀及管接头处不得漏气，且气瓶上应装两道防震圈，不得将气瓶与带电物体接触；氧气瓶与减压器的连接头发生自燃时应迅速关闭氧气瓶的阀门。 （6）现场需设置消防器材，易设置 6 个干粉式灭火器，消防设施应有防雨措施。 （7）氧气瓶、乙炔瓶等易燃品，应远离火源，安全距离大于 10m。并备好充足的消防器材。氧气及乙炔瓶应按国家规定做检验，合格后方可使用。严禁不装设减压器使用，不得使用不合格的减压器。 （8）气瓶不得与带电体接触，氧气瓶不得沾染油脂。 （9）乙炔瓶应装有专用的减压器、回火防止器，开启乙炔瓶时应站在阀门的侧后方。	《电力建设安全工作规程　第 1 部分：火力发电》（DL 5009.1 — 2014）、《气瓶安全技术规程》（TSG 23—2021）

续表

序号	施工工序	可能导致的事故	风险分级/风险标识	主要防范措施	工作依据
3	接桩	火灾或者气瓶爆炸事故	一级重大	（10）气瓶使用时应直立放置，不得卧放。 （11）气瓶瓶阀及管接处不得漏气，应经常检查丝堵和角阀丝扣的磨损及锈蚀情况，发现损坏应及时更换。 （12）气瓶运输时应轻装轻放。 （13）氧气瓶、乙炔瓶不得放在阳光下曝晒，应有遮阳设施	《电力建设安全工作规程　第1部分：火力发电》（DL 5009.1 — 2014）、《气瓶安全技术规程》（TSG 23—2021）

水泥搅拌桩施工的安全危险因素及控制见表1-6。

表1-6　　水泥搅拌桩施工的安全危险因素及控制

施工工序	可能导致的事故	风险分级/风险标识	主要防范措施	工作依据
机械打桩	机械伤害事故	三级一般	机械正在运转时，操作人员不得离开工作岗位。机械设备的传动、转动部分（轴、齿轮及皮带等）应设防护罩。机械开动前应对主要部件、装置进行检查，确认良好后方可启动。工作中如有异常情况，应立即停机进行检查。机械运转时，严禁用手触动其转动、传动部分，或直接调整皮带、进行润滑	机械设备操作规程、《电力建设安全工作规程　第1部分：火力发电》（DL 5009.1—2014）

第五节 主厂房施工

主厂房施工的安全危险因素及控制见表1-7。

表1-7 主厂房施工的安全危险因素及控制

序号	施工工序		可能导致的事故	风险分级/风险标识	主要防范措施	工作依据
1	主厂房框架结构基础施工	混凝土养护	火灾、触电事故	二级较大	现场及木工厂设置有效的灭火机及防火器材，现场严禁烟火，严禁吸烟，不得明火取暖，安排专人监督监护所有电动工器具，必须经检查检验合格，绝缘接地良好，试运转正常才可以使用	施工方案、《电力建设安全工作规程 第1部分：火力发电》（DL 5009.1—2014）
2		混凝土浇筑	触电事故	二级较大	所有电动工器具必须经检测合格，专人专用，专人保管，发现问题及时检查检修。所有电动工器具使用人员必须要熟悉其机械性能及使用方法并且要正确使用，操作时必须戴好绝缘手套。所有电动工器具必须采用绝缘良好的软橡胶电缆，电气回落应设开关或插座，并应有漏电保护器，严禁一个开关接两台及以上的电动工具和设备。所有电动工器具电源线必须由专职电工接拆，严禁私自拆接电源线。使用时严禁直接将电源线插入插座，使用前先检查绝缘及接地是否良好、是否有漏电保护器，必须停电作业	施工方案、《电力建设安全工作规程 第1部分：火力发电》（DL 5009.1—2014）

续表

序号	施工工序		可能导致的事故	风险分级/风险标识	主要防范措施	工作依据
3	主厂房混凝土框架施工	钢筋工程	高空坠落	一级重大	所有现场临空面必须搭设安全可靠的安全护栏，并且挂警示牌予以标识。人员上下、基础间行走必须搭设安全可靠的爬梯或通道，严禁上下、基础间来回跳跃。高空作业人员必须扎挂好安全带，作业面铺绑好脚手板，脚手板两端用直径 8 号以上褪火铁丝绑牢，严禁翘头板或探头板，脚手板要满铺。冬季施工上下爬梯或来回通道易积雪、结冰或有霜雪，天冷路滑，施工前先清除霜雪和冰层，必要时通道和作业面铺设草袋子用以防滑	施工方案、《电力建设安全工作规程　第 1 部分：火力发电》（DL 5009.1—2014）
4	主厂房混凝土框架施工	排架搭设	排架倾覆	二级较大	施工时先整平场地，夯实地基，严格按照排架图进行施工放线，满铺优质脚手板，脚手板必须铺放平稳，与地面接合密实，不得悬空。为加强排架的整体稳定性，在搭设过程中，排架的两端、转角处以及每隔 6～7 根立杆应加设支杆和剪刀撑。支杆和剪刀撑与地面的夹角不得大于 60°，支杆埋入地下深度不得小于 30cm。及时与结构拉结或采用临时支撑，以确保搭设过程的安全	施工方案、《电力建设安全工作规程　第 1 部分：火力发电》（DL 5009.1—2014）

续表

序号	施工工序		可能导致的事故	风险分级/风险标识	主要防范措施	工作依据
5	主厂房混凝土框架施工	钢筋绑扎	高空坠落	一级重大	（1）高空作业人员必须经过体检合格，施工时扎好安全带，做到高挂低用。凡有恐高症者严禁参加高空作业。 （2）高空作业者必须衣着灵便，安全帽、安全带、防滑鞋等防护用品齐全并正确使用。高空作业时应避免被脚下的设备、工器具或其他物品绊倒，造成高空跌落。 （3）焊接及点焊支架时，使用的工具及其他物件要放在不会被碰撞而坠落的地方，离开时做好清理工作。凡有可能坠落的物件要采取防坠落措施。 （4）脚手架搭设及软爬梯挂设必须由专业架工搭设，必须规范、稳固，检查合格后挂牌使用。脚手架搭设及拆除时，要注意不得碰坏其他设备或设施。 （5）钢架上方有人作业时，下方应拉设安全围栏及安全警戒绳标志，必要时设专人监护。 （6）雨雪天气严禁施工，积雪清扫后再进行施工	施工方案、《电力建设安全工作规程　第1部分：火力发电》（DL 5009.1—2014）

续表

序号	施工工序		可能导致的事故	风险分级/风险标识	主要防范措施	工作依据
6	主厂房混凝土框架施工	混凝土浇筑	触电	二级较大	（1）现场用电必须由专业电工进行统一敷设，严禁非电工私接电源。用电设备及其工器具必须有良好的接地并经漏电保护器方可使用。 （2）使用电动设备及其工器具，作业人员必须戴好专业绝缘手套及其他防范措施，严禁带电移动电动设备及其工器具。电源线不得挂于导电体上，对电源线及电动设备工器具定期检查，及时消除不安全因素。 （3）过路电源要有良好的保护措施，以防轧坏或砸伤。现场照明灯具，要有良好的保护措施，以防歪倒在导电体上，造成想不到事情发生	施工方案、《电力建设安全工作规程　第1部分：火力发电》（DL 5009.1—2014）
7	主厂房建筑钢结构制作安装	钢结构制作	触电	二级较大	（1）施工用电必须由专业电工负责运行和维护。非电工严禁从事电气作业。电工作业时，必须实行一对一监护，电源总控制箱必须挂牌并上锁或专人监护。 （2）电气设备不得超铭牌使用；多路电源开关柜或配电箱应采用密封式；不同电压的插座与插销严禁混用；严禁将电线直接挂在闸刀或直接插入插座内使用；连接电动机械与电动工具的电气回路应设开关或插座，并有保护装置，严禁一个开关接两台用电器	施工方案、《电力建设安全工作规程　第1部分：火力发电》（DL 5009.1—2014）

续表

序号	施工工序		可能导致的事故	风险分级/风险标识	主要防范措施	工作依据
8	主厂房建筑钢结构制作安装	钢结构安装	高空坠落	三级一般	（1）用吊车装卸、组合、安装设备时，吊物下方严禁人员走动或逗留。吊装时起重工与操作工应信号一致，遵循操作规程，钢屋架应固定牢靠、检查无误后方可脱钩。 （2）链条葫芦必须经过检查性能良好方可使用，不得超载使用，不得长期承载。施工人员应做好一对一结伴，发现事故隐患或不安全因素及早发出通知。非合格焊工严禁施焊，非专业电工严禁接线，非专业操作工、起重工、架工严禁操作指挥吊装。使用电动工器具应有合格证，使用人员应熟悉其操作规程，正确操作，如磨光机及手枪电钻严禁对人。打锤时严禁戴手套，锤头对面禁止站人；火焊割刀严禁对人。危险区内及出入通道的部位应搭设防护棚，其宽度不小于3m，高度以3～5m为宜，隔离层顶部采用铺钢板的双层竹篱笆或厚木板搭设，施工人员必须由安全通道出入（搭设要求同上），严禁在通道外逗留或通过。 （3）防护棚顶要定期清理杂物，清理时上方应停止施工。严禁交叉施工，以免发生危险。施工警戒区内严禁施工人员和闲杂人员私自进入，严禁在警戒区进行各种作业	施工方案、《电力建设安全工作规程　第1部分：火力发电》（DL 5009.1—2014）

续表

序号	施工工序		可能导致的事故	风险分级/风险标识	主要防范措施	工作依据
9	主厂房地下设施施工	钢筋制作	机械伤害	三级一般	（1）使用切断机下料时，手与刃口距离大于或等于 150mm，活动刀片前进时禁止送料。 （2）切断长钢筋时应有人配合，操作时动作要一致。切短于 300mm 的短钢筋必须用钳子夹牢，不得用手直接送料，机械运转中严禁用手直接清理刀口附近的短头和杂物。 （3）钢筋弯曲制作时，钢筋应贴紧挡板，并注意放入的位置和回转方向。弯长钢筋时应有人扶抬，并站在钢筋弯曲方向外侧。 （4）钢筋调头应防止碰撞，更换桩头以及清理工作必须停机后进行。 （5）手工加工钢筋工作前检查板扣、大锤等是否完好。工作台上弯钢筋时应防止铁屑飞溅入眼，工作台上铁屑及时清理。严禁直接用手把持。调直设备及地锚应按最大工作物所需牵引力进行计算；成套调直设备应标明额定牵引力及调直钢筋的允许直径及延伸率；司机应能看到调直设备的工作情况；调直卷扬机前应设防护挡板；调直前检查合格后方可使用。 （6）钢筋的调直作业用夹头须经常检查，夹齿有	施工方案、《电力建设安全工作规程　第 1 部分：火力发电》（DL 5009.1—2014）

续表

序号	施工工序		可能导致的事故	风险分级/风险标识	主要防范措施	工作依据
9	主厂房地下设施施工	钢筋制作	机械伤害	三级一般	磨损者不得使用。调直钢筋上好夹具，发现有滑动或其他异常情况时，应先停车并放松钢筋后方可进行检修。调直粗钢筋前应具有防止钢筋滑脱时飞出的装置，操作人员不得在正面工作。调直钢筋周围设置防钢筋飞出的安全装置。 （7）调直时沿线两侧各 2m 为危险区，严禁有人来往，发现异常应立即停车并放松钢筋后才能进行检查	施工方案、《电力建设安全工作规程 第1部分：火力发电》（DL 5009.1—2014）
10		钢筋绑扎	钢筋倾覆	二级较大	（1）在基坑内或高处绑扎钢筋应搭设操作架和通道。在高处无安全措施的情况下，严禁进行粗钢筋的校直工作及垂直交叉施工。 （2）绑扎 4m 以上独立柱的钢筋时，应搭设临时操作架；严禁依附立筋绑扎或攀登上下，柱筋应用临时支撑或揽风绳固定。 （3）大型基础及地梁的钢筋绑扎时，应设附加钢骨架、剪力撑或马凳。钢筋网与骨架未固定时严禁人员上下。在钢筋网上行走应铺设走道。穿钢筋应有统一指挥并互相联系	施工方案、《电力建设安全工作规程 第1部分：火力发电》（DL 5009.1—2014）

续表

序号	施工工序		可能导致的事故	风险分级/风险标识	主要防范措施	工作依据
11	主厂房地下设施施工	混凝土浇筑	触电事故	二级 较大	（1）所有电动工器具必须经检查检验合格，绝缘接地良好，试运转正常才可以使用。 （2）所有电动工器具必须专人专用，专人保管，发现问题及时检查检修。 （3）所有电动工器具使用人员必须要熟悉其机械性能及使用方法并且要正确使用，操作时必须戴好绝缘手套。 （4）所有电动工器具必须采用绝缘良好的软橡胶电缆，电气回路应设开关或插座，并应有漏电保护器，严禁一个开关接两台及以上的电动工具和设备。 （5）所有电动工器具电源线必须由持证电工接拆，严禁私自拆接电源线。使用时严禁直接将电源线插入插座。 （6）潜水泵抽水过程中严禁带电作业，使用前先检查绝缘及接地是否良好，是否有漏电保护器，必须停电作业	操作规程、施工方案、《电力建设安全工作规程　第1部分：火力发电》（DL 5009.1—2014）

续表

序号	施工工序		可能导致的事故	风险分级/风险标识	主要防范措施	工作依据
12	主厂房屋面施工	钢筋绑扎压型板连接	高空坠落事故	二级较大	（1）高空作业人员必须经过体检合格，施工时扎好安全带，做到高挂低用。凡有恐高症者严禁参加高空作业。 （2）高空作业者必须衣着灵便，安全帽、安全带、防滑鞋等防护用品齐全并正确使用。高空作业时应避免被脚下的设备、工器具或其他物品绊倒，造成高空跌落。 （3）焊接及点焊支架时，使用的工具及其他物件要放在不会被碰撞而坠落的地方，离开时做好清理工作。凡有可能坠落的物件要采取防坠落措施。 （4）脚手架搭设及软爬梯挂设必须由专业架工搭设，必须规范、稳固，检查合格后挂牌使用。脚手架搭设及拆除时，要注意不得碰坏其他设备或设施。 （5）钢架上方有人作业时，下方应拉设安全围栏及安全警戒绳标志，必要时设专人监护。 （6）雨雪天气严禁施工，积雪清扫后再进行施工	施工方案、《电力建设安全工作规程　第1部分：火力发电》（DL 5009.1—2014）

续表

序号	施工工序		可能导致的事故	风险分级/风险标识	主要防范措施	工作依据
13	主厂房屋面施工	保温层施工	火灾事故	二级较大	（1）使用电火焊时周围5m区域内及其下方，不得有易燃易爆物品，如有，及时清除后，再施工。动用电火焊离开工作场所时，必须检查是否留有火灾隐患。 （2）使用火焊时，氧气、乙炔瓶间距不得小于5m，两者不得同室存放。 （3）进行电火焊工作人员必须使用防护面罩和防护眼镜等劳保用品，以防烧伤或其他事故的发生。 （4）电火焊施工现场必须有齐全的消防设施及器具。 （5）彩板墙面附近作业时，要有良好的隔热层和防火措施	施工方案、《电力建设安全工作规程　第1部分：火力发电》（DL 5009.1—2014）、《气瓶安全技术规程》（TSG 23—2021）
14		屋面浇筑压型板连接	触电事故	三级一般	（1）现场用电必须由专业电工进行统一敷设，严禁非电工私接电源。用电设备及其工器具必须有良好的接地并经漏电保护器方可使用。 （2）使用电动设备及其工器具，作业人员必须戴好专业绝缘手套及其他防范措施，严禁带电移动电动设备及其工器具。电源线不得挂于导电体上，对电源线及电动设备工器具定期检查，及时消除不安全因素。 （3）过路电源要有良好的保护措施，以防轧坏或砸伤。现场照明灯具，要有良好的保护措施，以防歪倒在导电体上	操作规程、施工方案、《电力建设安全工作规程　第1部分：火力发电》（DL 5009.1—2014）

续表

序号	施工工序		可能导致的事故	风险分级/风险标识	主要防范措施	工作依据
15	主厂房屋面施工	屋面吊装	起重伤人事故	二级较大	（1）施工中所有部件的倒运、吊装由起重人员指挥，信号清晰正确，操作准确到位。 （2）起重索具、机械和安全设施要进行检查，确保机械完好无损，性能正常，葫芦链条无卡涩、断裂，钢丝绳无断股的情况。 （3）吊车工作场地应平整牢固，确保吊车保持平衡；严禁吊车超负荷使用。 （4）严禁在起吊设备时兜吊，防止设备滑落伤人、伤设备	施工方案、《电力建设安全工作规程　第1部分：火力发电》（DL 5009.1—2014）
16	主厂房建筑砌筑与装饰施工	装饰材料运输	高空坠落事故	二级较大	（1）高空作业人员必须经过体检合格，施工时扎好安全带，做到高挂低用。凡有恐高症者严禁参加高空作业。 （2）高空作业者必须衣着灵便，安全帽、安全带、防滑鞋等防护用品齐全并正确使用。高空作业时应避免被脚下的设备、工器具或其他物品绊倒，造成高空跌落。 （3）焊接及点焊支架时，使用的工具及其他物件要放在不会被碰撞而坠落的地方，离开时做好清理工作。凡有可能坠落的物件要采取防坠落措施。	施工方案、《电力建设安全工作规程　第1部分：火力发电》（DL 5009.1—2014）

续表

序号	施工工序		可能导致的事故	风险分级/风险标识	主要防范措施	工作依据
16	主厂房建筑砌筑与装饰施工	装饰材料运输	高空坠落事故	二级较大	（4）脚手架搭设及软爬梯挂设必须由专业架工搭设，必须规范、稳固，检查合格后挂牌使用。脚手架搭设及拆除时，要注意不得碰坏其他设备或设施。 （5）钢架上方有人作业时，下方应拉设安全围栏及安全警戒绳标志，必要时设专人监护。 （6）雨雪天气严禁施工，积雪清扫后再进行施工	施工方案、《电力建设安全工作规程　第1部分：火力发电》（DL 5009.1—2014）
17		保温层施工	火灾事故	三级一般	（1）使用电火焊时周围5m区域内及其下方，不得有易燃易爆物品，如有，及时清除后，再施工。动用电火焊离开工作场所时，必须检查是否留有火灾隐患。 （2）使用火焊时，氧气、乙炔瓶间距不得小于5m，两者不得同室存放。 （3）进行电火焊工作人员必须使用防护面罩和防护眼镜等劳保用品，以防烧伤或其他事故的发生。 （4）电火焊施工现场必须有齐全的消防设施及器具。 （5）彩板墙面附近作业时，要有良好的隔热层和防火措施	施工方案、《电力建设安全工作规程　第1部分：火力发电》（DL 5009.1—2014）、《气瓶安全技术规程》（TSG 23—2021）

续表

序号	施工工序		可能导致的事故	风险分级/风险标识	主要防范措施	工作依据
18	主厂房建筑砌筑与装饰施工	门窗安装	触电事故	三级一般	（1）现场用电必须由专业电工进行统一敷设，严禁非电工私接电源。用电设备及其工器具必须有良好的接地并经漏电保护器方可使用。 （2）使用电动设备及其工器具，作业人员必须戴好专业绝缘手套，做好其他防范措施，严禁带电移动电动设备及其工器具。电源线不得挂于导电体上，对电源线及电动设备工器具定期检查，及时消除不安全因素。 （3）过路电源要有良好的保护措施，以防轧坏或砸伤。现场照明灯具，要有良好的保护措施，以防歪倒在导电体上	施工方案、《电力建设安全工作规程 第1部分：火力发电》（DL 5009.1—2014）
19		油漆施工	中毒事故	三级一般	（1）进行磨石工作时，操作人员应戴绝缘手套，穿绝缘靴。 （2）进行仰面粉刷时，应采取防止粉末、涂料侵入眼内的措施。 （3）在调制耐酸胶泥时应保持通风良好，作业人员应戴耐酸手套。 （4）进行涂刷工作时，操作人员必须佩戴防护用品。 （5）各种有毒化学药品必须设专人、专柜分类保管，严格执行保管和领用制度。	施工方案、《电力建设安全工作规程 第1部分：火力发电》（DL 5009.1—2014）

续表

序号	施工工序		可能导致的事故	风险分级/风险标识	主要防范措施	工作依据
19	主厂房建筑砌筑与装饰施工	油漆施工	中毒事故	三级一般	（6）熬制沥青及调制冷底子油时应在建筑物的下风口方向，距离建筑物不得小于25m，锅内沥青着火时应立刻用锅盖盖住，停止鼓风。 （7）进行室内油漆作时，室内通风条件应良好，作业人员应佩戴必需的防护用品	施工方案、《电力建设安全工作规程　第1部分：火力发电》（DL 5009.1—2014）

第六节　烟　囱　施　工

烟囱施工的安全危险因素及控制见表1-8。

表1-8　　烟囱施工的安全危险因素及控制

序号	施工工序		可能导致的事故	风险分级/风险标识	主要防范措施	工作依据
1	烟囱基础施工	基础施工	塌方事故	一级重大	基坑上口2m范围内禁止堆土、堆放材料、停靠车辆。施工人员进入基坑前，必须检查边坡稳定状况，防止塌方。雨天过后及时检查边坡，发现边坡有开裂、滑动等危险征兆时，应立即采取措施，处理完毕后方可进行施工	施工方案、《电力建设安全工作规程　第1部分：火力发电》（DL 5009.1—2014）

续表

序号	施工工序		可能导致的事故	风险分级/风险标识	主要防范措施	工作依据
2	烟囱基础施工	基础施工	触电事故	三级一般	电动工器具、照明灯具等必须经过电工检查检验良好方可使用，采用合格的电源线并且必须经过漏电保护器；每天使用前必须认真检查后方可使用。 混凝土振捣手必须戴绝缘手套进行混凝土振捣，以防漏电伤人。电动工器具必须有防雨设施，每天下班前对不能回收的电动工器具必须用防雨塑料布遮盖严。并且电源开关有专人职守，防止误操作。严禁非电工从事接拆电源线作业，施工用配电盘、箱、柜均装漏电保护装置。严禁将电线直接挂在闸刀或直接插入插座内使用；夜间施工要有充足照明，电气设备不得超铭牌使用；不同电压的插座与插销严禁混用；连接电动机械与电动工具的电气回路应设开关或插座，并有保护装置，严禁一个开关接两台用电器。蛙式打夯机手柄应装按钮开关并包以绝缘材料，操作时应戴绝缘手套，作业中严禁夯击电源线。暂停工作应切断电源；发生电器故障应由电工处理	施工方案、《电力建设安全工作规程　第1部分：火力发电》（DL 5009.1—2014）

续表

序号	施工工序		可能导致的事故	风险分级/风险标识	主要防范措施	工作依据
3	烟囱基础施工	基础施工	高空坠落	二级较大	基坑周围设安全围栏或警戒线，夜间施工设警戒灯，并有专人监护。高空作业必须扎牢安全带，高挂低用。脚手板必须铺平，并用8号褪火铁丝绑扎，脚手板搭接长度不小于20cm，不准有探头板。脚手架必须拉设安全网并兜底。下设扫地杆。脚手架搭设时，立杆间距≤2m，大横杆间距≤1.2m，小横杆间距≤1.5m。脚手板荷载不得超过270kg/m²，搭设后须经安监部门验收合格后挂牌使用，使用中应定期检查和维护。拆除脚手架应自上及下顺序进行，非专业工种不得搭拆脚手架。搭设脚手架时，作业人员应挂好安全带，递杆、撑杆作业人员应密切配合。严禁站在同一垂直线上。施工区周围设围栏或警告标志，并由专人值班，严禁无关人员入内。脚手架搭设地基必须稳固，必要时铺木垫板。严禁上下同时作业或将脚手架整体推倒，并保证排架的整体稳定性。拆除时，必须做好混凝土成品的保护。斜道板、跳板的坡度不得大于1:3，宽度不小于1.5m，并钉防滑条。防滑条间距不大于30cm。采用直立爬梯时，梯挡应绑扎牢固，间距不大于30cm。严禁手中拿物攀登，不得在梯子上运送，传递材料及物品	施工方案、《电力建设安全工作规程　第1部分：火力发电》（DL 5009.1—2014）

续表

序号	施工工序		可能导致的事故	风险分级/风险标识	主要防范措施	工作依据
4	烟囱基础施工	土方回填	机械伤害	三级一般	打夯机操作时，夯机前方不得站人。多台同时作业时，夯机之间应保持一定距离，平行距离不得小于5m，前后距离不得小于10m。车辆厂内限速15km/h，路况不明、不好必须处理后方可通过。倒车时，必须由专人监护。严禁疲劳、酒后驾驶	施工方案、《电力建设安全工作规程　第1部分：火力发电》（DL 5009.1—2014）
5		基础钢筋	钢筋固定不牢	三级一般	采用ϕ22钢筋作骨架作为钢筋支撑。钢筋绑扎前采用钢管搭设支架固定钢筋。在工程开工前，应对所有施工人员进行安全与技术交底。钢筋绑扎过程中应加强检查	
6	烟囱筒壁施工	筒壁施工	火灾事故	三级一般	（1）严格执行《电力建设安全工作规程　第1部分：火力发电》（DL 5009.1—2014）第4.14的规定。 （2）列为安全技术交底主要内容。 （3）参加焊接的施工人员，应经专业安全技术教育，考试、体检合格后持证上岗。 （4）不宜在雨、雪及大风天气进行露天焊接，如确实需要进行，应采取遮蔽、防止火花飞溅的措施。 （5）焊工应做好个人防护，戴好防护罩、焊工手套，裤脚应绑扎在鞋外面，以防焊渣落入衣服内伤及皮肤。 （6）作业结束后，工作人员应确认现场无着火危险源后方可离开	施工方案、《电力建设安全工作规程　第1部分：火力发电》（DL 5009.1—2014）

续表

序号	施工工序		可能导致的事故	风险分级/风险标识	主要防范措施	工作依据
7	烟囱筒壁施工	筒壁施工	高空坠落	一级重大	（1）严格执行电力建设安全工作规程　第1部分：火力发电》（DL 5009.1—2014）第4.10的规定。 （2）编写作业指导文件，并进行安全技术交底，加大学习教育力度。 （3）施工平台严格按照装置说明书及安全要求搭设安全防护设施。 （4）平台栏杆、扶手必须焊牢，人员不得依靠栏杆；不得随意在平台外侧逗留。 （5）高空作业人员必须戴好安全帽，挂牢安全带（挂在牢固可靠处），穿防滑软底鞋。施工中必须使用安全绳攀登自锁器和速差器	施工方案、《电力建设安全工作规程　第1部分：火力发电》（DL 5009.1—2014）
8			高空落物事故	二级较大	（1）严格按照装置说明书及《电力建设安全工作规程　第1部分：火力发电》（DL 5009.1—2014）中4.10的有关规定搭设安全防护设施。 （2）平台上满铺脚手板选用60mm厚优质白松板，并逐块检查是否铺设牢固、平稳。 （3）平台零散物品要分种类、型号存放于工具箱、工具盒等储存场所，尤其是铁钉、U形卡、螺栓、扣件、对销螺栓、减力环等小件物品必须及时清理，集中堆放。平台满兜安全网内定期清理坠落物。吊	施工方案、《电力建设安全工作规程　第1部分：火力发电》（DL 5009.1—2014）

续表

序号	施工工序		可能导致的事故	风险分级/风险标识	主要防范措施	工作依据
8	烟囱筒壁施工	筒壁施工	高空落物事故	二级较大	笼顶部杂物以及顶层平台必须做到工完、料尽、场地清，并将清理物品统一由吊笼或小扒杆吊运至地面进行回收或弃至垃圾场。 （4）散物件或小型工具存放于工具包内，使用时用绳索拴牢，以防坠落伤人。 （5）射梁、围檩管等铁制品进行火焊割除时，必须用绳索固定牢，以防落物伤人。 （6）烟囱筒壁周围30m以内为危险区，外围应设置警戒线或围栏，严禁无关人员进入。 （7）施工危险区各交通要道口处设专人值班，任何无关人员不得进入危险区。 （8）危险区内地面上有工作项目的部位应搭设防护棚，人员进出烟囱必须走防护棚，严禁在通道外逗留或通过	施工方案、《电力建设安全工作规程　第1部分：火力发电》（DL 5009.1—2014）
9		积灰平台施工	脚手架倒塌事故	三级一般	（1）非专业工种不得搭拆脚手架。搭设脚手架时，作业人员应挂好安全带，递杆、撑杆作业人员应密切配合。严禁站在同一垂直线上。施工区周围设围栏或警告标志，并由专人值班，严禁无关人员入内。 （2）脚手架搭设时严格执行《电力建设安全工作规程　第1部分：火力发电》（DL 5009.1—2014）	施工方案、《电力建设安全工作规程　第1部分：火力发电》（DL 5009.1—2014）

续表

序号	施工工序		可能导致的事故	风险分级/风险标识	主要防范措施	工作依据
9	烟囱筒壁施工	积灰平台施工	脚手架倒塌事故	三级一般	4.8 的规定。所搭设架杆的间距均应符合要求。 （3）拆除脚手架应自上及下顺序进行，严禁上下同时作业或将脚手架整体推倒，并保证排架的整体稳定性。拆除时，必须做好混凝土成品的保护	施工方案、《电力建设安全工作规程　第1部分：火力发电》（DL 5009.1—2014）
10		航标漆的涂刷	高空坠落事故	二级较大	（1）严格执行《电力建设安全工作规程　第1部分：火力发电》（DL 5009.1—2014）中4.10的有关规定：挂好安全自锁器；吊篮使用前应经计算合格及安全验收合格。 （2）编制作业指导文件，并进行安全技术交底，加强现场的监督检查	
11	烟囱钢内筒制作与安装	钢内筒安装	人身伤害事故	三级一般	（1）钢内筒对口时不得把手脚放在板材缝隙内，使用撬棍时应注意防止滑动。 （2）吊装应由专业起重工指挥，任何人员不得在吊物下方停留或通过，使用拖车时，必须有牢固的封车，行走半径8m内不得有人员逗留，防止倾倒伤人。 （3）高空作业使用的小型工器具必须放在工具包内，严禁抛掷。严禁在孔洞、临空防护栏杆边缘休息、打闹。 （4）高空作业必须正确使用安全带。夜间施工要	施工方案、《电力建设安全工作规程　第1部分：火力发电》（DL 5009.1—2014）

续表

序号	施工工序		可能导致的事故	风险分级/风险标识	主要防范措施	工作依据
11	烟囱钢内筒制作与安装	钢内筒安装	人身伤害事故	三级一般	有充足的照明，严禁出现死角，夜间施工应有专人监护，并做好一对一结伴。高空作业必须正确使用安全带等安全设施，使用的软爬梯上端必须绑扎牢固，应绑扎4道8号铁丝。要正确使用防坠器和防坠绳，必要时工作面还应拉设安全网。 （5）安装使用脚手架荷载不得超过270kg/m²，搭设好的脚手架必须经过使用人员和安全人员验收合格后挂牌使用；脚手板铺设不得有空隙和探头板，搭接长度不得小于200mm，应平稳牢固，并有安全防护立网和兜底网；非专业人员不得搭、拆脚手架。 （6）高空作业与地面的通信联系必须有专人负责，信号清晰	施工方案、《电力建设安全工作规程　第1部分：火力发电》（DL 5009.1—2014）
12			火灾事故	三级一般	（1）氧气乙炔必须放在防晒棚内，间隔距离不得小于5m，距离明火不得小于10m。乙炔瓶必须有防回火装置。使用电火焊时必须清理周围易燃物品。 （2）使用火焊工具时应认真检查，防止因漏气发生爆炸或火灾事故	施工方案、《电力建设安全工作规程　第1部分：火力发电》（DL 5009.1—2014）、《气瓶安全技术规程》（TSG 23—2021）

续表

序号	施工工序		可能导致的事故	风险分级/风险标识	主要防范措施	工作依据
13	烟囱砖套筒施工	内筒砌筑	吊物坠落事故	三级一般	（1）按规范规定选用起吊工具及索具。 （2）所用钢丝绳、绳卡型号要事先通过计算，不得以小代大，以次代好。 （3）使用前要仔细检查，不得错拿错用	施工方案、《电力建设安全工作规程　第1部分：火力发电》（DL 5009.1—2014）
14		吊装过程	吊物坠落事故	一级重大	（1）施工人员加强责任心，每道工序派专人监督。 （2）每件物件拆除吊装前，现场管理人员应仔细检查钢丝绳固定捆绑措施，确认安全后方可吊下	
15			损坏物件事故	三级一般	（1）构件起吊时必须由专业起重工指挥，并派专人监督。 （2）吊运前应仔细检查所吊构件下降路线上是否有其他物品，若有应及时清理	
16			吊运时通信设备失灵	二级较大	（1）指挥人员应配备对讲机及双电池，以保持电源充足。 （2）每班开始工作前，指挥人员之间应相互试机，要求通话信号良好、及时	

续表

序号	施工工序		可能导致的事故	风险分级/风险标识	主要防范措施	工作依据
17	烟囱砖套筒施工	吊装过程	起重设备失灵	一级重大	（1）起重设备在使用前必须认真检查、维修，并派专人负责。 （2）若吊运前或吊运中发现起重设备出现异常，能停止立即停止。若不能停止应在吊完此构件后立即停止。停机后仔细检查维修，经有关专业人员确认方可使用	施工方案、《电力建设安全工作规程　第1部分：火力发电》（DL 5009.1—2014）

第七节　冷却塔施工

冷却塔施工的安全危险因素及控制见表1-9。

表1-9　　冷却塔施工的安全危险因素及控制

序号	施工工序		可能导致的事故	风险分级/风险标识	主要防范措施	工作依据
1	冷却塔环形基础施工	钢筋施工	触电危险事故	三级一般	（1）现场用电由专业电工统一负责，严禁非电工人员私拉私扯电源线，用电设备要有良好的接地，并经漏电保护器后方可使用，电源箱严禁被水淹、土埋。	施工方案、《电力建设安全工作规程　第1部分：火力发电》（DL 5009.1—2014）

续表

序号	施工工序		可能导致的事故	风险分级/风险标识	主要防范措施	工作依据
1	冷却塔环形基础施工	钢筋施工	触电危险事故	三级一般	（2）电源线绝缘必须良好，过路时应有可靠良好的保护措施，以防压坏或砸伤。 （3）现场所有用电及机械用电使用前均应由专业电工进行全面检查，确认无误办理接线卡后方可使用。在施工过程中严防钢筋与任何带电体接触。 （4）雨天及大风天过后，应由专业电工对施工场地内的电源线部分进行全面检查，确认无误后方可使用。 （5）针对雨季已经来到，施工人员应注意天气变化，雨天防雷击，雷雨天不得使用手机等导电体，不得在易导电体附近避雨	施工方案、《电力建设安全工作规程　第1部分：火力发电》（DL 5009.1—2014）
2			火灾事故	三级一般	（1）使用电火焊时注意事项：使用电火焊时，施工区域10m范围内不得堆放易燃易爆物品，电火焊人员作业时必须戴好防护眼镜或面罩及专用防护用品，以防灼烫伤事故的发生。 （2）氧气、乙炔瓶应按规定进行漆色和标注；气瓶不得与带电体接触，氧气瓶不得沾染油脂。 （3）气瓶瓶阀及管接头处不得漏气，且气瓶上应装两道防震圈，不得将气瓶与带电物体接触；氧气瓶与减压器的连接头发生自燃时应迅速关闭氧气瓶的阀门。	施工方案、《电力建设安全工作规程　第1部分：火力发电》（DL 5009.1—2014）、《气瓶安全技术规程》（TSG 23—2021）

续表

序号	施工工序		可能导致的事故	风险分级/风险标识	主要防范措施	工作依据
2	冷却塔环形基础施工	钢筋施工	火灾事故	三级一般	（4）氧气瓶、乙炔瓶等易燃品，应远离火源，安全距离大于10m。并备好充足的消防器材。氧气及乙炔瓶应按国家规定做检验，合格后方可使用。严禁不装减压器使用，不得使用不合格的减压器。 （5）乙炔瓶应装有专用的减压器、回火防止器，开启乙炔瓶时应站在阀门的侧后方。 （6）气瓶使用时应直立放置，不得卧放；气瓶运输时应轻装轻放。 （7）气瓶瓶阀及管接处不得漏气，应经常检查丝堵和角阀丝扣的磨损及锈蚀情况，发现损坏应及时更换。 （8）氧气瓶、乙炔瓶不得放在阳光下曝晒，应有遮阳设施	施工方案、《电力建设安全工作规程　第1部分：火力发电》（DL 5009.1—2014）、《气瓶安全技术规程》（TSG 23—2021）
3			机械伤害事故	三级一般	钢筋碰焊机人员应戴好防护眼镜，防眼灼伤	施工方案、《电力建设安全工作规程　第1部分：火力发电》（DL 5009.1—2014）
4			交通伤害事故	三级一般	（1）用拖拉机运输钢筋等材料时，应在车上将材料固定好，防车运行中材料滑落。 （2）所有机动车驾驶员必须经培训取证上岗，遵守交通规则及项目有关规定；严禁无牌、无照车辆进入施工现场。	

续表

序号	施工工序		可能导致的事故	风险分级/风险标识	主要防范措施	工作依据
4	冷却塔环形基础施工	钢筋施工	交通伤害事故	三级一般	（3）施工道路坚实、平整、畅通，不得随意开挖截断，对危险地段设置围栏及红色指示灯。 （4）厂内机动车辆应限速行驶，不得超过15km/h。夜间应有良好的照明，车辆应定期检查和保养，以保证制动部分、喇叭、方向机构的可靠安全性，在泥泞道路上应低速行驶，不得急刹车。 （5）机械行驶时，驾驶室外及车厢外不得载人，驾驶员不得与他人谈笑。启动前应先鸣号。 （6）机械操作人员应对所操作的机械负责。操作人员不得离开工作岗位。不得超铭牌使用。 （7）机械开动前应对主要部件、装置进行检查，确认良好后方可启动。工作中如有异常情况，应立即停机进行检查。 （8）机械加油时严禁动用明火或抽烟。油料着火时，应使用泡沫灭火器或砂土扑灭	施工方案、《电力建设安全工作规程　第1部分：火力发电》（DL 5009.1—2014）
5			钢筋倒排伤害事故	二级较大	环板基础内部布置钢筋，架设钢筋前应用钢管搭设脚手架，作为钢筋支撑，待钢筋绑扎好后，检查支撑牢固后方可拆掉钢管架。绑扎钢筋时，应注意不可大面积展开，应做到绑扎一片，绑扎牢固一片，防钢筋倾倒伤人。施工人员在绑扎钢筋时，要在人行通道上铺设脚手板，不得脚踩钢筋，以免钢筋变形或施工人员踩空发生危险	施工方案、《电力建设安全工作规程　第1部分：火力发电》（DL 5009.1—2014）

续表

序号	施工工序		可能导致的事故	风险分级/风险标识	主要防范措施	工作依据
6	冷却塔环形基础施工	模板施工	高空坠落事故	二级较大	高空作业挂好安全带，安全带应挂在上方牢固可靠处，高挂低用	施工方案、《电力建设安全工作规程 第1部分：火力发电》（DL 5009.1—2014）
7			高空落物事故	三级一般	拆除模板时应按顺序分段进行，严禁硬砸或大面积撬落或拉倒；拆除模板时选择稳妥可靠的立足点，下班后不得留有松动或悬挂着的模板；拆除模板应用绳子吊运或用滑槽滑下，严禁从高处抛掷，做到“工完、料尽、场地清”	
8		混凝土浇灌	触电事故	三级一般	（1）现场用电由专业电工统一负责，严禁非电工人员私拉私扯电源线，用电设备要有良好的接地，并经漏电保护器后方可使用，电源箱严禁被水淹、土埋。 （2）电源线绝缘必须良好，过路时应有可靠良好的保护措施，以防压坏或砸伤。 （3）现场所有用电及机械用电使用前均应由专业电工进行全面的检查，确认无误办理接线卡后方可使用。在施工过程中严防钢筋与任何带电体接触。 （4）雨天及大风天过后，应由专业电工对施工场地内的电源线部分进行全面检查，确认无误后方可使用。 （5）针对雨季已经来到，施工人员应注意天气变化，雨天防雷击，雷雨天不得使用手机等导电体，不得在易导电体附近避雨	

续表

序号	施工工序		可能导致的事故	风险分级/风险标识	主要防范措施	工作依据
9	冷却塔环形基础施工	混凝土浇灌	机械伤害事故	三级一般	（1）混凝土泵车应设在坚实的地面上，支腿下面应垫好木板（厚度在600mm左右），车身应保持水平。混凝土泵车在支腿未固定前严禁启动布料杆，风力超过六级及以上时，不得使用布料。混凝土泵车在运转中不得去掉防护罩，缺少防护罩不得开泵。混凝土输送管道的直立部分应固定可靠，运行中施工人员不得靠近管道接口。管道堵塞时，不得用泵的压力打通，如需拆卸管道疏通，则必须先反转，消除管内压力后方可拆卸。 （2）混凝土操作人员应戴好绝缘防护手套。 （3）加强环境保护，参加施工前必须对所有施工机械、车辆进行检查，尾气及噪声排放超标者严禁参加施工，以降低其对施工人员人身健康的影响。 （4）机械操作人员应对所操作的机械负责。机械正在运转时，操作人员不得离开工作岗位。不得超铭牌使用。机械设备的传动、转动部分（轴、齿轮及皮带等）应设防护罩。机械开动前应对主要部件、装置进行检查，确认良好后方可启动。工作中如有异常情况，应立即停机进行检查。机械运转时，严禁用手触动其转动部分、传动部分或直接调整皮带、进行润滑	施工方案、《电力建设安全工作规程　第1部分：火力发电》（DL 5009.1—2014）

续表

序号	施工工序		可能导致的事故	风险分级/风险标识	主要防范措施	工作依据
10	冷却塔环形基础施工	土方施工	触电事故	三级一般	（1）使用电动设备时，作业人员必须戴好专业绝缘手套，严禁带电作业和移动电动设备，电源线不得挂于导电器具上，对电源线及用电设备应定期检查，及时消除不安全因素。 （2）过路电源线应有可靠良好的保护措施，以防压坏或砸伤，移动电动工具时应切断电源，严禁带电移位。 （3）用电线路及电气设备的绝缘必须良好，布置应整齐，设备的裸露带电设施应有防护措施	施工方案、《电力建设安全工作规程　第1部分：火力发电》（DL 5009.1—2014）
11			机械伤害事故	三级一般	（1）所有机动车驾驶员必须经培训取证上岗，遵守交通规则及公司、项目部有关规定；严禁无牌、无照车辆进入施工现场。 （2）施工道路坚实、平整、畅通，不得随意开挖截断，对危险地段设置围栏及红色指示灯。 （3）厂内机动车辆应限速行驶，不得超过15km/h。夜间应有良好的照明，车辆应定期检查和保养，以保证制动部分、喇叭、方向机构的可靠安全性，在泥泞道路上应低速行驶，不得急刹车。 （4）机械行驶时，驾驶室外及车厢外不得载人，驾驶员不得与他人谈笑。启动前应先鸣号。	施工方案、《电力建设安全工作规程　第1部分：火力发电》（DL 5009.1—2014）

续表

序号	施工工序		可能导致的事故	风险分级/风险标识	主要防范措施	工作依据
11	冷却塔环形基础施工	土方施工	机械伤害事故	三级一般	（5）机械操作人员应对所操作的机械负责。操作人员不得离开工作岗位。不得超铭牌使用。 （6）机械开动前应对主要部件、装置进行检查，确认良好后方可启动。工作中如有异常情况，应立即停机进行检查。 （7）机械加油时严禁动用明火或抽烟。油料着火时，应使用泡沫灭火器或砂土扑灭，严禁用水浇灭。 （8）挖掘机作业时应保持水平位置，并将行走机构制动，机械工作时，履带距工作面边缘至少保持1～1.5m的安全距离。 （9）挖掘机往汽车上装运土石方时应等汽车停稳后方可进行，铲斗严禁在驾驶室及施工人员头顶上方通过。回转半径内严禁有其他施工作业。 （10）挖掘机行驶时，铲斗应位于机械的正前方并离开地面1m左右，回转机构应制动住，上下坡度不得超过20°。 （11）加强环境保护，参加施工前必须对所有施工机械、车辆进行检查，尾气及噪声排放超标者严禁参加施工，以降低其对施工人员人身健康的影响	施工方案、《电力建设安全工作规程　第1部分：火力发电》（DL 5009.1—2014）

续表

序号	施工工序		可能导致的事故	风险分级/风险标识	主要防范措施	工作依据
12	冷却塔人字柱施工	钢筋施工	触电事故	三级一般	（1）现场用电由专业电工统一负责，严禁非电工人员私拉私扯电源线，用电设备要有良好的接地，并经漏电保护器后方可使用，电源箱严禁被水淹、土埋。 （2）电源线绝缘必须良好，过路时应有可靠良好的保护措施，以防压坏或砸伤。 （3）现场所有用电及机械用电使用前均应由专业电工进行全面的检查，确认无误办理接线卡后方可使用。在施工过程中严防钢筋与任何带电体接触。 （4）雨天及大风天过后，应由专业电工对施工场地内的电源线部分进行全面检查，确认无误后方可使用。 （5）雨季施工时，施工人员应注意天气变化，雨天防雷击，雷雨天不得使用手机等导电体，不得在易导电体附近避雨	施工方案、《电力建设安全工作规程　第1部分：火力发电》（DL 5009.1—2014）

续表

序号	施工工序		可能导致的事故	风险分级/风险标识	主要防范措施	工作依据
13	冷却塔人字柱施工	钢筋施工	火灾事故	三级一般	（1）使用电火焊时注意事项：使用电火焊时，施工区域10m范围内不得堆放易燃易爆物品，电火焊人员作业时必须戴好防护眼镜或面罩及专用防护用品，以防灼烫伤事故的发生。 （2）氧气、乙炔瓶应按规定进行漆色和标注；气瓶不得与带电体接触，氧气瓶不得沾染油脂。 （3）气瓶瓶阀及管接头处不得漏气，且气瓶上应装两道防震圈，不得将气瓶与带电物体接触；氧气瓶与减压器的连接头发生自燃时应迅速关闭氧气瓶的阀门。 （4）氧气瓶、乙炔瓶等易燃品，应远离火源，安全距离大于10m。并备好充足的消防器材。氧气及乙炔瓶应按国家规定做检验，合格后方可使用。严禁不装减压器使用，不得使用不合格的减压器。 （5）乙炔瓶应装有专用的减压器、回火防止器，开启乙炔瓶时应站在阀门的侧后方。 （6）气瓶使用时应直立放置，不得卧放；气瓶运输时应轻装轻放。 （7）气瓶瓶阀及管接处不得漏气，应经常检查丝堵和角阀丝扣的磨损及锈蚀情况，发现损坏应及时更换。 （8）氧气瓶、乙炔瓶不得放在阳光下曝晒，应有遮阳设施	施工方案、《电力建设安全工作规程　第1部分：火力发电》（DL 5009.1—2014）、《气瓶安全技术规程》（TSG 23—2021）

续表

序号	施工工序		可能导致的事故	风险分级/风险标识	主要防范措施	工作依据
14	冷却塔人字柱施工	钢筋施工	机械作害	三级一般	钢筋碰焊机人员应戴好防护眼镜，防眼灼伤。应确保碰焊机工作时所用水箱内水满，以防因缺水而损坏碰焊机	施工方案、《电力建设安全工作规程　第1部分：火力发电》（DL 5009.1—2014）
15			交通伤害事故	三级一般	（1）用拖拉机运输钢筋等材料时，应在车上将材料固定好，防止运行中材料滑落。 （2）所有机动车驾驶员必须经培训取证上岗，遵守交通规则及公司、项目部有关规定；严禁无牌、无照车辆进入施工现场。 （3）施工道路坚实、平整、畅通，不得随意开挖截断，对危险地段设置围栏及红色指示灯。 （4）厂内机动车辆应限速行驶，不得超过15km/h。夜间应有良好的照明，车辆应定期检查和保养，以保证制动部分、喇叭、方向机构的可靠安全性，在泥泞道路上应低速行驶，不得急刹车。 （5）机械行驶时，驾驶室外及车厢外不得载人，驾驶员不得与他人谈笑。启动前应先鸣号	施工方案、《电力建设安全工作规程　第1部分：火力发电》（DL 5009.1—2014）

续表

序号	施工工序		可能导致的事故	风险分级/风险标识	主要防范措施	工作依据
16	冷却塔人字柱施工	模板施工	高空坠落事故	二级较大	高空作业挂好安全带，安全带应挂在上方牢固可靠处，高挂低用	施工方案、《电力建设安全工作规程　第1部分：火力发电》（DL 5009.1—2014）
17			高空落物	三级一般	拆除模板时应按顺序分段进行，严禁硬砸或大面积撬落或拉倒；拆模时选择稳妥可靠的立足点，下班后不得留有松动或悬挂的模板；拆除的模板应用绳子吊运或用滑槽滑下，严禁从高处抛掷，做到“工完、料尽、场地清”	
18		混凝土浇灌	触电事故	三级一般	（1）现场用电由专业电工统一负责，严禁非电工人员私拉私扯电源线，用电设备要有良好的接地，并经漏电保护器后方可使用，电源箱严禁被水淹、土埋。 （2）电源线绝缘必须良好，过路时应有可靠良好的保护措施，以防压坏或砸伤。 （3）现场所有用电及机械用电使用前均应由专业电工进行全面的检查，确认无误办理接线卡后方可使用。在施工过程中严防钢筋与任何带电体接触。 （4）雨天及大风天过后，应由专业电工对施工场地内的电源线部分进行全面检查，确认无误后方可使用。 （5）针对雨季已经来到，施工人员应注意天气变化，雨天防雷击，雷雨天不得使用手机等导电体，不得在易导电体附近避雨	

续表

序号	施工工序		可能导致的事故	风险分级/风险标识	主要防范措施	工作依据
19	冷却塔人字柱施工	混凝土浇灌	机械伤害事故	二级较大	（1）混凝土泵车应设在坚实的地面上，支腿下面应垫好木板（厚度在600mm左右），车身应保持水平。混凝土泵车在支腿未固定前严禁启动布料杆，风力超过六级及以上时，不得使用布料。混凝土泵车在运转中不得去掉防护罩，缺少防护罩不得开泵。混凝土输送管道的直立部分应固定可靠，运行中施工人员不得靠近管道接口。管道堵塞时，不得用泵强行加压打通。如需拆卸管道疏通，则必须先反转，消除管内压力后方可拆卸。 （2）混凝土操作人员应戴好绝缘防护手套。 （3）加强环境保护，参加施工前必须对所有施工机械、车辆进行检查，尾气及噪声排放超标者严禁参加施工，以降低其对施工人员人身健康的影响。 （4）机械操作人员应对所操作的机械负责。机械正在运转时，操作人员不得离开工作岗位。不得超铭牌使用。机械设备的传动、转动部分（轴、齿轮及皮带等）应设防护罩。机械开动前应对主要部件、装置进行检查，确认良好后方可启动。工作中如有异常情况，应立即停机进行检查。机械运转时，严禁用手触动其转动部分、传动部分或直接调整皮带进行润滑	施工方案、《电力建设安全工作规程　第1部分：火力发电》（DL 5009.1—2014）

续表

序号	施工工序		可能导致的事故	风险分级/风险标识	主要防范措施	工作依据
20	冷却塔人字柱施工	混凝土浇灌	窒息伤害事故	三级一般	混凝土浇灌人员在模板内作业时，要注意向内送风，防止施工人员窒息	施工方案、《电力建设安全工作规程　第1部分：火力发电》（DL 5009.1—2014）
21			倒塌伤害事故	二级较大	严格禁止混凝土未达拆除模板强度强行拆模，以免造成安全隐患	
22		脚手架	倒塌伤害	二级较大	（1）脚手架的地基必须认真处理，并抄平后加垫木或垫板，不得在未经处理、起伏不平的地面上直接搭设脚手架。控制好立杆的垂直偏差和横杆的水平偏差，并确保节点连接达到绑好、拧紧、插接好的要求。脚手板应满铺，不得有探头板。搭设完毕后要进行验收，验收合格后挂牌使用。 （2）要严格控制使用荷载不超过270kg/m^2，该脚手架主要考虑环梁荷载及非操作层荷载，因此验算该脚手架的稳定性从这两个方面考虑。 （3）立杆沉陷、悬空，连接松动、架子歪斜，杆件变形等诸如此类的问题处理以前严格禁止使用脚手架。使用过程中要经常进行检查，发现问题及时处理。遇有6级以上大风及大雨等天气条件下应暂停施工。 （4）严格禁止使用脚手架吊运重物，作业人员严禁攀登架子上下，严禁小推车在架子上跑动，不得在架子上拉接吊装缆绳，严禁随意拆除脚手架的杆件	施工方案、《电力建设安全工作规程　第1部分：火力发电》（DL 5009.1—2014）

续表

序号	施工工序		可能导致的事故	风险分级/风险标识	主要防范措施	工作依据
23	冷却塔人字柱施工	脚手架	高空落物	三级一般	作业层的外侧应设栏杆，挂安全网，设挡脚板；设置供人员上下的安全扶梯、爬梯或斜道，梯道上应有可靠的防滑措施；在脚手架上同时进行多层作业的情况下，各作业层之间铺挂 20mm×20mm 的小孔径安全网	施工方案、《电力建设安全工作规程　第1部分：火力发电》（DL 5009.1—2014）
24			雷击伤害	三级一般	脚手架必须有良好的接地，以确保脚手架能防电、避雷	
25	冷却塔塔筒施工	钢筋施工	触电危险	二级较大	（1）现场用电由专业电工统一负责，严禁非电工人员私拉私扯电源线，用电设备要有良好的接地，并经漏电保护器后方可使用，电源箱严禁被水淹、土埋。 （2）电源线绝缘必须良好，过路时应有可靠良好的保护措施，以防压坏或砸伤。 （3）现场所有用电及机械用电使用前均应由专业电工进行全面检查，确认无误办理接线卡后方可使用。在施工过程中严防钢筋与任何带电体接触。 （4）雨天及大风天过后，应由专业电工对施工场地内的电源线部分进行全面检查，确认无误后方可使用。 （5）雨季施工时，施工人员应注意天气变化，雨天防雷击，雷雨天不得使用手机等导电体，不得在易导电体附近避雨	施工方案、《电力建设安全工作规程　第1部分：火力发电》（DL 5009.1—2014）

续表

序号	施工工序		可能导致的事故	风险分级/风险标识	主要防范措施	工作依据
26	冷却塔塔筒施工	钢筋施工	火灾	三级一般	（1）使用电火焊时注意事项：使用电火焊时，施工区域10m范围内不得堆放易燃易爆物品，电火焊人员作业时必须戴好防护眼镜或面罩及专用防护用品，以防灼烫伤事故的发生。 （2）氧气、乙炔瓶应按规定进行漆色和标注；气瓶不得与带电体接触，氧气瓶不得沾染油脂。 （3）气瓶瓶阀及管接头处不得漏气，且气瓶上应装两道防震圈，不得将气瓶与带电物体接触；氧气瓶与减压器的连接头发生自燃时应迅速关闭氧气瓶的阀门。 （4）氧气瓶、乙炔瓶等易燃品，应远离火源，安全距离大于10m。并备好充足的消防器材。氧气及乙炔瓶应按国家规定做检验，合格后方可使用。严禁不装减压器使用，不得使用不合格的减压器。 （5）乙炔瓶应装有专用的减压器、回火防止器，开启乙炔瓶时应站在阀门的侧后方。 （6）气瓶使用时应直立放置，不得卧放；气瓶运输时应轻装轻放。 （7）气瓶瓶阀及管接处不得漏气，应经常检查丝堵和角阀丝扣的磨损及锈蚀情况，发现损坏应及时更换。 （8）氧气瓶、乙炔瓶不得放在阳光下曝晒，应有遮阳设施	施工方案、《电力建设安全工作规程　第1部分：火力发电》（DL 5009.1—2014）、《气瓶安全技术规程》（TSG 23—2021）

续表

序号	施工工序		可能导致的事故	风险分级/风险标识	主要防范措施	工作依据
27	冷却塔塔筒施工	钢筋施工	机械伤害	三级一般	钢筋碰焊机人员应戴好防护眼镜，防眼灼伤。应确保碰焊机工作时所用水箱内水满，以防因缺水而损坏碰焊机	施工方案、《电力建设安全工作规程　第1部分：火力发电》（DL 5009.1—2014）
28			交通伤害	三级一般	（1）用拖拉机运输钢筋等材料时，应在车上将材料固定好，防止运行中材料滑落。 （2）所有机动车驾驶员必须经培训取证上岗，遵守交通规则及公司、项目部有关规定；严禁无牌、无照车辆进入施工现场。 （3）施工道路坚实、平整、畅通，不得随意开挖截断，对危险地段设置围栏及红色指示灯。 （4）厂内机动车辆应限速行驶，不得超过15km/h。夜间应有良好的照明，车辆应定期检查和保养，以保证制动部分、喇叭、方向机构的可靠安全性，在泥泞道路上应低速行驶，不得急刹车。 （5）机械行驶时，驾驶室外及车厢外不得载人，驾驶员不得与他人谈笑。启动前应先鸣号。 （6）机械操作人员应对所操作的机械负责。操作人员不得离开工作岗位。不得超铭牌使用。	施工方案、《电力建设安全工作规程　第1部分：火力发电》（DL 5009.1—2014）

续表

序号	施工工序		可能导致的事故	风险分级/风险标识	主要防范措施	工作依据
28	冷却塔塔筒施工	钢筋施工	交通伤害	三级一般	（7）机械开动前应对主要部件、装置进行检查，确认良好后方可启动。工作中如有异常情况，应立即停机进行检查。 （8）机械加油时严禁动用明火或抽烟。油料着火时，应使用泡沫灭火器或砂土扑灭	施工方案、《电力建设安全工作规程 第1部分：火力发电》（DL 5009.1—2014）
29		模板施工	高空坠落	二级较大	高空作业挂好安全带，安全带应挂在上方牢固可靠处，高挂低用	施工方案、《电力建设安全工作规程 第1部分：火力发电》（DL 5009.1—2014）
30			高空落物	三级一般	拆除模板时应按顺序分段进行，严禁硬砸、大面积撬落或拉倒；拆除模板时选择稳妥可靠的立足点，下班后不得留有松动或悬挂着的模板；拆除的模板应用绳子吊运或用滑槽滑下，严禁从高处抛掷，做到“工完、料尽、场地清”	
31		混凝土浇灌	触电	二级较大	（1）现场用电由专业电工统一负责，严禁非电工人员私拉私扯电源线，用电设备要有良好的接地，并经漏电保护器后方可使用，电源箱严禁被水淹、土埋。 （2）电源线绝缘必须良好，过路时应有可靠良好的保护措施，以防压坏或砸伤。	

续表

序号	施工工序		可能导致的事故	风险分级/风险标识	主要防范措施	工作依据
31	冷却塔塔筒施工	混凝土浇灌	触电	二级较大	（3）现场所有用电及机械用电使用前均应由专业电工进行全面的检查，确认无误办理接线卡后方可使用。在施工过程中严防钢筋与任何带电体接触。 （4）雨天及大风天过后，应由专业电工对施工场地内的电源线部分进行全面检查，确认无误后方可使用。 （5）针对雨季已经来到，施工人员应注意天气变化，雨天防雷击，雷雨天不得使用手机等导电体，不得在易导电体附近避雨	施工方案、《电力建设安全工作规程　第1部分：火力发电》（DL 5009.1—2014）
32			机械伤害	二级较大	（1）混凝土泵车应设在坚实的地面上，支腿下面应垫好木板（厚度在600mm左右），车身应保持水平。混凝土泵车在支腿未固定前严禁启动布料杆，风力超过六级及以上时，不得使用布料。混凝土泵车在运转中不得去掉防护罩，缺少防护罩不得开泵。混凝土输送管道的直立部分应固定可靠，运行中施工人员不得靠近管道接口。管道堵塞时，不得用泵强行加压打通。如需拆卸管道疏通，则必须先反转，消除管内压力后方可拆卸。 （2）混凝土操作人员应戴好绝缘防护手套。 （3）加强环境保护，参加施工前必须对所有施工	施工方案、《电力建设安全工作规程　第1部分：火力发电》（DL 5009.1—2014）

续表

序号	施工工序		可能导致的事故	风险分级/风险标识	主要防范措施	工作依据
32	冷却塔塔筒施工	混凝土浇灌	机械伤害	二级较大	机械、车辆进行检查，尾气及噪声排放超标者严禁参加施工，以降低其对施工人员人身健康的影响。 （4）机械操作人员应对所操作的机械负责。机械正在运转时，操作人员不得离开工作岗位。不得超铭牌使用。机械设备的传动、转动部分（轴、齿轮及皮带等）应设防护罩。机械开动前应对主要部件、装置进行检查，确认良好后方可启动。工作中如有异常情况，应立即停机进行检查。机械运转时，严禁用手触动其转动部分、传动部分或直接调整皮带进行润滑	施工方案、《电力建设安全工作规程　第1部分：火力发电》（DL 5009.1—2014）
33			窒息伤害	三级一般	混凝土浇灌人员在模板内作业时，要注意向内送风，防止施工人员窒息	
34			倒塌伤害	二级较大	严格禁止混凝土未达拆除模板强度强行拆除模板，以免造成安全隐患	

续表

序号	施工工序		可能导致的事故	风险分级/风险标识	主要防范措施	工作依据
35	冷却塔塔筒施工	脚手架	倒塌伤害	二级较大	（1）脚手架的地基必须认真处理，并抄平后加垫木或垫板，不得在未经处理、起伏不平的地面上直接搭设脚手架。控制好立杆的垂直偏差和横杆的水平偏差，并确保节点连接达到绑好、拧紧、插接好的要求。脚手板应满铺，不得有探头板。搭设完毕后要进行验收，验收合格后挂牌使用。 （2）要严格控制使用荷载不超过 270kg/m^2，该脚手架主要考虑环梁荷载及非操作层荷载，因此验算该脚手架的稳定性从这两个方面考虑。 （3）立杆沉陷、悬空，连接松动、架子歪斜，杆件变形等诸如此类的问题处理以前严格禁止使用脚手架。使用过程中要经常进行检查，发现问题及时处理。遇有 6 级以上大风及大雨等天气条件下应暂停施工。 （4）严格禁止使用脚手架吊运重物，作业人员严禁攀登架子上下，严禁小推车在架子上跑动，不得在架子上拉接吊装缆绳，严禁随意拆除脚手架的杆件	施工方案、《电力建设安全工作规程　第 1 部分：火力发电》（DL 5009.1—2014）

续表

序号	施工工序		可能导致的事故	风险分级/风险标识	主要防范措施	工作依据
36	冷却塔塔筒施工	脚手架	高空落物	三级一般	作业层的外侧应设栏杆，挂安全网，设挡脚板；设置供人员上下的安全扶梯、爬梯或斜道，梯道上应有可靠的防滑措施；在脚手架上同时进行多层作业的情况下，各作业层之间铺挂 20mm×20mm 的小孔径安全网	施工方案、《电力建设安全工作规程　第1部分：火力发电》（DL 5009.1—2014）
37			雷击伤害	三级一般	脚手架必须有良好的接地，以确保脚手架能防电、避雷	
38	淋水构件预制施工	钢筋施工	触电危险	二级较大	（1）现场用电由专业电工统一负责，严禁非电工人员私拉私扯电源线，用电设备要有良好的接地，并经漏电保护器后方可使用，电源箱严禁被水淹、土埋。 （2）电源线绝缘必须良好，过路时应有可靠良好的保护措施，以防压坏或砸伤。 （3）现场所有用电及机械用电使用前均应由专业电工进行全面检查，确认无误办理接线卡后方可使用。在施工过程中严防钢筋与任何带电体接触。 （4）雨天及大风天过后，应由专业电工对施工场地内的电源线部分进行全面检查，确认无误后方可使用	施工方案、《电力建设安全工作规程　第1部分：火力发电》（DL 5009.1—2014）

续表

序号	施工工序		可能导致的事故	风险分级/风险标识	主要防范措施	工作依据
39	淋水构件预制施工	钢筋施工	火灾	三级一般	（1）使用电火焊时注意事项：使用电火焊时，施工区域10m范围内不得堆放易燃易爆物品，电火焊人员作业时必须戴好防护眼镜或面罩及专用防护用品，以防灼烫伤事故的发生。 （2）氧气、乙炔瓶应按规定进行漆色和标注；气瓶不得与带电体接触，氧气瓶不得沾染油脂。 （3）气瓶瓶阀及管接头处不得漏气，且气瓶上应装两道防震圈，不得将气瓶与带电物体接触；氧气瓶与减压器的连接头发生自燃时应迅速关闭氧气瓶的阀门。 （4）氧气瓶、乙炔瓶等易燃品，应远离火源，安全距离大于10m。并备好充足的消防器材。氧气及乙炔瓶应按国家规定做检验，合格后方可使用。严禁不装减压器使用，不得使用不合格的减压器。 （5）乙炔瓶应装有专用的减压器、回火防止器，开启乙炔瓶时应站在阀门的侧后方。 （6）气瓶使用时应直立放置，不得卧放；气瓶运输时应轻装轻放。 （7）气瓶瓶阀及管接处不得漏气，应经常检查丝堵和角阀丝扣的磨损及锈蚀情况，发现损坏应及时更换。 （8）氧气瓶、乙炔瓶不得放在阳光下曝晒，应有遮阳设施	施工方案、《电力建设安全工作规程　第1部分：火力发电》（DL 5009.1—2014）、《气瓶安全技术规程》（TSG 23—2021）

续表

序号	施工工序		可能导致的事故	风险分级/风险标识	主要防范措施	工作依据
40	淋水构件预制施工	钢筋施工	机械伤害	三级一般	钢筋碰焊机人员应戴好防护眼镜，防眼灼伤。应确保碰焊机工作时所用水箱内水满，以防因缺水而损坏碰焊机	施工方案、《电力建设安全工作规程　第1部分：火力发电》（DL 5009.1—2014）
41			交通伤害	三级一般	（1）用拖拉机运输钢筋等材料时，应在车上将材料固定好，防止运行中材料滑落。 （2）所有机动车驾驶员必须经培训取证上岗，遵守交通规则及公司、项目部有关规定；严禁无牌、无照车辆进入施工现场。 （3）施工道路坚实、平整、畅通，不得随意开挖截断，对危险地段设置围栏及红色指示灯。 （4）厂内机动车辆应限速行驶，不得超过15km/h。夜间应有良好的照明，车辆应定期检查和保养，以保证制动部分、喇叭、方向机构的可靠安全性，在泥泞道路上应低速行驶，不得急刹车。 （5）机械行驶时，驾驶室外及车厢外不得载人，驾驶员不得与他人谈笑。启动前应先鸣号。 （6）机械操作人员应对所操作的机械负责。操作人员不得离开工作岗位。不得超铭牌使用。	施工方案、《电力建设安全工作规程　第1部分：火力发电》（DL 5009.1—2014）

续表

序号	施工工序		可能导致的事故	风险分级/风险标识	主要防范措施	工作依据
41	淋水构件预制施工	钢筋施工	交通伤害	三级一般	（7）机械开动前应对主要部件、装置进行检查，确认良好后方可启动。工作中如有异常情况，应立即停机进行检查。 （8）机械加油时严禁动用明火或抽烟。油料着火时，应使用泡沫灭火器或砂土扑灭	施工方案、《电力建设安全工作规程　第1部分：火力发电》（DL 5009.1—2014）
42		模板施工	高空坠落	二级较大	高空作业挂好安全带，安全带应挂在上方牢固可靠处，高挂低用	施工方案、《电力建设安全工作规程　第1部分：火力发电》（DL 5009.1—2014）
43			高空落物	三级一般	拆除模板时应按顺序分段进行，严禁硬砸、大面积撬落或拉倒；拆除模板时选择稳妥可靠的立足点，下班后不得留有松动或悬挂着的模板；拆除的模板应用绳子吊运或用滑槽滑下，严禁从高处抛掷，做到“工完、料尽、场地清”	施工方案、《电力建设安全工作规程　第1部分：火力发电》（DL 5009.1—2014）

续表

序号	施工工序		可能导致的事故	风险分级/风险标识	主要防范措施	工作依据
44	淋水构件预制施工	混凝土浇灌	触电	三级一般	（1）现场用电由专业电工统一负责，严禁非电工人员私拉私扯电源线，用电设备要有良好的接地，并经漏电保护器后方可使用，电源箱严禁被水淹、土埋。 （2）电源线绝缘必须良好，过路时应有可靠良好的保护措施，以防压坏或砸伤。 （3）现场所有用电及机械用电使用前均应由专业电工进行全面的检查，确认无误办理接线卡后方可使用。在施工过程中严防钢筋与任何带电体接触。 （4）雨天及大风天过后，应由专业电工对施工场地内的电源线部分进行全面检查，确认无误后方可使用。 （5）针对雨季已经来到，施工人员应注意天气变化，雨天防雷击，雷雨天不得使用手机等导电体，不得在易导电体附近避雨	施工方案、《电力建设安全工作规程　第1部分：火力发电》（DL 5009.1—2014）
45			机械伤害	二级较大	（1）混凝土泵车应设在坚实的地面上，支腿下面应垫好木板（厚度在600mm左右），车身应保持水平。混凝土泵车在支腿未固定前严禁启动布料杆，风力超过六级及以上时，不得使用布料。混凝土泵车在运转中不得去掉防护罩，没有防护罩不得开	施工方案、《电力建设安全工作规程　第1部分：火力发电》（DL 5009.1—2014）

续表

序号	施工工序		可能导致的事故	风险分级/风险标识	主要防范措施	工作依据
45	淋水构件预制施工	混凝土浇灌	机械伤害	二级较大	泵。混凝土输送管道的直立部分应固定可靠，运行中施工人员不得靠近管道接口。管道堵塞时，不得用泵的压力打通，如需拆卸管道疏通，则必须先反转，消除管内压力后方可拆卸。 （2）混凝土操作人员应戴好绝缘防护手套。 （3）加强环境保护，参加施工前必须对所有施工机械、车辆进行检查，尾气及噪声排放超标者严禁参加施工，以降低其对施工人员人身健康的影响。 （4）机械操作人员应对所操作的机械负责。机械正在运转时，操作人员不得离开工作岗位。不得超铭牌使用。机械设备的传动、转动部分（轴、齿轮及皮带等）应设防护罩。机械开动前应对主要部件、装置进行检查，确认良好后方可启动。工作中如有异常情况，应立即停机进行检查。机械运转时，严禁用手触动其转动部分、传动部分或直接调整皮带进行润滑	施工方案、《电力建设安全工作规程　第1部分：火力发电》（DL 5009.1—2014）

续表

序号	施工工序		可能导致的事故	风险分级/风险标识	主要防范措施	工作依据
46		构件装车	机械伤害	二级较大	（1）施工前操作人员对机械的安全装置（包括起升限位、力矩限制器、幅度限位）、制动装置进行检验，确保其性能良好，动作灵敏可靠后方可投入使用。 （2）作业时操作、指挥人员必须精神集中，密切配合。起重指挥严格执行《起重机 手势信号》（GB/T 5082）规定，且指挥信号必须清晰、明确。 （3）千斤绳的选用须满足足够的安全系数（不小于8），且磨损、断丝不超标。 （4）构件的封车必须牢固、可靠，且构件的棱角处须加垫包角。 （5）所有参加施工人员必须做好“一对一”结伴监护，相互提醒，防止受到意外伤害	施工方案、《电力建设安全工作规程 第1部分：火力发电》（DL 5009.1—2014）
47	淋水构件吊装施工	构件运输	交通事故	三级一般	（1）车辆操作人员必须了解运输道路情况，易坍塌及雨天路滑路段必须等路面修整后方可通行；施工道路坚实、平整、畅通，不得随意开挖截断，对危险地段设置围栏及红色指示灯。 （2）所有机动车驾驶员必须经培训取证上岗，遵守交通规则及公司、项目部有关规定；严禁无牌、无照车辆进入施工现场。	施工方案、《电力建设安全工作规程 第1部分：火力发电》（DL 5009.1—2014）

续表

序号	施工工序		可能导致的事故	风险分级/风险标识	主要防范措施	工作依据
47	淋水构件吊装施工	构件运输	交通事故	三级一般	（3）厂内机动车辆应限速行驶，不得超过15km/h。夜间应有良好的照明，车辆应定期检查和保养，以保证制动部分、喇叭、方向机构的可靠安全性，在泥泞道路上应低速行驶，不得急刹车。 （4）机械行驶时，驾驶室外及车厢外不得载人，驾驶员不得与他人谈笑。启动前应先鸣号	施工方案、《电力建设安全工作规程　第1部分：火力发电》（DL 5009.1—2014）
48			机械伤害	三级一般	（1）构件运输时严禁超载，构件的重心与车辆的承重中心基本一致，重心过高或偏移过多时应加配重块予以调整。 （2）单柱运输时，应将柱子用葫芦封紧后方可运输。 （3）机械操作人员应对所操作的机械负责。操作人员不得离开工作岗位。不得超铭牌使用。 （4）机械开动前应对主要部件、装置进行检查，确认良好后方可启动。工作中如有异常情况，应立即停机进行检查	施工方案、《电力建设安全工作规程　第1部分：火力发电》（DL 5009.1—2014）

续表

序号	施工工序		可能导致的事故	风险分级/风险标识	主要防范措施	工作依据
49	淋水构件吊装施工	构件运输	火灾	二级较大	机械加油时严禁动用明火或抽烟。油料着火时，应使用泡沫灭火器或砂土扑灭	施工方案、《电力建设安全工作规程　第1部分：火力发电》（DL 5009.1—2014）
50		脚手架搭设	脚手架倒塌	二级较大	（1）脚手架的搭设必须由专业架工完成，非架工严禁搭设。 （2）脚手架搭设所选用的脚手板以及方木不得出现疤、节或磨损严重、老化等现象，脚手管如出现弯曲、压扁、有裂纹以及严重腐蚀的钢管，严禁使用。 （3）脚手架的搭设必须牢固可靠	施工方案、《电力建设安全工作规程　第1部分：火力发电》（DL 5009.1—2014）
51		构件吊装	机械事故	二级较大	（1）风力超过六级或作业中突然遇到风力增大均应停止作业，并做好辅助吊车的防风措施。 （2）起重机的行驶道路必须平坦坚实，路边基坑和松软土层要进行处理，尤其是雨天机械通过循环水泵房基坑时，要切实采取措施，不能通行时切忌勉强通行，以防发生事故。实在需要通过时，需铺设道木或路基箱。起重机不得停在斜坡上工作。	施工方案、《电力建设安全工作规程　第1部分：火力发电》（DL 5009.1—2014）

续表

序号	施工工序		可能导致的事故	风险分级/风险标识	主要防范措施	工作依据
51	淋水构件吊装施工	构件吊装	机械事故	二级较大	（3）严禁超负荷吊装。禁止斜吊，所要起吊的重物不在起重机起重臂顶的正下方时，当将捆绑重物的吊索挂上起重钩后，吊钩滑车组不与地面垂直，而与水平线成一夹角。斜吊会造成超负荷及钢丝绳出槽，甚至造成拉断绳索。斜吊还会使重物在离开地面后发生快速摆动，可能碰伤人或其他已吊装好的构件。 （4）起重机械避免带负荷行走，如需做短距离带荷行走时，载荷不得超过允许载荷的70%，构件离地面不得大于50cm，并将构件转至正前方，拉好溜绳，控制构件摆动。 （5）作业时操作、指挥人员必须精神集中，密切配合，时刻保持联络畅通。 （6）起重指挥严格执行《起重机　手势信号》（GB/T 5082）规定，且指挥信号必须清晰、明确。操作人员应听从指挥，当信号不清或错误时，操作人员可拒绝执行。 （7）淋水构件起吊所选用千斤绳的必须满足足够的安全系数（不小于8），且磨损断丝不超标，捆绑夹角须小于90°，吊物的棱角处须加垫包角。	施工方案、《电力建设安全工作规程　第1部分：火力发电》（DL 5009.1—2014）

续表

序号	施工工序		可能导致的事故	风险分级/风险标识	主要防范措施	工作依据
51	淋水构件吊装施工	构件吊装	机械事故	二级较大	（8）严禁将起吊重物长时间悬挂在空中，作业中遇突发事故，应采取措施将重物降落到安全地方，并关闭发动机或切断电源后进行检修。在突然停电时，应立即把所有控制器拨到零位，断开电源总开关，并采取措施使重物降到地面。 （9）施工人员在施工过程中，应相互提醒，做好“一对一”结伴监护，做到“四不伤害”（不伤害自己、不伤害他人、不被他人伤害、保护他人不被伤害）	施工方案、《电力建设安全工作规程　第1部分：火力发电》（DL 5009.1—2014）
52			高处坠落	二级较大	（1）操作人员高处作业时必须穿防滑鞋且正确使用安全带，做到高挂低用，即将安全绳端的钩挂于高处，而人在低处操作。 （2）人在高处使用撬杠时，人要立稳，如附近有已安装好的构件，应一手扶住，另一手操作。撬杠插进深度要适宜，如果撬动距离较大，则应逐步撬动，不宜急于求成。 （3）雨天进行高处作业时，必须采取可靠的防滑、防冻措施。作业处有水、冰、霜、雪均应及时清除。遇有六级以上强风、浓雾等恶劣气候，不得从事露天高处吊装作业。暴风雨、雪后，应对高处作业安全设施逐一加以检查，发现有松动、变形、损坏或	施工方案、《电力建设安全工作规程　第1部分：火力发电》（DL 5009.1—2014）

续表

序号	施工工序		可能导致的事故	风险分级/风险标识	主要防范措施	工作依据
52	淋水构件吊装施工	构件吊装	高处坠落	二级较大	脱落等现象，应立即修理完善。 （4）登高梯子必须牢固，梯脚底部应坚实，不得垫高使用。梯子上端应有固定措施。立梯工作角度以75°±5°为宜，踏板上下间距以30cm为宜，不得有缺挡。梯子如需接长时，必须有可靠的连接措施，且接头长度不得超过1处，连接后梯梁的强度，不应低于单梯梯梁的强度。 （5）操作人员在操作台上行走时，应思想集中，防止踏上挑头板	施工方案、《电力建设安全工作规程　第1部分：火力发电》（DL 5009.1—2014）
53			高处落物伤人	二级较大	（1）地面配合施工人员必须正确佩戴安全帽，并系好下颌带。 （2）高处操作人员使用的工器具应放在随身佩带的工具袋内，在高空不可随意抛掷。 （3）在高处用气割或电焊切割时，应采取措施，防止火花落下伤人。 （4）地面施工人员，应尽量避免在高空作业面的正下方停留或通过，也不得在起重机或正在吊装的构件下逗留或通过。 （5）构件安装完毕后，必须检查连接质量，只有连接确实安全可靠，才能松钩或拆除临时支撑	施工方案、《电力建设安全工作规程　第1部分：火力发电》（DL 5009.1—2014）

续表

序号	施工工序		可能导致的事故	风险分级/风险标识	主要防范措施	工作依据
54	淋水构件吊装施工	构件吊装	触电	三级一般	（1）现场用电由专业电工统一负责，严禁非电工人员私拉私扯电源线，用电设备要有良好的接地，并经漏电保护器后方可使用，电源箱严禁被水淹、土埋。 （2）电源线绝缘必须良好，过路时应有可靠良好的保护措施，以防压坏或砸伤。 （3）现场所有用电及机械用电使用前均应由专业电工进行全面检查，确认无误办理接线卡后方可使用。在施工过程中严防钢筋与任何带电体接触。 （4）雨天及大风天过后，应由专业电工对施工场地内的电源线部分进行全面检查，确认无误后方可使用。 （5）雷雨季来到，施工人员应注意天气变化，雨天防雷击，雷雨天不得使用手机等导电体，不得在易导电体附近避雨。在雨天或潮湿地点的作业人员，应戴绝缘手套。大风雨雪后，应对供电线路进行检查，防止断线造成触电事故	施工方案、《电力建设安全工作规程　第1部分：火力发电》（DL 5009.1—2014）

续表

序号	施工工序		可能导致的事故	风险分级/风险标识	主要防范措施	工作依据
55	淋水构件吊装施工	构件吊装	火灾	三级一般	（1）使用电火焊时注意事项：使用电火焊时，施工区域 10m 范围内不得堆放易燃易爆物品，电火焊人员作业时必须戴好防护眼镜或面罩及专用防护用品，以防灼烫伤事故的发生。电焊机的电源线长度不宜超过 5m，并必须架高。电焊机手把线的正常电压，在用交流电工作时为 60～80V。要求手把线质量良好，如有破皮情况，必须及时用胶布严密包扎。电源线与钢丝绳接触时应有隔离措施。 （2）氧气、乙炔瓶应按规定进行漆色和标注；气瓶不得与带电体接触，氧气瓶不得沾染油脂。 （3）气瓶瓶阀及管接头处不得漏气，且气瓶上应装两道防震圈，不得将气瓶与带电物体接触；氧气瓶与减压器的连接头发生自燃时应迅速关闭氧气瓶的阀门。 （4）氧气瓶、乙炔瓶等易燃品，应远离火源，安全距离大于 10m。并备好充足的消防器材。氧气及乙炔瓶应按国家规定做检验，合格后方可使用。严禁不装减压器使用，不得使用不合格的减压器。	施工方案、《电力建设安全工作规程　第 1 部分：火力发电》（DL 5009.1—2014）、《气瓶安全技术规程》（TSG 23—2021）

续表

序号	施工工序		可能导致的事故	风险分级/风险标识	主要防范措施	工作依据
55	淋水构件吊装施工	构件吊装	火灾	三级一般	（5）乙炔瓶应装有专用的减压器、回火防止器，开启乙炔瓶时应站在阀门的侧后方。 （6）气瓶使用时应直立放置，不得卧放；气瓶运输时应轻装轻放。 （7）气瓶瓶阀及管接处不得漏气，应经常检查丝堵和角阀丝扣的磨损及锈蚀情况，发现损坏应及时更换。 （8）氧气瓶、乙炔瓶不得放在阳光下曝晒，应有遮阳设施。 （9）施工现场架设的低压导线，不得使用裸导线。所架设的高压线需加设安全保护装置。施工现场夜间照明、电线及灯具高度不得低于2.5m。起重机不得与现场的输电线路直接接触，起重机的任何部位与输电线路的距离不得小于6m	施工方案、《电力建设安全工作规程　第1部分：火力发电》（DL 5009.1—2014）、《气瓶安全技术规程》（TSG 23—2021）

第八节　火车卸煤沟施工

火车卸煤沟施工的安全危险因素及控制见表1-10。

表1-10　　火车卸煤沟施工的安全危险因素及控制

<table>
<tr><th>序号</th><th colspan="2">施工工序</th><th>可能导致的事故</th><th>风险分级/风险标识</th><th>主要防范措施</th><th>工作依据</th></tr>
<tr><td>1</td><td rowspan="2">火车卸煤沟下部结构施工</td><td rowspan="2">垫层施工</td><td>塌方</td><td>二级较大</td><td>（1）施工人员进入沟槽前，必须检查边坡稳定状况，防止塌方。
（2）雨天过后及时检查边坡，发现边坡有开裂、走动等危险征兆时，应立即采取措施，处理完毕后方可进行施工</td><td>施工方案、《电力建设安全工作规程　第1部分：火力发电》（DL 5009.1—2014）</td></tr>
<tr><td>2</td><td>触电伤害</td><td>二级较大</td><td>（1）照明用灯具必须用干燥的木棒固定牢固，抬运钢筋时注意避免碰到电源。局部照明使用封闭式碘钨灯。夜晚施工照明必须充足。
（2）流动电源箱应经检验合格后方可使用，并做好防潮防雨工作。所使用的电动工器具必须经检验合格方可使用。
（3）严禁带电移动振捣器，移动时必须由专人负责移动电源线。
（4）混凝土浇灌时必须有电工值班，严禁非电工从事电工作业。
（5）所用的电焊机等电动机械必须有接线卡，并相应做好台账</td><td>施工方案、《电力建设安全工作规程　第1部分：火力发电》（DL 5009.1—2014）</td></tr>
</table>

续表

序号	施工工序		可能导致的事故	风险分级/风险标识	主要防范措施	工作依据
3	火车卸煤沟下部结构施工	垫层施工	高空坠落	三级一般	在基坑边缘必须搭设临时防护设施，防止坠落	施工方案、《电力建设安全工作规程　第1部分：火力发电》（DL 5009.1—2014）
4		模板施工	塌方	二级较大	（1）施工人员进入沟槽前，必须检查边坡稳定状况，防止塌方。 （2）雨天过后及时检查边坡，发现边坡有开裂、走动等危险征兆时，应立即采取措施，处理完毕后方可进行施工	施工方案、《电力建设安全工作规程　第1部分：火力发电》（DL 5009.1—2014）
5			触电伤害	二级较大	（1）照明用灯具必须固定牢固，抬运钢筋时注意避免碰到电源。夜晚施工照明必须充足。 （2）流动电源箱应经检验合格后方可使用，并做好防潮防雨工作。所使用的电动工器具必须经检验合格方可使用，操作时戴绝缘手套。 （3）严禁带电移动振捣器，移动时必须由专人负责移动电源线。 （4）混凝土浇灌时必须有电工值班，严禁非电工从事电工作业。 （5）所用的电焊机等电动机械必须有接线卡，并相应做好台账	施工方案、《电力建设安全工作规程　第1部分：火力发电》（DL 5009.1—2014）

续表

序号	施工工序		可能导致的事故	风险分级/风险标识	主要防范措施	工作依据
6	火车卸煤沟下部结构施工	模板施工	高空坠落	二级较大	（1）在基坑边缘必须搭设临时防护设施，防止坠落。 （2）所有参加高空作业的施工人员必须经体检合格，方可从事高空作业。 （3）高空作业人员必须严格做到“一对一”结伴，互相监督。 （4）高空作业正确使用安全带（做到高挂低用）、安全绳。 （5）人员上下时必须使用速差自助器。 （6）人员在高空转移时安全带一定挂在水平绳上。 （7）模板及支撑必须固定牢固	施工方案、《电力建设安全工作规程　第1部分：火力发电》（DL 5009.1—2014）
7			火灾	二级较大	（1）氧气瓶、乙炔瓶严禁泄漏，乙炔瓶必须装有防回火装置，氧气瓶、乙炔瓶禁止同车运输，使用时，两者相距8m以上。 （2）电焊、火焊施工时必须清除附近的易（可）燃物，禁止火花四溅	施工方案、《电力建设安全工作规程　第1部分：火力发电》（DL 5009.1—2014）、《气瓶安全技术规程》（TSG 23—2021）

续表

序号	施工工序		可能导致的事故	风险分级/风险标识	主要防范措施	工作依据
8	火车卸煤沟下部结构施工	模板施工	交通事故	三级一般	（1）驾驶人员须持证上岗，严禁酒后或服用过敏性药后驾驶机动车辆。 （2）现场施工车辆行驶速度不超过 10km/h，转弯时不大于 5km/h。 （3）驾驶员应遵循“一停、二看、三通过”的原则。 （4）车辆启动前，对车辆全面检查，确保各项性能良好	施工方案、《电力建设安全工作规程　第1部分：火力发电》（DL 5009.1—2014）
9			排架倾倒伤害	二级较大	（1）脚手架由专业架工搭设，搭设后须经安监部门检验合格后挂牌标示方可交付使用。 （2）使用过程中要经常检查、维修，非专业人员不得搭拆排架。 （3）排架搭设严格按照施工图顺序施工，并且搭设过程中随时设置剪刀撑及抛撑，保证排架不偏斜或倾倒。 （4）排架的立杆应垂直，钢管立杆应设置金属底座或垫木。横杆必须平行并与立杆成直角搭设。 （5）扣件应有出厂合格证；凡有脆裂、变形或滑丝的，严禁使用。	施工方案、《电力建设安全工作规程　第1部分：火力发电》（DL 5009.1—2014）

续表

序号	施工工序		可能导致的事故	风险分级/风险标识	主要防范措施	工作依据
9	火车卸煤沟下部结构施工	模板施工	排架倾倒伤害	二级较大	（6）立杆大横杆的接头应错开，搭接长度不小于50cm。 （7）搭设排架凡施工用脚手板，两端应用8号淬火铁丝绑扎牢固，严禁出现探头板，每个施工层周围采用安全网围护。 （8）严禁利用脚手架吊运物件，吊运物件时严禁碰撞或扯动脚手架	施工方案、《电力建设安全工作规程　第1部分：火力发电》（DL 5009.1—2014）
10			安/拆模板砸伤、碰伤	二级较大	（1）模板安装应按工序进行。支柱和拉杆应随模板的铺设及时固定，模板未固定前不得进行下道工序。 （2）模板拆除应按顺序分段进行。严禁猛撬、硬砸及大面积撬落或拉倒。 （3）拆除模板时应选择稳妥可靠的立足点，下班时不得留有松动或悬挂着的模板。 （4）拆除模板严禁高处撬落，应由绳索吊落	施工方案、《电力建设安全工作规程　第1部分：火力发电》（DL 5009.1—2014）
11		吊运模板、钢筋等	机械伤害	二级较大	（1）起吊物应绑牢，有棱角的部位加设护角。吊物未固定时严禁松钩。 （2）起吊工作区域内无关人员不得停留或通过，在伸臂及吊物下方严禁任何人员通过或逗留。	施工方案、《电力建设安全工作规程　第1部分：火力发电》（DL 5009.1—2014）

续表

序号	施工工序		可能导致的事故	风险分级/风险标识	主要防范措施	工作依据
11	火车卸煤沟下部结构施工	吊运模板、钢筋等	机械伤害	二级较大	（3）当风力达到五级时不得进行模板的起吊作业；当风力达到六级时不得进行起吊作业；模板吊装时，勾头螺栓应紧固牢固，以防模板滑落。 （4）吊运钢筋必须绑扎牢固，钢筋不得与其他物件混吊。 （5）指挥人员必须严格执行《起重机 手势信号》（GB/T 5082）的要求。 （6）操作人员严格执行“十吊”“十不吊”制度 1）十吊。 a．取得特种安全资格操作证的人员可操作。 b．大、小车抱闸，主、副钩抱闸正常可吊。 c．主、副钩限位开关，紧急开关正常可吊。 d．在负荷范围内，超负荷保险装置正常可吊。 e．开车警告电铃正常可吊。 f．大车左右限位开关及缓冲器正常可吊。 g．小车前后限位开关及缓冲器正常可吊。 h．作业现场光线明亮，指挥信号正确、清楚可吊。 i．天窗、驾驶室门联锁开关正常可吊。 j．除十不吊规定的不吊外可吊。	施工方案、《电力建设安全工作规程　第1部分：火力发电》（DL 5009.1—2014）

续表

序号	施工工序		可能导致的事故	风险分级/风险标识	主要防范措施	工作依据
11	火车卸煤沟下部结构施工	吊运模板、钢筋等	机械伤害	二级较大	2）十不吊。 a．吊物上站人或有浮动物不吊。 b．超负荷不吊。 c．光线阴暗，信号看不清不吊。 d．易燃、易爆危险物品不吊。 e．设备带病或强烈抖动负荷不吊。 f．钢丝绳不合格、捆绑不牢不吊。 g．埋地下或凝固地面上不知负荷时不吊。 h．吊物重心过偏不吊。 i．不歪拉斜吊，锐角、刀角不垫好不吊。 j．违章作业不吊	施工方案、《电力建设安全工作规程　第1部分：火力发电》（DL 5009.1—2014）
12		钢筋施工	钢筋倾倒、挤压伤害	三级一般	（1）钢筋骨架、网片应利用钢骨架固定良好。 （2）钢筋网与骨架未固定时严禁人员攀附上下或在其下方逗留、休息。 （3）在高处无安全措施的情况下，严禁进行粗钢筋的校直工作及垂直交叉施工。 （4）严禁依附立筋绑扎或攀登上下，柱筋应用临时支撑固定牢固。 （5）在上层钢筋绑扎前，必须将钢筋支撑网片固定牢固，待检查无误后方可施工。	施工方案、《电力建设安全工作规程　第1部分：火力发电》（DL 5009.1—2014）

续表

序号	施工工序		可能导致的事故	风险分级/风险标识	主要防范措施	工作依据
12	火车卸煤沟下部结构施工	钢筋施工	钢筋倾倒、挤压伤害	三级一般	（6）抬运钢筋时，必须行动一致，由专人指挥。穿钢筋应有统一指挥，并互相联系协调，防止碰、挤伤人员。 （7）在扎好的钢筋上行走时，必须铺脚手板	施工方案、《电力建设安全工作规程　第1部分：火力发电》（DL 5009.1—2014）
13			触电伤害	三级一般	（1）照明用灯具必须固定牢固，抬运钢筋时注意避免碰到电源。夜晚施工照明必须充足。 （2）流动电源箱须经检验合格后方可使用，并做好防潮防雨工作。所使用的电动工器具必须经检验合格方可使用。 （3）施工用电由电工负责，严禁非电工私自拆、装施工用电设施。 （4）严禁带电接线，电源线走向合理、规范防止碰、砸伤电源线，线与下方配电盘之间挂牌标示。 （5）所用的电焊机等电动机械必须有接线卡，并相应做好台账。 （6）开关及插头应完整、良好，严禁直接将电线插入插座内或直接钩挂在隔离开关上使用。 （7）搬移电动工具或暂停工作时，应先将电源切断。 （8）搬运钢筋时与电气设施应保持安全距离，严防碰撞带电设备和配电盘	施工方案、《电力建设安全工作规程　第1部分：火力发电》（DL 5009.1—2014）

续表

序号	施工工序		可能导致的事故	风险分级/风险标识	主要防范措施	工作依据
14	火车卸煤沟下部结构施工	钢筋施工	高空坠落、高空落物伤害	三级一般	（1）高处作业、夜间施工必须有足够照明。 （2）高处作业不得坐在平台、孔洞边缘，不得骑坐在栏杆上，不得躺在走道板或安全网内休息；不得凭借栏杆起吊物件。 （3）高处作业人员应配带工具袋，较大的工具应系保险绳，应通过绳索传递物品，严禁抛掷。 （4）严禁站在柱模上操作或梁底模上行走。 （5）严禁交叉作业，禁止吊装与下方施工同步进行，不可避免要进行交叉作业时须搭设隔离层。 （6）脚手架上严禁堆放物品，以防坠落伤人	施工方案、《电力建设安全工作规程　第1部分：火力发电》（DL 5009.1—2014）
15			火灾事故	二级较大	（1）氧气瓶、乙炔瓶严禁泄漏，乙炔瓶必须装有防回火装置，氧气瓶、乙炔瓶禁止同车运输，使用时，两者相距5m以上。 （2）电焊、火焊施工时必须清除附近的易（可）燃物，禁止火花四溅	施工方案、《电力建设安全工作规程　第1部分：火力发电》（DL 5009.1—2014）、《气瓶安全技术规程》（TSG 23—2021）

续表

序号	施工工序		可能导致的事故	风险分级/风险标识	主要防范措施	工作依据
16	火车卸煤沟下部结构施工	混凝土施工	触电伤害事故	三级一般	（1）照明用灯具必须固定牢固，夜晚施工照明必须充足。电动工器具、流动电源箱须经检验合格后，标签合格证后方可使用，并做好防潮防雨工作。 （2）严禁带电移动振捣器，移动时必须由专人负责移动电源线。 （3）混凝土浇灌时必须有电工值班，严禁非电工从事电工作业	施工方案、《电力建设安全工作规程　第1部分：火力发电》（DL 5009.1—2014）
17			人身高空坠落	二级较大	（1）在基础模板上方边缘必须搭设临时防护设施，防止坠落。 （2）所有参加高空作业的施工人员必须经体检合格，才能从事高空作业。 （3）高空作业人员必须严格做到“一对一”结伴，互相监督。 （4）高空作业正确使用安全带（做到高挂低用）、安全绳。 （5）人员上下时必须使用速差自助器。 （6）人员在高空转移时安全带必须挂在水平绳上	施工方案、《电力建设安全工作规程　第1部分：火力发电》（DL 5009.1—2014）

续表

序号	施工工序		可能导致的事故	风险分级/风险标识	主要防范措施	工作依据
18	火车卸煤沟上部结构施工	钢筋、模板施工	人身触电事故	三级一般	（1）照明用灯具必须用干燥的木棒固定牢固，抬运钢筋时注意避免碰到电源。 （2）流动电源箱应经检验合格后方可使用，并做好防潮防雨工作	施工方案、《电力建设安全工作规程 第1部分：火力发电》（DL 5009.1—2014）
19			人身高空坠落	二级较大	（1）施工平台孔洞必须盖孔盖板，较大孔洞必须搭设防护围栏。 （2）雨天或大风过后，施工前检查脚手架的稳定性。 （3）雨后或冬季施工，应做好防滑措施	施工方案、《电力建设安全工作规程 第1部分：火力发电》（DL 5009.1—2014）
20			高空落物砸伤人员	三级一般	（1）临空面的孔洞应设盖板、安全围栏，脚手架必须设兜底安全网。 （2）高处作业地点、各层平台、走道及脚手架上不得堆放超过允许荷载的物件，施工用料不得随意堆放在脚手架上。 （3）拆脚手架及模板时，严禁自高处直接抛落	施工方案、《电力建设安全工作规程 第1部分：火力发电》（DL 5009.1—2014）

续表

<table>
<tr><th>序号</th><th colspan="2">施工工序</th><th>可能导致的事故</th><th>风险分级/风险标识</th><th>主要防范措施</th><th>工作依据</th></tr>
<tr><td>21</td><td rowspan="3">火车卸煤沟上部结构施工</td><td>钢筋、模板施工</td><td>火灾事故</td><td>二级较大</td><td>（1）氧气瓶、乙炔瓶严禁泄漏，乙炔瓶必须装有防回火装置，氧气瓶、乙炔瓶禁止同车运输，使用时，两者相距 5m 以上。
（2）电焊、火焊施工时必须清除附近的易（可）燃物，禁止火花四溅</td><td>施工方案、《电力建设安全工作规程　第 1 部分：火力发电》（DL 5009.1—2014）、《气瓶安全技术规程》（TSG 23—2021）</td></tr>
<tr><td>22</td><td rowspan="2">混凝土施工</td><td>触电伤害事故</td><td>三级一般</td><td>（1）照明用灯具必须用干燥的木棒固定牢固，抬运钢筋时注意避免碰到电源。
（2）流动电源箱应经检验合格后方可使用，并做好防潮防雨工作。
（3）严禁带电移动振捣器，移动时必须由专人负责移动电源线。
（4）混凝土浇灌时必须有电工值班</td><td>施工方案、《电力建设安全工作规程　第 1 部分：火力发电》（DL 5009.1—2014）</td></tr>
<tr><td>23</td><td>高空作业人员坠落</td><td>二级较大</td><td>（1）施工平台孔洞必须盖孔盖板，较大孔洞必须搭设防护围栏。
（2）雨天或大风过后，施工前检查脚手架的稳定性。
（3）雨后或冬季施工，应做好防滑措施</td><td>施工方案、《电力建设安全工作规程　第 1 部分：火力发电》（DL 5009.1—2014）</td></tr>
</table>

续表

序号	施工工序		可能导致的事故	风险分级/风险标识	主要防范措施	工作依据
24	火车卸煤沟上部结构施工	混凝土施工	高空落物砸伤人员	三级一般	（1）临空面的孔洞应设盖板、安全围栏，脚手架必须设兜底安全网。 （2）高处作业地点、各层平台、走道及脚手架上不得堆放超过允许荷载的物件，施工用料不得随意堆放在脚手架上。 （3）混凝土施工过程中，谨防混凝土洒落	施工方案、《电力建设安全工作规程　第1部分：火力发电》（DL 5009.1—2014）
25		建筑工程施工	高空作业人员坠落事故	二级较大	（1）施工平台孔洞必须盖孔盖板，较大孔洞必须搭设防护围栏。 （2）雨天或大风过后，施工前检查脚手架的稳定性。 （3）雨后或冬季施工应做好防滑措施	施工方案、《电力建设安全工作规程　第1部分：火力发电》（DL 5009.1—2014）
26			触电伤害事故	三级一般	（1）照明用灯具必须用干燥的木棒固定牢固，抬运钢筋时注意避免碰到电源。 （2）流动电源箱应经检验合格后方可使用，并做好防潮防雨工作。 （3）严禁带电移动振捣器，移动时必须由专人负责移动电源线	施工方案、《电力建设安全工作规程　第1部分：火力发电》（DL 5009.1—2014）

续表

<table>
<tr><th>序号</th><th colspan="2">施工工序</th><th>可能导致的事故</th><th>风险分级/风险标识</th><th>主要防范措施</th><th>工作依据</th></tr>
<tr><td>27</td><td rowspan="3">火车卸煤沟上部结构施工</td><td>建筑工程施工</td><td>高空落物砸伤人员</td><td>三级一般</td><td>（1）临空面的孔洞应设盖板、安全围栏，脚手架必须设兜底安全网。
（2）高处作业地点、各层平台、走道及脚手架上不得堆放超过允许荷载的物件，施工用料不得随意堆放在脚手架上</td><td>施工方案、《电力建设安全工作规程　第1部分：火力发电》（DL 5009.1—2014）</td></tr>
<tr><td>28</td><td rowspan="2">预制构件吊装</td><td>机械事故</td><td>三级一般</td><td>（1）起吊前应检查构件下方是否有无钢管与构件连接，防止构件超重。
（2）吊装时应根据现场实际位置确定工作半径，计算额定起吊负荷，如实际起重量达到额定负荷的90%，则需办理安全作业票，并有专业技术人员现场指导。
（3）应避免因回填土下沉造成机械倾斜，履带吊在该部位作业时应铺设垫板</td><td>施工方案、机械设备操作规程</td></tr>
<tr><td>29</td><td>高空落物砸伤人员、高空作业人员坠落</td><td>二级较大</td><td>（1）高空作业挂好安全带，安全带应挂在上方牢固可靠处。
（2）排架搭设要牢固可靠，脚手板应满铺（不少于 2 块），坚决杜绝探头板现象，脚手板搭接长度不得小于 20cm，脚手板应铺设平稳并绑扎牢固。</td><td>施工方案、《电力建设安全工作规程　第1部分：火力发电》（DL 5009.1—2014）</td></tr>
</table>

续表

序号	施工工序		可能导致的事故	风险分级/风险标识	主要防范措施	工作依据
29	火车卸煤沟上部结构施工	预制构件吊装	高空落物砸伤人员、高空作业人员坠落	二级较大	（3）脚手架人行道路两侧应搭设栏杆和挡脚板，栏杆为1.2m，挡脚板为18cm。 （4）高处作业、夜间施工必须有足够照明。 （5）高空作业人员应佩带工具袋，较大的工具如撬棍等应系保险绳，传递物品时，严禁抛掷。 （6）施工范围内设安全警戒绳，挂“严禁靠近”安全警示牌，并排专人监护。 （7）起吊构件就位时，先吊至安装点上方约1m处，待稳定后再缓缓下落，以免构件摆动碰倒施工人员。 （8）吊装过程中，起重工、操作工要精力集中、密切配合，以保证指挥信号明确，操作准确。 （9）焊工在焊接过程中，不得用捆绑铁丝打火。 （10）高空作业人员不得坐在栏杆或梁顶上休息，不得在栏杆外作业。 （11）严格执行“十吊”“十不吊”制度的规定	施工方案、《电力建设安全工作规程　第1部分：火力发电》（DL 5009.1—2014）

第九节 集控楼建筑施工

集控楼建筑施工的安全危险因素及控制见表 1-11。

表 1-11　　集控楼建筑施工的安全危险因素及控制

序号	施工工序	可能导致的事故	风险分级/风险标识	主要防范措施	工作依据
1	全工序	高空作业落物、人身高空坠落	三级一般	（1）高空作业时应扎好安全带，且做到高挂低用，安全带挂于牢固处。 （2）脚手板铺设必须平稳可靠，不得有探头板，搭接长度不得小于 20cm，所有脚手板必须用铁丝绑牢于脚手架上，脚手架的施工作业面下侧须铺挂安全网，外侧应挂尼龙密布隔离网。 （3）施工工具应放置于工具袋内，系牢于脚手架上，严禁抛掷工器具。要定期对脚手架、脚手板进行检查，对不符合规定者必须及时处理，保证排架安全稳固。如遇恶劣天气要对脚手架进行全面安全检查，确认安全后，方可上架施工。 （4）土方开挖时，施工人员严禁站在坡口边缘及坡脚下方，以防高空落物或人身坠落。在坡口上方及临空面设置安全警示牌和夜间红色指示灯。	施工方案、《电力建设安全工作规程　第 1 部分：火力发电》（DL 5009.1—2014）

续表

序号	施工工序	可能导致的事故	风险分级/风险标识	主要防范措施	工作依据
1	全工序	高空作业落物、人身高空坠落	三级一般	（5）遇有六级及以上大风或恶劣天气时，应停止露天高处作业。 （6）特殊高处作业的危险区应设围栏及“严禁靠近”的警告牌，危险区内严禁人员逗留或通行	施工方案、《电力建设安全工作规程　第1部分：火力发电》（DL 5009.1—2014）
2		机械设备伤害、触电、气瓶爆炸事故	三级一般	（1）现场所有使用的机械及工器具使用前应做全面细致的检查，电源接线应由专业电工接线，并应经专业电工检查无误后方可使用。所用小型工器具应使用正规厂家产品，禁止使用假冒伪劣产品。机械操作人员应有特殊工种操作证，熟悉所操作机械的安全操作规程，做到不违规操作。 （2）电焊机应有防护棚遮盖，且应有相应的标牌及编号；裸露的导电、转动部分必须装设防护罩。电焊机的外壳必须可靠接地。 （3）木工机械开机前应进行检查，锯条、刀片等切削刃具不得有裂纹，紧固螺栓应拧紧。机械裸露部分须加安全保护装置。机械电源线应由专业电工接线。 （4）钢筋机械部件无裂纹，固定螺栓紧固，防护罩牢固可靠。 （5）氧气瓶、乙炔瓶必须按规定进行漆色和标注；气瓶应直立放置，且应放在独立的隔离棚内	施工方案、《电力建设安全工作规程　第1部分：火力发电》（DL 5009.1—2014）、机械设备操作规程、《气瓶安全技术规程》（TSG 23—2021）

续表

序号	施工工序	可能导致的事故	风险分级/风险标识	主要防范措施	工作依据
3	材料运输	交通运输事故	三级一般	（1）所有机动车驾驶员必须经培训取证上岗，遵守交通规则及项目有关规定。 （2）施工道路坚实、平整、畅通，不得随意开挖截断，对危险地段设置围栏及红色指示灯。 （3）厂内机动车辆应限速行驶，载货时不得超过5km/h，空车时不得超过10km/h。夜间应有良好的照明，车辆应定期检查和保养，以保证制动部分、喇叭、方向机构的可靠安全性，在泥泞道路上应低速行驶，不得急刹车。 （4）严禁无牌、无照车辆进入施工现场。 （5）行驶时，驾驶室外及车厢外不得载人，驾驶员不得与他人谈笑。启动前应先鸣号	机动车驾驶规则及项目部有关规定
4	全工序	触电事故	三级一般	（1）现场用电由专业电工统一负责，严禁非电工人员私拉私扯电源，用电设备要有良好的接地，并经漏电保护器后方可使用，电源箱严禁被水淹、土埋。 （2）使用电动设备时，作业人员必须戴好专业绝缘手套，严禁带电作业和移动电动设备，电源线不得挂于导电器具上，对电源线及用电设备应定期检查，及时消除不安全因素。	《电力建设安全工作规程　第1部分：火力发电》（DL 5009.1—2014）

续表

序号	施工工序	可能导致的事故	风险分级/风险标识	主要防范措施	工作依据
4	全工序	触电事故	三级一般	（3）过路电源线应有可靠良好的保护措施，以防压坏或砸伤，移动电动工具时应切断电源，严禁带电移位。 （4）用电线路及电气设备的绝缘必须良好，布线应整齐，设备的裸露带电设施应有防护措施。 （5）现场集中控制的开关柜或配电箱的设置地点应平整，并应防止碰撞和物体打击，附近不得堆有杂物，其结构应具备防火、防雨的功能。箱、柜内配线应绝缘良好，现场的照明线路应相对固定，并经常检查，照明灯具的悬挂高度不得低于 2.5m，并不得任意挪动，低于 2.5m 时应设保护罩	《电力建设安全工作规程　第 1 部分：火力发电》（DL 5009.1—2014）
5	材料吊装	塔吊倒塌事故	二级较大	（1）起重机械应标明最大起重量，并悬挂有关部门颁发的安全使用证。起重机械的制动、限位、联锁及保护等安全装置应齐全，并灵活可靠。严格禁止超最大起重量起吊。起重机上应装设灭火设施。 （2）起吊前应检查起重机械及其安全装置；吊件吊离地面约 10cm 时应暂停起吊并进行全面检查，确认正常后方可正式起吊。 （3）起重机严禁同时操作 3 个动作，在接近额定载荷的情况下，不得同时操作两个动作。	施工方案、《电力建设安全工作规程　第 1 部分：火力发电》（DL 5009.1—2014）、起重机械操作规程

续表

序号	施工工序	可能导致的事故	风险分级/风险标识	主要防范措施	工作依据
5	材料吊装	塔吊倒塌事故	二级较大	（4）吊起的重物必须在空中作短暂停留时，指挥人员和操作人员均不得离开现场。 （5）当作业地点的风力达到五级时，不得进行受风面积大起吊作业；当风力达到六级及以上时，不得进行起吊作业。 （6）未经机械主管部门同意，起重机械各部的机构和装置不得变更或拆换。 （7）起重机动作时速度应均匀平稳，不得突然制动或在没有停稳时作反方向行走及回转。落钩时应低速轻放。 （8）起重机作业完毕后，应摘除挂在吊钩上的千斤绳，并将吊钩升起。悬壁应放至40°～60°，刹住制动器，所有操纵杆放在空挡位置并切断主电源，如遇风力将达到六级时，应将臂杆转至顺风方向并松开回转制动器；风力将达到七级时，应将臂杆放下。 （9）对吊篮的使用必须严格按照 DL 5009.1—2014 要求，严禁未经安检部门检测的吊篮投入使用，并且严禁超载和违规使用	施工方案、《电力建设安全工作规程　第1部分：火力发电》（DL 5009.1—2014）、起重机械操作规程

续表

序号	施工工序	可能导致的事故	风险分级/风险标识	主要防范措施	工作依据
6	全工序	高空作业人身坠落事故和高空落物事故	三级一般	（1）高空作业人员必须经过体检合格，施工时扎好安全带，做到高挂低用。凡有恐高症者严禁参加高空作业。 （2）当有交叉作业时，下方严禁施工。 （3）高空作业者必须衣着灵便，安全帽、安全带、防滑鞋等防护用品齐全并正确使用。 （4）高空作业时，使用的工具及其他物件要放在不会被碰撞而坠落的地方，离开时做好清理工作。零星物品放置在工具箱或工具袋内。 （5）脚手架搭设必须由专业架工搭设，规范、稳固，检查合格后挂牌使用。脚手架搭设及拆除时，要注意不得碰坏其他设备或设施。 （6）使用撬杠时，支点应牢靠，高处使用时严禁双手施压。 （7）安全设施搭设：在施工层下方拉设兜底安全网，在施工层周围 1m 处钢架立柱上拉设水平安全绳。在板边周围用脚手杆搭设 1.2m 高护栏。在预留洞口处必须加临时盖板，防止坠落	施工方案、《电力建设安全工作规程　第1部分：火力发电》（DL 5009.1—2014）

续表

序号	施工工序	可能导致的事故	风险分级/风险标识	主要防范措施	工作依据
7	水磨石施工	涂料侵入眼睛和沥青油漆作业中毒事故	三级一般	（1）进行水磨石工作时，操作人员应戴绝缘手套，穿绝缘靴。 （2）进行仰面粉刷时，应采取防止粉末、涂料侵入眼内的措施。 （3）在调制耐酸胶泥时应保持通风良好，作业人员应戴耐酸手套。 （4）进行涂刷工作时，操作人员必须佩戴防护用品。 （5）各种有毒化学药品必须设专人、专柜分类保管，严格执行保管和领用制度。 （6）熬制沥青及调制冷底子油时应在建筑物的下风口方向，距离建筑物不得小于25m，锅内沥青着火时应立刻用锅盖盖住，停止鼓风。 （7）进行室内油漆作业时，室内通风条件应良好，作业人员应佩戴必需的防护用品	施工方案、《电力建设安全工作规程　第1部分：火力发电》（DL 5009.1—2014）

第十节　输煤系统施工

输煤系统施工的安全危险因素及控制见表 1-12。

表 1-12　　输煤系统施工的安全危险因素及控制

序号	施工工序		可能导致的事故	风险分级/风险标识	主要防范措施	工作依据
1	输煤栈桥施工	钢筋施工	触电事故	三级一般	（1）现场用电由专业电工统一负责，严禁非电工人员私拉私扯电源线，用电设备要有良好的接地，并经漏电保护器后方可使用，电源箱严禁被水淹、土埋。 （2）电源线绝缘必须良好，过路时应有可靠良好的保护措施，以防压坏或砸伤。 （3）现场所有用电及机械用电使用前均应由专业电工进行全面检查，确认无误办理接线卡后方可使用。在施工过程中严防钢筋与任何带电体接触。 （4）雨天及大风天过后，应由专业电工对施工场地内的电源线部分进行全面检查，确认无误后方可使用。 （5）针对雨季已经来到，施工人员应注意天气变化，雨天防雷击，雷雨天不得使用手机等导电体，不得在易导电体附近避雨	施工方案、《电力建设安全工作规程　第 1 部分：火力发电》（DL 5009.1—2014）

续表

序号	施工工序		可能导致的事故	风险分级/风险标识	主要防范措施	工作依据
2	输煤栈桥施工	钢筋施工	发生火灾、气瓶爆炸事故	三级一般	（1）使用电火焊时注意事项：使用电火焊时，施工区域10m范围内不得堆放易燃易爆物品，电火焊人员作业时必须戴好防护眼镜或面罩及专用防护用品，以防灼烫伤事故的发生。 （2）氧气瓶、乙炔瓶应按规定进行漆色和标注；氧气、乙炔气瓶不得与带电体接触，氧气瓶不得沾染油脂。 （3）氧气、乙炔气瓶瓶阀及管接头处不得漏气，且氧气、乙炔气瓶上应装两道防震圈，不得将氧气、乙炔气瓶与带电物体接触；氧气瓶与减压器的连接头发生自燃时应迅速关闭氧气瓶的阀门。 （4）氧气瓶、乙炔瓶等易燃品，应远离火源，安全距离大于10m。并备好充足的消防器材。氧气瓶及乙炔瓶应按相关国家规定做检验，合格后方可使用。严禁不装减压器使用，不得使用不合格的减压器。 （5）乙炔瓶应装有专用的减压器、回火防止器，开启乙炔瓶时应站在阀门的侧后方。 （6）气瓶使用时应直立放置，不得卧放；气瓶运	施工方案、《电力建设安全工作规程　第1部分：火力发电》（DL 5009.1—2014）、《气瓶安全技术规程》（TSG 23—2021）

续表

序号	施工工序		可能导致的事故	风险分级/风险标识	主要防范措施	工作依据
2	输煤栈桥施工	钢筋施工	发生火灾、气瓶爆炸事故	三级一般	输时应轻装轻放。 （7）气瓶瓶阀及管接处不得漏气，应经常检查丝堵和角阀丝扣的磨损及锈蚀情况，发现损坏应及时更换。 （8）氧气瓶、乙炔瓶不得放在阳光下曝晒，应有遮阳设施	施工方案、《电力建设安全工作规程　第1部分：火力发电》（DL 5009.1—2014）、《气瓶安全技术规程》（TSG 23—2021）
3			眼灼伤及机械事故	三级一般	（1）钢筋碰焊机人员应戴好防护眼镜，防眼灼伤。应确保碰焊机工作时所用水箱内水满，以防因缺水而损坏碰焊机。 （2）遇下雨天气时严禁机械进出基槽，以防进出基槽的坡道路滑引发事故	机械设备操作规程
4			交通运输事故	三级一般	（1）用拖拉机运输钢筋等材料时，应在车上将材料固定好，防止运行中材料滑落。 （2）所有机动车驾驶员必须经培训取证上岗，遵守交通规则及项目有关规定；严禁无牌、无照车辆进入施工现场。 （3）施工道路坚实、平整、畅通，不得随意开挖截断，对危险地段设置围栏及红色指示灯。	机动车驾驶规则及项目部有关规定

续表

序号	施工工序		可能导致的事故	风险分级/风险标识	主要防范措施	工作依据
4	输煤栈桥施工	钢筋施工	交通运输事故	三级一般	（4）厂内机动车辆应限速行驶，不得超过15km/h。夜间应有良好的照明，车辆应定期检查和保养，以保证制动部分、喇叭、方向机构的可靠安全性，在泥泞道路上应低速行驶，不得急刹车。 （5）机械行驶时，驾驶室外及车厢外不得载人，驾驶员不得与他人谈笑。启动前应先鸣号。 （6）机械操作人员应对所操作的机械负责。操作人员不得离开工作岗位。不得超铭牌使用。 （7）机械开动前应对主要部件、装置进行检查，确认良好后方可启动。工作中如有异常情况，应立即停机进行检查。 （8）机械加油时严禁动用明火或抽烟。油料着火时，应使用泡沫灭火器或砂土扑灭	机动车驾驶规则及项目部有关规定
5			钢筋倒排伤害或者施工人员行走踩空	二级较大	基础内部布置钢筋，架设钢筋前应用钢管搭设脚手架，作为钢筋支撑，待钢筋绑扎好后，必须认真做好钢筋固定，支撑牢固后方可拆掉钢管架。绑扎钢筋时，应注意不可大面积展开，应做到绑扎一片，绑扎牢固一片，防钢筋倾倒伤人。施工人员在绑扎钢筋时，要在人行通道上铺设脚手板，不得脚踩钢筋，以免钢筋变形或施工人员踩空发生危险	施工方案、《电力建设安全工作规程　第1部分：火力发电》（DL 5009.1—2014）

续表

序号	施工工序		可能导致的事故	风险分级/风险标识	主要防范措施	工作依据
6	输煤栈桥施工	脚手架施工	排架倒塌	二级较大	（1）脚手架的地基必须认真处理，并抄平后加垫木或垫板，不得在未经处理的起伏不平的地面上直接搭设脚手架。控制好立杆的垂直偏差和横杆的水平偏差，并确保节点连接达到绑好、拧紧、插接好的要求。脚手板应满铺，不得有探头板。搭设完毕后要进行验收，验收合格后挂牌使用。 （2）要严格控制使用荷载不超过 270kg/m^2。 （3）严格禁止使用脚手架吊运重物，作业人员严禁攀登架子上下，严禁小推车在架子上跑动，不得在架子上拉接吊装缆绳，严禁随意拆除脚手架的杆件	施工方案、《电力建设安全工作规程　第 1 部分：火力发电》（DL 5009.1—2014）
7			高空坠落事故	三级一般	（1）作业层的外侧应设栏杆，挂安全网，设挡脚板；设置供人员上下的安全扶梯，爬梯或斜道梯道上应有可靠的防滑措施；在脚手架上同时进行多层作业的情况下，各作业层之间铺挂 20mm×20mm 的小孔径安全网。 （2）立杆沉陷、悬空，连接松动、架子歪斜，杆件变形等诸如此类的问题处理以前严格禁止使用脚手架。使用过程中要经常进行检查，发现问题及时处理。遇有六级以上大风及大雨等天气条件下应暂停施工。 （3）高空作业挂牢安全带，并做到高挂低用，且应拴挂在上方牢固可靠处，当拆除作业人员的活动	施工方案、《电力建设安全工作规程　第 1 部分：火力发电》（DL 5009.1—2014）

续表

序号	施工工序		可能导致的事故	风险分级/风险标识	主要防范措施	工作依据
7	输煤栈桥施工	脚手架施工	高空坠落事故	三级一般	范围超过 1.5m 时应拴挂速差自锁器。脚手架拆除人员的着装必须灵活，且穿软底鞋，戴防滑手套；夜间施工时必须有足够的照明；遇有六级以上大风或特殊恶劣天气时，应当停止拆除作业	施工方案、《电力建设安全工作规程 第1部分：火力发电》（DL 5009.1—2014）
8			触电事故	三级一般	（1）脚手架必须有良好的接地，以确保脚手架能防电、避雷。施工电源线严禁在脚手架管上缠绕，或直接将电源线上捆在脚手架管上，以防电源线漏电伤人。电源线在脚手架上通过时必须先将木棒绑扎在脚手管上，然后再将电源线绑扎在木棒上。 （2）排架拆除前应将所有附着在排架的电源线路拆除，以防触电伤人	施工方案、《电力建设安全工作规程 第1部分：火力发电》（DL 5009.1—2014）
9			高空落物伤人事故	三级一般	（1）脚手架拆除人员应配带工具袋，较大工具应系保险绳，严禁抛掷工器具，传递物品时严禁抛掷；脚手架拆除人员不得在安全网内休息，不得骑坐在脚手管上；拆除的脚手管、扣件等不应堆放在脚手架上，应用软麻绳将架管吊下，严禁自上向下抛掷，将扣件等小型物品装入袋中，然后用麻绳吊下。严禁手拿物品攀登。 （2）脚手架拆除应按自上而下的顺序进行，严禁上下同时作业或将脚手架整体推倒，排架拆除过程	施工方案、《电力建设安全工作规程 第1部分：火力发电》（DL 5009.1—2014）

续表

序号	施工工序		可能导致的事故	风险分级/风险标识	主要防范措施	工作依据
9	输煤栈桥施工	脚手架施工	高空落物伤人事故	三级一般	中操作面上侧风筒施工应暂停，分区拆除，每一个工作区内的拆除作业进行时上侧风筒施工应暂停	施工方案、《电力建设安全工作规程　第1部分：火力发电》（DL 5009.1—2014）
10		模板施工	高空坠落事故	三级一般	高空作业挂好安全带，安全带应挂在上方牢固可靠处，高挂低用	
11			高空落物伤人	三级一般	拆除模板时应按顺序分段进行，严禁硬砸、大面积撬落或拉倒；拆模时选择稳妥可靠的立足点，下班后不得留有松动或悬挂着的模板；拆除模板应用绳子吊运或用滑槽滑下，严禁从高处抛掷，做到“工完、料尽、场地清”	
12		混凝土浇灌	触电事故	三级一般	现场所有用电及机械用电使用前均应由专业电工进行全面的检查，确认无误办理接线卡后方可使用。在施工过程中严防钢筋与任何带电体接触。 雨天及大风天过后，应由专业电工对施工场地内的电源线部分进行全面检查，确认无误后方可使用	
13			机械伤害事故	三级一般	（1）混凝土泵车应设在坚实的地面上，支腿下面应垫好木板（厚度在600mm左右），车身应保持水平。混凝土泵车在支腿未固定前严禁启动布料杆，风力超过六级及以上时，不得使用布料。混凝土泵车在运转中不得去掉防护罩，没有防护罩不得开	施工方案、《电力建设安全工作规程　第1部分：火力发电》（DL 5009.1—2014）

续表

序号	施工工序		可能导致的事故	风险分级/风险标识	主要防范措施	工作依据
13	输煤栈桥施工	混凝土浇灌	机械伤害事故	三级一般	泵。混凝土输送管道的直立部分应固定可靠，运行中施工人员不得靠近管道接口。管道堵塞时，不得用泵的压力打通，如需拆卸管道疏通，则必须先反转，消除管内压力后方可拆卸。 （2）混凝土操作人员应戴好绝缘防护手套。 （3）加强环境保护，参加施工前必须对所有施工机械、车辆进行检查，尾气及噪声排放超标者严禁参加施工，以降低其对施工人员人身健康的影响。 （4）机械操作人员应对所操作的机械负责。机械正在运转时，操作人员不得离开工作岗位。不得超铭牌使用。机械设备的传动、转动部分（轴、齿轮及皮带等）应设防护罩。机械开动前应对主要部件、装置进行检查，确认良好后方可启动。工作中如有异常情况，应立即停机进行检查。机械运转时，严禁用手触动其转动部分、传动部分或直接调整皮带进行润滑	施工方案、《电力建设安全工作规程　第1部分：火力发电》（DL 5009.1—2014）
14			安全隐患	三级一般	严格禁止混凝土未达拆除模板强度强行拆除，以免造成安全隐患	

续表

序号	施工工序		可能导致的事故	风险分级/风险标识	主要防范措施	工作依据
15	输煤栈桥施工	土方施工	触电事故	三级一般	（1）使用电动设备时，作业人员必须戴好专业绝缘手套，严禁带电作业和移动电动设备，电源线不得挂于导电器具上，对电源线及用电设备应定期检查，及时消除不安全因素。 （2）过路电源线应有可靠良好的保护措施，以防压坏或砸伤，移动电动工具时应切断电源，严禁带电移位。 （3）用电线路及电气设备的绝缘必须良好，布置应整齐，设备的裸露带电设施应有防护措施	施工方案、用电设备操作规程、《电力建设安全工作规程　第1部分：火力发电》（DL 5009.1—2014）
16			机械伤害事故	三级一般	（1）所有机动车驾驶员必须经培训取证上岗，遵守交通规则及公司、项目部有关规定；严禁无牌、无照车辆进入施工现场。 （2）施工道路坚实、平整、畅通，不得随意开挖截断，对危险地段设置围栏及红色指示灯。 （3）厂内机动车辆应限速行驶，不得超过15km/h。夜间应有良好的照明，车辆应定期检查和保养，以保证制动部分、喇叭、方向机构的可靠安全性，在泥泞道路上应低速行驶，不得急刹车。 （4）机械行驶时，驾驶室外及车厢外不得载人，驾驶员不得与他人谈笑。启动前应先鸣号。	机械设备操作规程

续表

序号	施工工序		可能导致的事故	风险分级/风险标识	主要防范措施	工作依据
16	输煤栈桥施工	土方施工	机械伤害事故	三级一般	（5）机械操作人员应对所操作的机械负责。操作人员不得离开工作岗位。不得超铭牌使用。 （6）机械开动前应对主要部件、装置进行检查，确认良好后方可启动。工作中如有异常情况，应立即停机进行检查	机械设备操作规程
17			机械伤害事故	三级一般	（1）机械加油时严禁动用明火或抽烟。油料着火时，应使用泡沫灭火器或砂土扑灭，严禁用水浇灭。 （2）挖掘机作业时应保持水平位置，并将行走机构制动，机械工作时，履带距工作面边缘至少保持1～1.5m的安全距离。 （3）挖掘机往汽车上装运土石方时应等汽车停稳后方可进行，铲斗严禁在驾驶室及施工人员头顶上方通过。回转半径内严禁有其他施工作业。 （4）挖掘机行驶时，铲斗应位于机械的正前方并离开地面1m左右，回转机构应制动住，上下坡度不得超过20°。 （5）加强环境保护，参加施工前必须对所有施工机械、车辆进行检查，尾气及噪声排放超标者严禁参加施工，以降低其对施工人员人身健康的影响	机械设备操作规程

续表

序号	施工工序		可能导致的事故	风险分级/风险标识	主要防范措施	工作依据
18	输煤栈桥施工	砌砖	高空坠落事故	三级一般	（1）不准站在墙顶上做划线、刮缝及清扫墙面或检查大角垂直度等工作。 （2）不准用不稳固的工具或物体在脚手板面垫高操作，更不准在未经加固的情况下，在一层脚手架上随意叠加一层。 （3）如遇雨天及每天下班时，要做好防雨措施，以防雨水冲走砂浆，致使墙体倒塌	施工方案、《电力建设安全工作规程　第1部分：火力发电》（DL 5009.1—2014）
19			高空落物伤害事故	三级一般	（1）人工垂直往上或往下传递石料时，要搭设架子，架子的站人板宽度不小于60mm。用锤打石料时，应先检查铁锤有无破裂、锤柄是否牢固。打锤要按石纹走向落锤，锤口要平，落锤要准，同时要看清附近情况有无危险，然后落锤，以免伤人。 （2）不准在墙顶或架子上修改石材，以免震动墙体影响质量或石片掉下伤人。 （3）不准用徒手移动上墙石料，以免压破或擦伤手指。 （4）不准勉强在超过胸部以上的墙体上进行砌筑，以免将墙体碰撞倒塌或上石时失手掉下造成安全事故。 （5）砖块不得往下掷，运石上下时，脚手板要钉装牢固，并钉防滑条及扶手栏杆	

续表

序号	施工工序		可能导致的事故	风险分级/风险标识	主要防范措施	工作依据
20	输煤栈桥施工	抹灰	高空坠落事故	三级一般	不得在易损建筑物上搁置脚手材料及工具；严禁站在窗台上粉刷窗口四周的线脚；室内抹灰用的高凳金属支架应搭设稳固，脚手板跨度不得大于2m，架上堆放材料不得过于集中，在同一跨度内施工的人员不得多于2人	施工方案、《电力建设安全工作规程　第1部分：火力发电》（DL 5009.1—014）
21			人身伤害	三级一般	进行仰面粉刷时，应采取防止粉末、涂料进入眼内的措施	
22		屋面防水层	中毒、火灾事故	二级较大	（1）施工前应进行安全技术交底，施工操作过程符合安全技术规定。 （2）皮肤病、支气管炎、结核病、眼病及对沥青、橡胶刺激过敏的人员不得参与施工。 （3）按有关规定配给劳保用品，合理使用，操作人员不得赤脚或穿短袖衣服进行作业，应将裤脚袖口扎紧，手不得直接接触沥青，接触有毒材料需戴口罩和加强通风。 （4）操作时应注意风向，防止下风口操作人员中毒、受伤	施工方案、《电力建设安全工作规程　第1部分：火力发电》（DL 5009.1—2014）

续表

序号	施工工序		可能导致的事故	风险分级/风险标识	主要防范措施	工作依据
23	输煤栈桥施工	屋面防水层	高空坠落事故	三级一般	屋面施工时不许穿戴钉子鞋的人员进入。施工人员不得踩踏未固化的防水涂膜，以防滑倒跌落	施工方案、《电力建设安全工作规程　第1部分：火力发电》（DL 5009.1—2014）
24			火灾事故	二级较大	施工现场应有禁烟标志，并配备足够的灭火器具，熬制油膏时，要在背风口处施工完毕，并将火种熄灭。熬制作业时要注意加热锅内的容量和温度，防止溢锅，施工人员要戴防护手套，以防烫伤	
25		涂饰	火灾事故	二级较大	（1）易燃物品应相对集中放置在安全区域并应有明显的标志。 （2）施工现场不得大量积存可燃材料。 （3）易燃易爆材料的施工，应避免敲打、碰撞、摩擦等可能出现火花的操作。 （4）使用油漆等挥发性材料时应随时将容器封闭。擦拭后棉纱等物品应集中存放且远离热源。 （5）施工现场必须配备灭火器、砂箱或其他灭火工具。 （6）施工现场严禁吸烟	

续表

序号	施工工序		可能导致的事故	风险分级/风险标识	主要防范措施	工作依据
26	输煤廊道施工	钢筋施工	触电事故	三级一般	（1）现场用电由专业电工统一负责，严禁非电工人员私拉私扯电源线，用电设备要有良好的接地，并经漏电保护器后方可使用，电源箱严禁被水淹、土埋。 （2）电源线绝缘必须良好，过路时应有可靠良好的保护措施，以防压坏或砸伤。 （3）现场所有用电及机械用电使用前均应由专业电工进行全面检查，确认无误办理接线卡后方可使用。在施工过程中严防钢筋与任何带电体接触。 （4）雨天及大风天过后，应由专业电工对施工场地内的电源线部分进行全面检查，确认无误后方可使用。 （5）针对雨季已经来到，施工人员应注意天气变化，雨天防雷击，雷雨天不得使用手机等导电体，不得在易导电体附近避雨	施工方案、《电力建设安全工作规程　第1部分：火力发电》（DL 5009.1—2014）
27			火灾爆炸事故	二级较大	（1）使用电火焊时注意事项：使用电火焊时，施工区域10m范围内不得堆放易燃易爆物品，电火焊人员作业时必须戴好防护眼镜或面罩及专用防护用品，以防灼烫伤事故的发生。 （2）氧气瓶、乙炔瓶应按规定进行漆色和标注；	施工方案、《电力建设安全工作规程　第1部分：火力发电》（DL 5009.1—2014）、

续表

序号	施工工序		可能导致的事故	风险分级/风险标识	主要防范措施	工作依据
27	输煤廊道施工	钢筋施工	火灾爆炸事故	二级较大	氧气、乙炔气瓶不得与带电体接触，氧气瓶不得沾染油脂。 （3）氧气、乙炔气瓶瓶阀及管接头处不得漏气，且氧气、乙炔气瓶上应装两道防震圈，不得将氧气、乙炔气瓶与带电物体接触；氧气瓶与减压器的连接头发生自燃时应迅速关闭氧气瓶的阀门。 （4）氧气瓶、乙炔瓶等易燃品，应远离火源，安全距离大于10m。并备好充足的消防器材。氧气瓶及乙炔瓶应按国家规定做检验，合格后方可使用。严禁不装减压器使用，不得使用不合格的减压器。 （5）乙炔瓶应装有专用的减压器、回火防止器，开启乙炔瓶时应站在阀门的侧后方。 （6）氧气、乙炔气瓶使用时应直立放置，不得卧放；氧气、乙炔气瓶运输时应轻装轻放。 （7）氧气、乙炔气瓶瓶阀及管接处不得漏气，应经常检查丝堵和角阀丝扣的磨损及锈蚀情况，发现损坏应及时更换。 （8）氧气瓶、乙炔瓶不得放在阳光下曝晒，应有遮阳设施	《气瓶安全技术规程》（TSG 23—2021）

续表

序号	施工工序		可能导致的事故	风险分级/风险标识	主要防范措施	工作依据
28	输煤廊道施工	钢筋施工	机械伤害事故	三级一般	（1）钢筋碰焊机人员应戴好防护眼镜，防眼灼伤。应确保碰焊机工作时所用水箱内水满，以防因缺水而损坏碰焊机。 （2）遇下雨天气时严禁机械进出基槽，以防进出基槽的坡道路滑引发事故	机械设备操作规程
29			交通伤害事故	三级一般	（1）用拖拉机运输钢筋等材料时，应在车上将材料固定好，防车运行中材料滑落。 （2）所有机动车驾驶员必须经培训取证上岗，遵守交通规则及公司、项目部有关规定；严禁无牌、无照车辆进入施工现场。 （3）施工道路坚实、平整、畅通，不得随意开挖截断，对危险地段设置围栏及红色指示灯。 （4）厂内机动车辆应限速行驶，不得超过15km/h。夜间应有良好的照明，车辆应定期检查和保养，以保证制动部分、喇叭、方向机构的可靠安全性，在泥泞道路上应低速行驶，不得急刹车。 （5）机械行驶时，驾驶室外及车厢外不得载人，驾驶员不得与他人谈笑。启动前应先鸣号。 （6）机械操作人员应对所操作的机械负责。操作人员不得离开工作岗位。不得超铭牌使用。	机械设备操作规程

续表

序号	施工工序		可能导致的事故	风险分级/风险标识	主要防范措施	工作依据
29	输煤廊道施工	钢筋施工	交通伤害事故	三级一般	（7）机械开动前应对主要部件、装置进行检查，确认良好后方可启动。工作中如有异常情况，应立即停机进行检查。 （8）机械加油时严禁动用明火或抽烟。油料着火时，应使用泡沫灭火器或砂土扑灭	机械设备操作规程
30			钢筋倒排伤害事故	二级较大	基础内部布置钢筋，架设钢筋前应用钢管搭设脚手架，作为钢筋支撑，待钢筋绑扎好后，必须认真做好钢筋固定，支撑牢固后方可拆掉钢管架。绑扎钢筋时，应注意不可大面积展开，应做到绑扎一片，绑扎牢固一片，防钢筋倾倒伤人	施工方案、《电力建设安全工作规程　第1部分：火力发电》（DL 5009.1—2014）
31			钢筋变形或者高空坠落事故	三级一般	施工人员在绑扎钢筋时，要在人行通道上铺设脚手板，不得脚踩钢筋，以免钢筋变形或施工人员踩空发生危险	施工方案
32		脚手架施工	排架倒塌事故	二级较大	（1）脚手架的地基必须认真处理，并抄平后加垫木或垫板，不得在未经处理、起伏不平的地面上直接搭设脚手架。控制好立杆的垂直偏差和横杆的水平偏差，并确保节点连接达到绑好、拧紧、插接好的要求。脚手板应满铺，不得有探头板。搭设完毕	施工方案、《电力建设安全工作规程　第1部分：火力发电》（DL 5009.1—2014）

续表

序号	施工工序		可能导致的事故	风险分级/风险标识	主要防范措施	工作依据
32	输煤廊道施工	脚手架施工	排架倒塌事故	二级较大	后要进行验收，验收合格后挂牌使用。 （2）要严格控制使用荷载不超过 270kg/m^2。 （3）严格禁止使用脚手架吊运重物，作业人员严禁攀登架子上下，严禁小推车在架子上跑动，不得在架子上拉接吊装缆绳，严禁随意拆除脚手架的杆件	施工方案、《电力建设安全工作规程　第1部分：火力发电》（DL 5009.1—2014）
33			高空坠落事故	二级较大	（1）作业层的外侧应设栏杆，挂安全网，设挡脚板；设置供人员上下的安全扶梯、爬梯或斜道，梯道上应有可靠的防滑措施；在脚手架上同时进行多层作业的情况下，各作业层之间铺挂 20mm×20mm 的小孔径安全网。 （2）立杆沉陷、悬空，连接松动、架子歪斜，杆件变形等诸如此类的问题处理以前严格禁止使用脚手架。使用过程中要经常进行检查，发现问题及时处理。遇有六级以上大风及大雨等天气条件下应暂停施工。 （3）高空作业挂牢安全带，并做到高挂低用，且应拴挂在上方牢固可靠处，当拆除作业人员的活动范围超过 1.5m 时应拴挂速差自锁器。脚手架拆除人员的着装必须灵活，且穿软底鞋，戴防滑手套；夜间施工时必须有足够的照明；遇有六级及以上大风或特殊恶劣天气时，应当停止拆除作业	

续表

序号	施工工序		可能导致的事故	风险分级/风险标识	主要防范措施	工作依据
34	输煤廊道施工	脚手架施工	触电事故	三级一般	（1）脚手架必须有良好的接地，以确保脚手架能防电、避雷。施工电源线严禁在脚手架管上缠绕，或直接将电源线捆在脚手架管上，以防电源线漏电伤人。电源线在脚手架上通过时必须先将木棒绑扎在脚手管上，然后再将电源线绑扎在木棒上。 （2）排架拆除前应将所有附着在排架的电源线路拆除，以防触电伤人	施工方案、《电力建设安全工作规程　第1部分：火力发电》（DL 5009.1—2014）
35			高空落物事故	三级一般	（1）脚手架拆除人员应配带工具袋，较大工具应系保险绳，严禁抛掷工器具，传递物品时严禁抛掷；脚手架拆除人员不得在安全网内休息，不得骑坐在脚手管上；拆除的脚手管、扣件等不应堆放在脚手架上，应用软麻绳将架管吊下，严禁自上向下抛掷，将扣件等小型物品装入袋中，然后用麻绳吊下。严禁手拿物品攀登。 （2）脚手架拆除应按自上而下的顺序进行，严禁上下同时作业或将脚手架整体推倒，排架拆除过程中操作面上侧风筒施工应暂停，分区拆除，每一个工作区内的拆除作业进行时上侧风筒施工应暂停	

续表

序号	施工工序		可能导致的事故	风险分级/风险标识	主要防范措施	工作依据
36	输煤廊道施工	模板施工	高空坠落事故	二级较大	高空作业挂好安全带，安全带应挂在上方牢固可靠处，高挂低用	施工方案、《电力建设安全工作规程　第1部分：火力发电》（DL 5009.1—2014）
37			高空落物事故	三级一般	拆除模板时应按顺序分段进行，严禁硬砸、大面积撬落或拉倒；拆除模板时选择稳妥可靠的立足点，下班后不得留有松动或悬挂着的模板；拆除模板应用绳子吊运或用滑槽滑下，严禁从高处抛掷，做到“工完、料尽、场地清”	
38		混凝土浇灌	触电事故	三级一般	（1）使用电动设备时，作业人员必须戴好专业绝缘手套，严禁带电作业和移动电动设备，电源线不得挂于导电器具上，对电源线及用电设备应定期检查，及时消除不安全因素。 （2）过路电源线应有可靠良好的保护措施，以防压坏或砸伤，移动电动工具时应切断电源，严禁带电移位。 （3）用电线路及电气设备的绝缘必须良好，布置应整齐，设备的裸露带电设施应有防护措施	

续表

序号	施工工序		可能导致的事故	风险分级/风险标识	主要防范措施	工作依据
39	输煤廊道施工	混凝土浇灌	机械伤害事故	三级一般	（1）混凝土泵车应设在坚实的地面上，支腿下面应垫好木板（厚度在600mm左右），车身应保持水平。混凝土泵车在支腿未固定前严禁启动布料杆，风力超过六级及以上时，不得使用布料。混凝土泵车在运转中不得去掉防护罩，缺少防护罩不得开泵。混凝土输送管道的直立部分应固定可靠，运行中施工人员不得靠近管道接口。管道堵塞时，不得用泵强行加压打通，如需拆卸管道疏通，则必须先反转，消除管内压力后方可拆卸。 （2）混凝土操作人员应戴好绝缘防护手套。 （3）加强环境保护，参加施工前必须对所有施工机械、车辆进行检查，尾气及噪声排放超标者严禁参加施工，以降低其对施工人员人身健康的影响。 （4）机械操作人员应对所操作的机械负责。机械正在运转时，操作人员不得离开工作岗位。不得超铭牌使用。机械设备的传动、转动部分（轴、齿轮及皮带等）应设防护罩。机械开动前应对主要部件、装置进行检查，确认良好后方可启动。工作中如有异常情况，应立即停机进行检查。机械运转时，严禁用手触动其转动部分、传动部分或直接调整皮带进行润滑	机械设备操作规程

续表

序号	施工工序		可能导致的事故	风险分级/风险标识	主要防范措施	工作依据
40	输煤廊道施工	混凝土浇灌	安全隐患	三级一般	严格禁止混凝土未达拆除模板强度强行拆模，以免造成安全隐患	施工方案、《电力建设安全工作规程　第1部分：火力发电》（DL 5009.1—2014）
41		土方施工	触电事故	三级一般	（1）使用电动设备时，作业人员必须戴好专业绝缘手套，严禁带电作业和移动电动设备，电源线不得挂于导电器具上，对电源线及用电设备应定期检查，及时消除不安全因素。 （2）过路电源线应有可靠良好的保护措施，以防压坏或砸伤，移动电动工具时应切断电源，严禁带电移位。 （3）用电线路及电气设备的绝缘必须良好，布置应整齐，设备的裸露带电设施应有防护措施	
42			机械伤害事故	三级一般	（1）所有机动车驾驶员必须经培训取证上岗，遵守交通规则及公司、项目部有关规定；严禁无牌、无照车辆进入施工现场。 （2）施工道路坚实、平整、畅通，不得随意开挖截断，对危险地段设置围栏及红色指示灯。 （3）厂内机动车辆应限速行驶，不得超过15km/h。夜间应有良好的照明，车辆应定期检查和保养，以保证制动部分、喇叭、方向机构的可靠安全性，在泥泞道路上应低速行驶，不得急刹车。	施工方案、《电力建设安全工作规程　第1部分：火力发电》（DL 5009.1—2014）、机械设备操作规程

续表

序号	施工工序		可能导致的事故	风险分级/风险标识	主要防范措施	工作依据
42	输煤廊道施工	土方施工	机械伤害事故	三级一般	（4）机械行驶时，驾驶室外及车厢外不得载人，驾驶员不得与他人谈笑。启动前应先鸣号。 （5）机械操作人员应对所操作的机械负责。操作人员不得离开工作岗位。不得超铭牌使用。 （6）机械开动前应对主要部件、装置进行检查，确认良好后方可启动。工作中如有异常情况，应立即停机进行检查。 （7）机械加油时严禁动用明火或抽烟。油料着火时，应使用泡沫灭火器或砂土扑灭，严禁用水浇灭。 （8）挖掘机作业时应保持水平位置，并将行走机构制动，机械工作时，履带距工作面边缘至少保持1～1.5m 的安全距离。 （9）挖掘机往汽车上装运土石方时应等汽车停稳后方可进行，铲斗严禁在驾驶室及施工人员头顶上方通过。回转半径内严禁有其他施工作业。 （10）挖掘机行驶时，铲斗应位于机械的正前方并离开地面 1m 左右，回转机构应制动住，上下坡度不得超过 20°。 （11）加强环境保护，参加施工前必须对所有施工机械、车辆进行检查，尾气及噪声排放超标者严禁参加施工，以降低其对施工人员人身健康的影响	施工方案、《电力建设安全工作规程　第1部分：火力发电》（DL 5009.1—2014）、机械设备操作规程

续表

序号	施工工序		可能导致的事故	风险分级/风险标识	主要防范措施	工作依据
43	输煤廊道施工	砌砖	高空坠落事故	三级一般	（1）不准站在墙顶上做划线、刮缝及清扫墙面或检查大角垂直度等工作。 （2）不准用不稳固的工具或物体在脚手板面垫高操作，更不准在未经加固的情况下，在一层脚手架上随意叠加一层。 （3）如遇雨天及每天下班时，要做好防雨措施，以防雨水冲走砂浆，致使墙体倒塌	施工方案、《电力建设安全工作规程　第1部分：火力发电》（DL 5009.1—2014）
44			高空落物伤害事故	三级一般	（1）人工垂直往上或往下传递石料时，要搭设架子，架子的站人板宽度不小于60mm。用锤打石料时，应先检查铁锤有无破裂，锤柄是否牢固。打锤要按石纹走向落锤，锤口要平，落锤要准，同时要看清附近情况有无危险，然后落锤，以免伤人。 （2）不准在墙顶或架子上修改石材，以免震动墙体影响质量或石片掉下伤人。 （3）不准用徒手移动上墙石料，以免压破或擦伤手指。 （4）不准勉强在超过胸部以上的墙体上进行砌筑，以免将墙体碰撞倒塌或上石时失手掉下造成安全事故。 （5）砖块不得往下掷，运石料上下时，脚手板要钉装牢固，并钉防滑条及扶手栏杆	

续表

序号	施工工序		可能导致的事故	风险分级/风险标识	主要防范措施	工作依据
45	输煤廊道施工	抹灰	高空坠落事故	三级一般	（1）不得在易损建筑物上搁置脚手材料及工具。 （2）严禁站在窗台上粉刷窗口四周的线脚。 （3）室内抹灰用的高凳金属支架应搭设稳固，脚手板跨度不得大于 2m，架上堆放材料不得过于集中，在同一跨度内施工的人员不得多于 2 人	施工方案、《电力建设安全工作规程 第 1 部分：火力发电》（DL 5009.1—2014）
46			人身伤害事故	三级一般	进行仰面粉刷时，应采取防止粉末、涂料进入眼内的措施	
47		屋面防水层	中毒、火灾事故	三级一般	（1）施工前应进行安全技术交底，施工操作过程符合安全技术规定。 （2）皮肤病、支气管炎、结核病、眼病及对沥青、橡胶刺激过敏的人员不得参与施工。 （3）按有关规定配给劳保用品，合理使用，操作人员不得赤脚或穿短袖衣服进行作业，应将裤脚袖口扎紧，手不得直接接触沥青，接触有毒材料需戴口罩和加强通风。 （4）操作时应注意风向，防止下风口操作人员中毒、受伤	
48			高空坠落事故	三级一般	（1）屋面施工时不许穿戴钉子鞋的人员进入。 （2）施工人员不得踩踏未固化的防水涂膜，以防滑倒跌落	

续表

<table>
<tr><th>序号</th><th colspan="2">施工工序</th><th>可能导致的事故</th><th>风险分级/风险标识</th><th>主要防范措施</th><th>工作依据</th></tr>
<tr><td>49</td><td rowspan="2">输煤廊道施工</td><td>屋面防水层</td><td>火灾事故</td><td>三级一般</td><td>（1）施工现场应有禁烟标志，并配备足够的灭火器具，熬制油膏时，要在背风口处施工完毕，且将火种熄灭。
（2）熬制作业时要注意加热锅内的容量和温度，防止溢锅，施工人员要戴防护手套，以防烫伤</td><td>施工方案、《电力建设安全工作规程　第1部分：火力发电》（DL 5009.1—2014）</td></tr>
<tr><td>50</td><td>涂饰</td><td>火灾事故</td><td>三级一般</td><td>（1）易燃物品应相对集中放置在安全区域并应有明显的标志。
（2）施工现场不得大量积存可燃材料。
（3）易燃易爆材料的施工，应避免敲打、碰撞、摩擦等可能出现火花的操作。
（4）使用油漆等挥发性材料时应随时将容器封闭。
（5）擦拭后棉纱等物品应集中存放且远离热源。
（6）施工现场必须配备灭火器、砂箱或其他灭火工具。
（7）施工现场严禁吸烟</td><td rowspan="2">施工方案、《电力建设安全工作规程　第1部分：火力发电》（DL 5009.1—2014）</td></tr>
<tr><td>51</td><td>翻车机室地下部分施工</td><td>垫层施工</td><td>塌方事故</td><td>二级较大</td><td>（1）施工人员进入沟槽前，必须检查边坡稳定状况，防止塌方。
（2）雨天过后及时检查边坡，发现边坡有开裂、走动等危险征兆时，应立即采取措施，处理完毕后方可进行施工</td></tr>
</table>

续表

<table>
<tr><th>序号</th><th colspan="2">施工工序</th><th>可能导致的事故</th><th>风险分级/风险标识</th><th>主要防范措施</th><th>工作依据</th></tr>
<tr><td>52</td><td rowspan="2">翻车机室地下部分施工</td><td>垫层施工</td><td>触电事故</td><td>三级一般</td><td>（1）照明用灯具必须用干燥的木棒固定牢固，抬运钢筋时注意避免碰到电源。夜晚施工照明必须充足。
（2）流动电源箱应经检验合格后方可使用，并做好防潮防雨工作。所使用的电动工器具必须经检验合格方可使用。
（3）严禁带电移动振捣器，移动时必须由专人负责移动电源线。
（4）混凝土浇灌时必须有电工值班，严禁非电工从事电工作业。
（5）所用的电焊机等电动机械必须有接线卡，并相应做好台账</td><td rowspan="2">施工方案、《电力建设安全工作规程　第1部分：火力发电》（DL 5009.1—2014）</td></tr>
<tr><td>53</td><td>模板施工</td><td>高空坠落事故</td><td>二级较大</td><td>（1）在基坑边缘必须搭设临时防护设施，防止坠落。
（2）所有参加高空作业的施工人员必须经体检合格，才能从事高空作业。
（3）高空作业人员必须严格做到“一对一”结伴，互相监督。
（4）高空作业正确使用安全带（做到高挂低用）、安全绳。
（5）人员上下时必须使用速差自助器。
（6）人员在高空转移时安全带一定挂在水平绳上。
（7）模板及支撑必须固定牢固</td></tr>
</table>

续表

序号	施工工序		可能导致的事故	风险分级/风险标识	主要防范措施	工作依据
54	翻车机室地下部分施工	模板施工	火灾爆炸事故	二级较大	（1）氧气瓶、乙炔瓶严禁泄漏，乙炔瓶必须装有防回火装置，氧气瓶、乙炔瓶禁止同车运输，使用时，两者相距5m以上。 （2）电焊、火焊施工时必须清除附近的易（可）燃物，禁止火花四溅	施工方案、《电力建设安全工作规程　第1部分：火力发电》（DL 5009.1—2014）、《气瓶安全技术规程》（TSG 23—2021）
55			交通事故	三级一般	（1）驾驶人员须持证上岗，严禁酒后或服用过敏性药后驾驶机动车辆。 （2）现场施工车辆行驶速度不超过10km/h，转弯时不大于5km/h。 （3）驾驶员应遵循“一停、二看、三通过”的原则。 （4）车辆启动前，对车辆全面检查确保各项性能良好	交通规则
56			排架倾倒伤害事故	二级较大	（1）脚手架由专业架工搭设，搭设后须经安监部门检验合格后挂牌标示方可交付使用，使用过程中要经常检查、维修，非专业人员不得搭拆排架。 （2）排架搭设严格按照施工图顺序施工，并且搭设过程中随时设置剪刀撑及抛撑，保证排架不偏斜	施工方案、《电力建设安全工作规程　第1部分：火力发电》（DL 5009.1—2014）

续表

序号	施工工序		可能导致的事故	风险分级/风险标识	主要防范措施	工作依据
56	翻车机室地下部分施工	模板施工	排架倾倒伤害事故	二级较大	或倾倒。 （3）排架的立杆应垂直，钢管立杆应设置金属底座或垫木。横杆必须平行并与立杆成直角搭设。 （4）扣件应有出厂合格证，凡有脆裂、变形或滑丝的，严禁使用。 （5）立杆大横杆的接头应错开，搭接长度不小于50cm。 （6）搭设排架时施工用脚手板，两端应用8号退火铁丝绑扎牢固，严禁出现探头板、翘头板，每个施工层周围以安全网围护。 （7）严禁利用脚手架吊运物件，吊运物件时严禁碰撞或扯动脚手架	施工方案、《电力建设安全工作规程　第1部分：火力发电》（DL 5009.1—2014）
57			砸伤、碰伤事故	三级一般	（1）模板安装应按工序进行。支柱和拉杆应随模板的铺设及时固定，模板未固定前不得进行下道工序。 （2）模板拆除应按顺序分段进行，严禁猛撬、硬砸及大面积撬落或拉倒。 （3）拆除模板时应选择稳妥可靠的立足点，下班时不得留有松动或悬挂着的模板。 （4）拆除模板严禁高处撬落，应由绳索吊落	

续表

序号	施工工序		可能导致的事故	风险分级/风险标识	主要防范措施	工作依据
58	翻车机室地下部分施工	吊运模板、钢筋等	机械伤害事故	二级较大	（1）起吊物应绑牢，有棱角的部位加设护角。吊物未固定时严禁松钩。 （2）起吊工作区域内无关人员不得停留或通过，在伸臂及吊物下方严禁任何人员通过或逗留。 （3）当风力达到五级时不得进行模板的起吊作业；当风力达到六级时不得进行起吊作业；模板吊装时，勾头螺栓应紧固牢固，以防模板滑落。 （4）吊运钢筋必须绑扎牢固，钢筋不得与其他物件混吊。 （5）指挥人员必须严格执行《起重机 手势信号》（GB/T 5082）的要求。 （6）操作人员严格执行十吊、十不吊制度	施工方案、《电力建设安全工作规程 第1部分：火力发电》（DL 5009.1—2014）
59		钢筋施工	钢筋倾倒、挤压伤害事故	二级较大	（1）钢筋骨架、网片应利用钢骨架固定良好。 （2）钢筋网与骨架未固定时严禁人员攀附上下或在其下方逗留、休息。 （3）在高处无安全措施的情况下，严禁进行粗钢筋的校直工作及垂直交叉施工。 （4）严禁依附立筋绑扎或攀登上下，柱筋应用临时支撑固定牢固。 （5）在上层钢筋绑扎前，必须将钢筋支撑网片固	施工方案、《电力建设安全工作规程 第1部分：火力发电》（DL 5009.1—2014）

续表

序号	施工工序		可能导致的事故	风险分级/风险标识	主要防范措施	工作依据
59	翻车机室地下部分施工	钢筋施工	钢筋倾倒、挤压伤害事故	二级较大	定牢固，待检查无误后防可施工。 （6）抬运钢筋时，必须行动一致，由专人指挥。穿钢筋应有统一指挥，并互相联系协调，防止碰、挤伤人员。 （7）在绑扎好的钢筋上行走时，必须铺脚手板	施工方案、《电力建设安全工作规程　第1部分：火力发电》（DL 5009.1—2014）
60			触电事故	三级一般	（1）照明用灯具必须固定牢固，抬运钢筋时注意避免碰到电源。夜晚施工照明必须充足。 （2）流动电源箱须经检验合格后方可使用，并做好防潮防雨工作。所使用的电动工器具必须经检验合格方可使用。 （3）施工用电由电工负责，严禁非电工私自拆、装施工用电设施。 （4）严禁带电接线，电源线走向合理、规范，防止碰、砸伤电源线，线与下方配电盘之间挂牌标示。 （5）所用的电焊机等电动机械必须有接线卡，并相应做好台账。 （6）开关及插头应完整、良好，严禁直接将电线插入插座内或直接钩挂在隔离开关上使用。 （7）搬移电动工具或暂停工作时，应先将电源切断。 （8）搬运钢筋时与电气设施应保持安全距离，严防碰撞带电设备和配电盘	

续表

序号	施工工序		可能导致的事故	风险分级/风险标识	主要防范措施	工作依据
61	翻车机室地下部分施工	钢筋施工	高空坠落、高空落物伤害事故	三级一般	（1）高空作业挂好安全带，安全带应挂在上方牢固可靠处。 （2）排架搭设要牢固可靠，脚手板须满铺（不少于 2 块），铺设平稳，不得有探头板，两端用 8 号退火铁丝绑扎牢固，脚手板搭接长度不得小于 20cm。 （3）脚手架人行道路两侧须搭设栏杆和挡脚板，栏杆为 1.2m，挡脚板为 18cm。 （4）高处作业，夜间施工必须有足够照明。 （5）高处作业不得坐在平台、孔洞边缘，不得骑坐在栏杆上，不得躺在走道板或安全网内休息；不得凭借栏杆起吊物件。 （6）高处作业人员应配带工具袋，较大的工具应系保险绳，应通过绳索传递物品，严禁抛掷。 （7）严禁站在柱模上操作或梁底模上行走。 （8）严禁交叉作业，禁止吊装与下方施工同步进行，不可避免要进行交叉作业时须搭设隔离层。 （9）脚手架上严禁堆放物品，以防坠落伤人	施工方案、《电力建设安全工作规程　第 1 部分：火力发电》（DL 5009.1—2014）

续表

序号	施工工序		可能导致的事故	风险分级/风险标识	主要防范措施	工作依据
62	翻车机室地下部分施工	钢筋施工	火灾爆炸事故	二级较大	（1）氧气瓶、乙炔瓶严禁泄漏，乙炔瓶必须装有防回火装置，氧气瓶、乙炔瓶禁止同车运输，使用时，两者相距 5m 以上。 （2）电焊、火焊施工时必须清除附近的易（可）燃物，禁止火花四溅	施工方案、《电力建设安全工作规程　第 1 部分：火力发电》（DL 5009.1—2014）、《气瓶安全技术规程》（TSG 23—2021）
63		混凝土施工	触电事故	三级一般	（1）照明用灯具必须固定牢固，局部照明使用封闭式碘钨灯。夜晚施工照明必须充足。 （2）电动工器具、流动电源箱须经检验合格，加贴标签合格证后方可使用，并做好防潮防雨工作。 （3）严禁带电移动振捣器，移动时必须由专人负责移动电源线。 （4）混凝土浇灌时必须有电工值班。严禁非电工从事电工作业	施工方案、《电力建设安全工作规程　第 1 部分：火力发电》（DL 5009.1—2014）

续表

序号	施工工序		可能导致的事故	风险分级/风险标识	主要防范措施	工作依据
64	翻车机室地下部分施工	混凝土施工	高空人身坠落事故	二级较大	（1）在基础模板上方边缘必须搭设临时防护设施，防止坠落。 （2）所有参加高空作业的施工人员必须经体检合格，能从事高空作业。 （3）高空作业人员必须严格做到“一对一”结伴，互相监督。 （4）高空作业正确使用安全带（做到高挂低用）、安全绳。 （5）人员上下时必须使用速差自助器。 （6）人员在高空转移时安全带必须挂在水平绳上	施工方案、《电力建设安全工作规程　第1部分：火力发电》（DL 5009.1—2014）
65	原煤斗制作、安装	下料	爆炸、火灾事故	二级较大	（1）氧气、乙炔瓶摆放时距离5m以上。 （2）换气时不得混装。 （3）安装乙炔回火防止器。 （4）使用的割刀不得漏气。 （5）下料时戴好防护眼镜。 （6）夏季时气瓶须加装防晒罩	施工方案、《电力建设安全工作规程　第1部分：火力发电》（DL 5009.1—2014）、《气瓶安全技术规程》（TSG 23—2021）

续表

序号	施工工序		可能导致的事故	风险分级/风险标识	主要防范措施	工作依据
66	原煤斗制作、安装	钢板槽钢卷弧	起重吊物伤人、卷制伤人事故	三级一般	（1）选用合适的吊点及吊具。 （2）卷制时人员不得站在行走的钢板上。 （3）不得跨越正在行走的辊筒	施工方案、《电力建设安全工作规程　第1部分：火力发电》（DL 5009.1—2014）
67		组合	起重吊物伤人、磨光机使用伤人、焊接触电事故	三级一般	（1）使用专用的垂直钢板夹，起吊重量符合要求，如果没有，应焊接吊耳，严禁使用自制钢板夹。 （2）龙门吊在起吊重物行走时，下方严禁有人工作，起重工应注意观察环境，确认无人后再发出明确信号。 （3）使用磨光机必须戴好防护眼镜，电源线无破损，砂轮片安装牢固。 （4）焊机的一二次线绝缘良好，无破损，接地良好	
68			滑落倾倒，挤手、摔伤事故	三级一般	（1）钢丝绳应有8倍的安全系数，不可有断丝、破损现象。 （2）限位板点焊牢固，对口时在焊缝处进行花焊，牢固后方可松钩。 （3）对口时，手不要放在上下焊缝之间，起重工指挥吊车时注意观察。 （4）高度超过2m，搭设脚手架或使用自制马凳，不可踩在不牢固的物体上进行作业	

续表

序号	施工工序		可能导致的事故	风险分级/风险标识	主要防范措施	工作依据
69	原煤斗制作、安装	炒砂除潮	炒砂过程烫伤、火灾事故	三级一般	（1）炒砂前认真考虑实际情况并征得周围有关部门同意，选择炒砂地点尽量避免易燃易爆及重要场所。炒砂现场进行适当封闭，防止火灾。现场放置灭火器两个，派专人监护现场，收工及时撤火。 （2）加强施工人员的安全意识教育，提高其自我防护意识，加强监护、监督力度，严禁在施工现场吸烟，严禁靠近明火。 （3）对施工人员进行严格交底，等待砂子凉透后再进行筛砂工作。防止在砂子炒制、运输、过筛过程中的烫伤现象	施工方案、《电力建设安全工作规程　第1部分：火力发电》（DL 5009.1—2014）
70		喷砂除锈及清理	喷砂伤人事故	三级一般	（1）在施工区域周围设置安全警戒围栏，并采取措施封闭，设置安全监护人，严禁无关人员进入。 （2）施工人员必须配备密封的防护面罩，戴长手套，穿专用工作服。适当增加间歇时间。 （3）喷嘴接头应牢固，使用中严禁对人。遇喷嘴堵塞时，必须在停机泄压后方可进行修理或更换。空气压缩机使用前要进行检查，严禁使用未设压力表及安全阀的机器进行喷砂作业。出气口处不得有人工作，当运行中出现各种指示表计突然超出规定范围或指示不正常，发生漏水、漏电、漏气、漏油及冷却液突然中断，安全阀连续放气或机械响声异常时应立即停机进行检修	施工方案、《电力建设安全工作规程　第1部分：火力发电》（DL 5009.1—2014）

续表

序号	施工工序		可能导致的事故	风险分级/风险标识	主要防范措施	工作依据
71	原煤斗制作、安装	油漆涂刷	油漆火灾事故	三级一般	（1）所有施工人员在施工前必须经安全培训和体检合格，持证上岗，施工负责人严禁安排有油漆过敏的施工人员进行施工。严禁安排当天身体不适人员进行登高作业。 （2）施工人员在每天收工前要将所有剩余的油漆稀料收回工具房，施工负责人加强现场的监督检查，发现问题及时制止。施工现场严禁吸烟，严禁油漆作业靠近明火	施工方案、《电力建设安全工作规程　第1部分：火力发电》（DL 5009.1—2014）
72		原煤斗的吊装	高空落物伤人、人身高空坠落事故	三级一般	（1）正确使用防护用品，安全带高挂低用。 （2）脚手架搭设时，不可将扣件、架管堆放在钢梁上，应随用随上。 （3）正确搭设防护立网、兜底安全网、上下爬梯，安全水平绳固定牢固，配套绳的设施完善。 （4）使用的小型工器具放入工具袋内，使用时系保险绳	
73			高空落物伤人、人身高空坠落及交通事故	三级一般	（1）吊车行走的基础满足要求。 （2）严格按照所选的起吊索具进行吊装作业。 （3）严禁超负荷作业。	

续表

序号	施工工序		可能导致的事故	风险分级/风险标识	主要防范措施	工作依据
73	原煤斗制作、安装	原煤斗的吊装	高空落物伤人、人身高空坠落及交通事故	三级一般	（4）起吊前对吊耳焊接进行检查，焊接无问题后，方可起吊。 （5）起吊时在作业环境内拉设警戒绳，设专人监护，严禁入内。 （6）就位时，严禁双手使用撬棒反撬。起重工要注意观察周围环境，严禁发生碰撞钢梁、挤手等现象。 （7）在钢梁上用钢丝绳吊挂要加包角，并且包角两端设限位，用铁丝固定在钢梁上。 （8）需现场焊接的地方，焊接牢固并验收后方可松钩。 （9）大风、雨天严禁吊装。 （10）内部照明，采用低压行灯。 （11）使用平板车运输，运输时用 4 个 3t 葫芦封好车，时速不得超过 5km/h，弯道时降低速度，防止倾翻，并注意观察路况，防止刮撞	施工方案、《电力建设安全工作规程　第 1 部分：火力发电》（DL 5009.1—2014）

续表

序号	施工工序		可能导致的事故	风险分级/风险标识	主要防范措施	工作依据
74	原煤斗制作、安装	原煤斗的焊接	触电及窒息事故	三级一般	（1）“一对一”监护到位。 （2）电焊皮线不得有裸漏的地方，电焊机接地良好。 （3）内部焊接时，要有良好的通风条件，必要时采用轴流风机强制通风。 （4）安全设施完善，内部焊缝处脚手架有栏杆保护，上下爬梯自锁器配套绳齐全，施工人员正确使用防护用品。 （5）为防止电焊火花点燃下方易燃物或影响下方施工，可将煤斗下口临时用铁板封闭	施工方案、《电力建设安全工作规程　第1部分：火力发电》（DL 5009.1—2014）
75		现场补伤防腐	高空人身坠落、火灾事故	三级一般	（1）正确使用防护用品，安全带高挂低用。行走路线必须安全设施齐全，不得高空跳跃。 （2）补漆过程必须做到油漆远离明火，谨防火灾	

第十一节　干灰库施工

干灰库施工的安全危险因素及控制见表1-13。

表1-13　　　　**干灰库施工的安全危险因素及控制**

序号	施工工序	可能导致的事故	风险分级/风险标识	主要防范措施	工作依据
1	基础施工	触电事故	三级一般	（1）电动工器具应经检验合格后挂牌使用，混凝土振捣手必须戴绝缘手套进行混凝土振捣，以防漏电伤人。电动工器具必须有防雨设施，每天下班前对不能回收的电动工器具必须用防雨塑料布遮盖严。 （2）蛙式打夯机手柄应装按钮开关，并包以绝缘材料，操作时应戴绝缘手套，作业中严禁夯击电源线。暂停工作应切断电源；发生电器故障应由电工处理。打夯机操作时，夯机前方不得站人。多台夯机同时工作时，各夯机之间应保持一定距离，平行距离不小于5m，前后距离不小于10m。 （3）用电由专业电工统一负责，严禁非电工人员私拉私扯电源，用电设备要有良好的接地，并经漏电保护器后方可使用，电源箱严禁被水淹、土埋；电源线绝缘必须良好，过路时应有可靠良好的保护	施工方案、《电力建设安全工作规程　第1部分：火力发电》（DL 5009.1—2014）

续表

序号	施工工序	可能导致的事故	风险分级/风险标识	主要防范措施	工作依据
1	基础施工	触电事故	三级一般	措施，以防压坏或砸伤。现场所有用电及机械用电使用前均应有专业电工进行全面的检查，确认无误后方可使用。在施工过程中严防钢筋与任何带电体接触。雨天及大风天过后，应由专业电工对施工场地内的电源部分进行全面检查，确认无误后方可使用	施工方案、《电力建设安全工作规程　第1部分：火力发电》（DL 5009.1—2014）
2		火灾、爆炸、机械伤害事故	三级一般	（1）使用电火焊时，施工区域10m范围内不得堆放易燃易爆物品，电火焊人员作业时必须戴好防护眼镜或面罩及专用防护用品，以防灼烫伤事故的发生；氧气瓶、乙炔瓶应按规定进行漆色和标注；乙炔瓶应装有专用的减压器、回火防止器，开启乙炔瓶时应站在阀门的侧后方。气瓶使用时应直立放置，不得卧放；气瓶运输时应轻装轻放，氧气瓶、乙炔瓶不得放在阳光下曝晒，应有遮阳设施。 （2）钢筋碰焊机人员应戴好防护眼镜，防眼灼伤。 （3）用拖拉机运输钢筋等材料时，应在车上将材料固定好，防止运行中材料滑落	施工方案、《电力建设安全工作规程　第1部分：火力发电》（DL 5009.1—2014）、《气瓶安全技术规程》（TSG 23—2021）

续表

序号	施工工序	可能导致的事故	风险分级/风险标识	主要防范措施	工作依据
3	脚手架搭设	基础底板钢筋倾轧伤人事故	三级一般	（1）干灰库基础内部布置钢筋，架设钢筋前应用钢管搭设脚手架，作为钢筋支撑，待钢筋绑扎好后，做好支撑固定牢固后方可拆掉钢管架。绑扎钢筋时，应注意不可大面积展开，应做到绑扎一片，绑扎牢固一片，防钢筋倾倒伤人。 （2）施工人员在绑扎钢筋时，要在人行通道上铺设脚手版，不得脚踩钢筋，以免钢筋变形，或施工人员踩空发生危险	施工方案、《电力建设安全工作规程　第1部分：火力发电》（DL 5009.1—2014）
4		排架倒塌事故	三级一般	（1）施工时先整平场地，夯实地基，进行施工放线，立竿位置满铺脚手板，脚手板必须铺放平稳，与地面接合密实，不得悬空。 （2）为加强排架的整体稳定性，在搭设过程中，排架的两端、转角处以及每隔6～7根立杆应加设支杆和剪刀撑。支杆和剪刀撑与地面的夹角不得大于60°，支杆埋入地下深度不得小于30cm。及时与结构拉结或采用临时支顶，以确保搭设过程的安全	

续表

序号	施工工序	可能导致的事故	风险分级/风险标识	主要防范措施	工作依据
5	脚手架搭设	高空抛物伤人事故	三级一般	严禁在高空抛掷物件，材料垂直运输用吊车或人工用绳索拴牢进行	施工方案、《电力建设安全工作规程　第1部分：火力发电》（DL 5009.1—2014）
6		人身高空坠落事故	三级一般	随着排架的搭设，操作层临空面及时搭设防护栏杆并挂好防护立网及兜底安全网	
7		高空落物伤人事故	三级一般	排架搭设过程中，工具及材料要稳持稳用，在每日收工时，架上不得遗留有不稳定的材料	
8		人身高空坠落事故	三级一般	脚手板进入施工现场，必须经安全质量检验人员检查合格，方可使用。在脚手架验收过程中，必须严格按 DL 5009.1—2014 进行验收，不合格处必须整改，否则禁止使用	
9	上部结构钢筋施工	触电事故	三级一般	电动机械使用前必须安装漏电保护器，且接零接地状况良好，严格执行三相五线制	施工方案、《电力建设安全工作规程　第1部分：火力发电》（DL 5009.1—2014）
10		人身高空坠落事故	三级一般	施工人员不得在不稳定的钢筋骨架上行走，高空必须搭设供施工、检查人员行走的走道或平台	
11		高空落物伤人、损坏设备事故	三级一般	起重作业时严禁超载起吊，起重工必须清楚塔吊的起重参数及吊物重量	

续表

序号	施工工序	可能导致的事故	风险分级/风险标识	主要防范措施	工作依据
12	上部结构钢筋施工	高空落物伤人事故	三级一般	钢筋至少采用两点起吊，长钢筋须采用三点起吊，绑扎点必须牢固可靠	施工方案、《电力建设安全工作规程 第1部分：火力发电》（DL 5009.1—2014）
13	预埋件施工	触电事故	三级一般	电动机械使用前必须安装漏电保护器，且接零接地状况良好	
14		伤害眼睛事故	三级一般	使用磨光机作业人员必须戴好防护眼镜	
15		气瓶爆炸事故	三级一般	焊接、气割作业场所，氧气瓶、乙炔瓶不得混放，其间距不得小于10m，且要经常检查其严密性	施工方案、《电力建设安全工作规程 第1部分：火力发电》（DL 5009.1—2014）、《气瓶安全技术规程》（TSG 23—2021）

续表

序号	施工工序	可能导致的事故	风险分级/风险标识	主要防范措施	工作依据
16	预埋件施工	高空落物伤人及人身高空坠落事故	三级一般	高处放置预埋件时，严禁抛扔，应用绳索吊下。高处作业要系好安全带。离地4m以上脚手架要按规范铺设平网立网，零散物品要袋装	施工方案、《电力建设安全工作规程　第1部分：火力发电》（DL 5009.1—2014）
17	模板施工	高空落物伤人事故	三级一般	模板吊装必须由专职起重工指挥，吊装时必须绑扎牢固	
18		模板倒塌伤人事故	三级一般	模板支撑体系必须经过单项技术人员核算无误后，再按设计进行搭设	

第十二节　全厂室内采暖施工

全厂室内采暖施工的安全危险因素及控制见表1-14。

表1-14　　全厂室内采暖施工的安全危险因素及控制

序号	施工工序	可能导致的事故	风险分级/风险标识	主要防范措施	工作依据
1	全厂室内采暖施工	人身高空坠落、高空落物伤人事故	三级一般	（1）高空作业人员必须经过体检合格，施工时扎好安全带，做到高挂低用。凡有恐高症者严禁参加	施工方案、《电力建设安全工作

续表

序号	施工工序	可能导致的事故	风险分级/风险标识	主要防范措施	工作依据
1	全厂室内采暖施工	人身高空坠落、高空落物伤人事故	三级一般	高空作业。高空作业者必须衣着灵便，安全帽、安全带、防滑鞋等防护用品齐全并正确使用。高空作业时应避免被脚下的设备、工器具或其他物品绊倒，造成高空跌落。 （2）工具、连接件等小物品要放在牢固可靠处，防止高空落物。高处作业人员应配带工具袋，较大的工具应系保险绳；传递物品时，严禁投掷	规程　第1部分：火力发电》（DL 5009.1—2014）
2		火灾、气瓶爆炸事故	三级一般	（1）使用电火焊时周围8m区域内及其下方，不得有易燃易爆物品，动用电火焊离开工作场所时，必须检查是否留有火灾隐患。使用火焊时，氧气、乙炔瓶间距不得小于10m，进行电火焊工作人员必须使用防护面罩和防护眼镜等劳保用品，以防烧伤或其他事故的发生。 （2）电火焊施工现场必须有齐全的消防设施及器具	
3		触电事故	三级一般	现场用电必须由专业电工进行统一敷设，严禁非电工私接电源。用电设备及其工器具必须有良好的接地并经漏电保护器方可使用。使用电动设备及其工器具，作业人员必须戴好专业绝缘手套，做好其	

续表

<table>
<tr><th>序号</th><th>施工工序</th><th>可能导致的事故</th><th>风险分级/风险标识</th><th>主要防范措施</th><th>工作依据</th></tr>
<tr><td>3</td><td rowspan="2">全厂室内采暖施工</td><td>触电事故</td><td>三级一般</td><td>他防范措施，严禁带电移动电动设备及其工器具。电源线不得挂于导电体上，对电源线及电动设备工器具定期检查，及时消除不安全因素。过路电源要有良好的保护措施，以防轧坏或砸伤。现场照明灯具，要有良好的保护固定措施，以防歪倒在导电体上</td><td rowspan="2">施工方案、《电力建设安全工作规程　第1部分：火力发电》（DL 5009.1—2014）</td></tr>
<tr><td>4</td><td>起重机械倾倒、高空落物伤人事故</td><td>三级一般</td><td>施工中散热器的倒运、吊装由起重人员指挥，信号清晰正确，操作准确到位。起重索具、机械和安全设施要进行检查，确保机械完好无损，性能正常，葫芦链条无卡涩、断裂，钢丝绳无断股的情况。吊车工作场地应平整牢固，确保吊车保持平衡；严禁吊车超负荷使用。严禁在起吊设备时兜吊，防止设备滑落伤人、伤设备</td></tr>
</table>

第十三节　水工建（构）筑物施工

水工建（构）筑物施工的安全危险因素及控制见表1-15。

表 1-15　　　　　　　　**水工建（构）筑物施工的安全危险因素及控制**

序号	施工工序	可能导致的事故	风险分级/风险标识	主要防范措施	工作依据
1	钢筋施工	触电事故	三级一般	（1）现场用电由专业电工统一负责，严禁非电工人员私拉私扯电源线，用电设备要有良好的接地，并经漏电保护器后方可使用，电源箱严禁被水淹、土埋。 （2）电源线绝缘必须良好，过路时应有可靠良好的保护措施，以防压坏或砸伤。 （3）现场所有用电及机械用电使用前均应由专业电工进行全面的检查，确认无误办理接线卡后方可使用。在施工过程中严防钢筋与任何带电体接触。 （4）雨天及大风天过后，应由专业电工对施工场地内的电源线部分进行全面检查，确认无误后方可使用。 （5）雨季施工时，施工人员应注意天气变化，雨天防雷击，雷雨天不得使用手机等导电体，不得在易导电体附近避雨	施工方案、《电力建设安全工作规程　第 1 部分：火力发电》（DL 5009.1—2014）
2		气瓶爆炸、火灾事故	三级一般	（1）使用电火焊时注意事项：使用电火焊时，施工区域 10m 范围内不得堆放易燃易爆物品，电火焊人员作业时必须戴好防护眼镜或面罩及专用防护用品，以防灼烫伤事故的发生。	施工方案、《电力建设安全工作规程　第 1 部分：

续表

序号	施工工序	可能导致的事故	风险分级/风险标识	主要防范措施	工作依据
2	钢筋施工	气瓶爆炸、火灾事故	三级一般	（2）氧气瓶、乙炔瓶应按规定进行漆色和标注；气瓶不得与带电体接触，氧气瓶不得沾染油脂。 （3）氧气、乙炔气瓶瓶阀及管接头处不得漏气，且氧气、乙炔气瓶上应装两道防震圈，不得将氧气、乙炔气瓶与带电物体接触；氧气瓶与减压器的连接头发生自燃时应迅速关闭氧气瓶的阀门。 （4）氧气瓶、乙炔瓶等易燃品，应远离火源，安全距离大于 10m。并备好充足的消防器材。氧气瓶及乙炔瓶应按国家规定做检验，合格后方可使用。严禁不装减压器使用，不得使用不合格的减压器。 （5）乙炔瓶应装有专用的减压器、回火防止器，开启乙炔瓶时应站在阀门的侧后方。 （6）气瓶使用时应直立放置，不得卧放；气瓶运输时应轻装轻放。 （7）气瓶瓶阀及管接处不得漏气，应经常检查丝堵和角阀丝扣的磨损及锈蚀情况，发现损坏应及时更换。 （8）氧气瓶、乙炔瓶不得放在阳光下曝晒，应有遮阳设施	火力发电》（DL 5009.1—2014）、《气瓶安全技术规程》（TSG 23—2021）

续表

序号	施工工序	可能导致的事故	风险分级/风险标识	主要防范措施	工作依据
3	钢筋施工	机械伤害事故	三级一般	（1）钢筋碰焊机人员应戴好防护眼镜，防眼灼伤。应确保碰焊机工作时所用水箱内水满，以防因缺水而损坏碰焊机。 （2）遇下雨天气时严禁机械进出基槽，以防进出基槽的坡道路滑引发事故	机械设备操作规程
4		交通事故	三级一般	（1）用拖拉机运输钢筋等材料时，应在车上将材料固定好，防止运行中材料滑落。 （2）所有机动车驾驶员必须经培训取证上岗，遵守交通规则及公司、项目部有关规定；严禁无牌、无照车辆进入施工现场。 （3）施工道路坚实、平整、畅通，不得随意开挖截断，对危险地段设置围栏及红色指示灯。 （4）厂内机动车辆应限速行驶，不得超过15km/h。夜间应有良好的照明，车辆应定期检查和保养，以保证制动部分、喇叭、方向机构的可靠安全性，在泥泞道路上应低速行驶，不得急刹车。 （5）机械行驶时，驾驶室外及车厢外不得载人，驾驶员不得与他人谈笑。启动前应先鸣号。 （6）机械操作人员应对所操作的机械负责。操作人员不得离开工作岗位。不得超铭牌使用。	机械设备操作规程

续表

序号	施工工序	可能导致的事故	风险分级/风险标识	主要防范措施	工作依据
4	钢筋施工	交通事故	三级一般	（7）机械开动前应对主要部件、装置进行检查，确认良好后方可启动。工作中如有异常情况，应立即停机进行检查。 （8）机械加油时严禁动用明火或抽烟。油料着火时，应使用泡沫灭火器或砂土扑灭	机械设备操作规程
5		钢筋倒排事故	二级较大	基础内部布置钢筋，架设钢筋前应用钢管搭设脚手架，作为钢筋支撑，待钢筋绑扎好后，必须认真做好钢筋固定，支撑牢固后方可拆掉钢管架。绑扎钢筋时，应注意不可大面积展开，应做到绑扎一片，绑扎牢固一片，防钢筋倾倒伤人。施工人员在绑扎钢筋时，要在人行通道上铺设脚手板，不得脚踩钢筋，以免钢筋变形或施工人员踩空发生危险	施工方案、《电力建设安全工作规程　第1部分：火力发电》（DL 5009.1—2014）
6		钢筋变形或施工人员踩空事故	三级一般	施工人员在绑扎钢筋时，要在人行通道上铺设脚手板，不得脚踩钢筋，以免钢筋变形或施工人员踩空发生危险	

续表

序号	施工工序	可能导致的事故	风险分级/风险标识	主要防范措施	工作依据
7	脚手架施工	排架倒塌事故	二级较大	（1）脚手架的地基必须认真处理，并抄平后加垫木或垫板，不得在未经处理的起伏不平的地面上直接搭设脚手架。控制好立杆的垂直偏差和横杆的水平偏差，并确保节点连接达到绑好、拧紧、插接好的要求。脚手板应满铺，不得有探头板。搭设完毕后要进行验收，验收合格后挂牌使用。 （2）要严格控制使用荷载不超过 270kg/m^2。 （3）严格禁止使用脚手架吊运重物、作业人员严禁攀登架子上下、严禁小推车在架子上跑动、不得在架子上拉接吊装缆绳，严禁随意拆除脚手架的杆件	施工方案、《电力建设安全工作规程　第 1 部分：火力发电》（DL 5009.1—2014）
8		高空坠落事故	三级一般	（1）作业层的外侧应设栏杆，挂安全网，设挡脚板；设置供人员上下的安全扶梯、爬梯或斜道，梯道上应有可靠的防滑措施；在脚手架上同时进行多层作业的情况下，各作业层之间铺挂 20mm×20mm 的小孔径安全网。 （2）立杆沉陷、悬空，连接松动、架子歪斜，杆件变形等问题处理以前严格禁止使用脚手架。使用过程中要经常进行检查，发现问题及时处理。遇有六级以上大风及大雨等天气条件下应暂停施工。 （3）高空作业挂牢安全带，并做到高挂低用，且	

续表

序号	施工工序	可能导致的事故	风险分级/风险标识	主要防范措施	工作依据
8	脚手架施工	高空坠落事故	三级一般	应拴挂在上方牢固可靠处，当拆除作业人员的活动范围超过1.5m时应拴挂速差自锁器。脚手架拆除人员的着装必须灵活，且穿软底鞋，戴防滑手套；夜间施工时必须有足够的照明；遇有六级以上大风或特殊恶劣天气时，应当停止拆除作业	施工方案、《电力建设安全工作规程　第1部分：火力发电》（DL 5009.1—2014）
9		触电事故	三级一般	（1）脚手架必须有良好的接地，以确保脚手架能防电、避雷。施工电源线严禁在脚手架管上缠绕，或直接将电源线捆在脚手架管上，以防电源线漏电伤人。电源线在脚手架上通过时必须先将木棒绑扎在脚手管上，然后再将电源线绑扎在木棒上。 （2）排架拆除前应将所有附着在排架上的电源线路拆除，以防触电伤人	施工方案、《电力建设安全工作规程　第1部分：火力发电》（DL 5009.1—2014）
10		高空落物伤人事故	三级一般	（1）脚手架拆除人员应配带工具袋，较大工具应系保险绳，严禁抛掷工器具，传递物品时，严禁抛掷；脚手架拆除人员不得在安全网内休息，不得骑坐在脚手管上；拆除的脚手管、扣件等不应堆放在脚手架上，应用软麻绳将架管吊下，严禁自上向下抛掷，将扣件等小型物品装入袋中，然后用麻绳吊下。严禁手拿物品攀登。 （2）脚手架拆除应按自上而下的顺序进行，严禁上下同时作业或将脚手架整体推倒	

续表

序号	施工工序	可能导致的事故	风险分级/风险标识	主要防范措施	工作依据
11	模板施工	高空坠落	三级一般	高空作业挂好安全带，安全带应挂在上方牢固可靠处，高挂低用	施工方案、《电力建设安全工作规程　第1部分：火力发电》（DL 5009.1—2014）
12		高空落物	三级一般	拆除模板时应按顺序分段进行，严禁硬砸、大面积撬落或拉倒；拆除模板时选择稳妥可靠的立足点，下班后不得留有松动或悬挂着的模板；拆除模板应用绳子吊运或用滑槽滑下，严禁从高处抛掷，做到“工完、料尽、场地清”	
13	混凝土浇灌	触电事故	三级一般	现场用电必须由专业电工进行统一敷设，严禁非电工私接电源。用电设备及其工器具必须有良好的接地并经漏电保护器方可使用。使用电动设备及其工器具，作业人员必须戴好专业绝缘手套及做好其他防范措施，严禁带电移动电动设备及其工器具。电源线不得挂于导电体上，对电源线及电动设备工器具定期检查，及时消除不安全因素。过路电源要有良好的保护措施，以防轧坏或砸伤。现场照明灯具要有良好的保护固定措施，以防歪倒在导电体上	

续表

序号	施工工序	可能导致的事故	风险分级/风险标识	主要防范措施	工作依据
14	混凝土浇灌	机械伤害	三级一般	（1）混凝土泵车应设在坚实的地面上，支腿下面应垫好木板（厚度在600mm左右），车身应保持水平。混凝土泵车在支腿未固定前严禁启动布料杆，风力超过六级及以上时，不得使用布料。混凝土泵车在运转中不得去掉防护罩，缺少防护罩不得开泵。混凝土输送管道的直立部分应固定可靠，运行中施工人员不得靠近管道接口。管道堵塞时，不得用泵强行加压打通，如需拆卸管道疏通，则必须先反转，消除管内压力后方可拆卸。 （2）混凝土操作人员应戴好绝缘防护手套。 （3）加强环境保护，参加施工前必须对所有施工机械、车辆进行检查，尾气及噪声排放超标者严禁参加施工，以降低其对施工人员人身健康的影响。 （4）机械操作人员应对所操作的机械负责。机械正在运转时，操作人员不得离开工作岗位。不得超铭牌使用。机械设备的传动、转动部分（轴、齿轮及皮带等）应设防护罩。机械开动前应对主要部件、装置进行检查，确认良好后方可启动。工作中如有异常情况，应立即停机进行检查。机械运转时，严禁用手触动其转动部分、传动部分或直接调整皮带进行润滑	机械设备操作规程

续表

序号	施工工序	可能导致的事故	风险分级/风险标识	主要防范措施	工作依据
15	混凝土浇灌	安全隐患	三级一般	严格禁止混凝土未达拆除模板强度强行拆除，以免造成安全隐患	施工方案、《电力建设安全工作规程　第1部分：火力发电》（DL 5009.1—2014）
16	土方施工	触电事故	三级一般	（1）使用电动设备时，作业人员必须戴好专业绝缘手套，严禁带电作业和移动电动设备，电源线不得挂于导电器具上，对电源线及用电设备应定期检查，及时消除不安全因素。 （2）过路电源线应有可靠良好的保护措施，以防压坏或砸伤，移动电动工具时应切断电源，严禁带电移位。 （3）用电线路及电气设备的绝缘必须良好，布置应整齐，设备的裸露带电设施应有防护措施	
17		交通事故	三级一般	（1）所有机动车驾驶员必须经培训取证上岗，遵守交通规则及公司、项目部有关规定；严禁无牌、无照车辆进入施工现场。 （2）施工道路坚实、平整、畅通，不得随意开挖截断，对危险地段设置围栏及红色指示灯。 （3）厂内机动车辆应限速行驶，不得超过15km/h。夜间应有良好的照明，车辆应定期检查和保养，以保证制动部分、喇叭、方向机构的可靠安全性，在泥泞道路上应低速行驶，不得急刹车。	机械设备操作规程

续表

序号	施工工序	可能导致的事故	风险分级/风险标识	主要防范措施	工作依据
17	土方施工	交通事故	三级一般	（4）机械行驶时，驾驶室外及车厢外不得载人，驾驶员不得与他人谈笑。启动前应先鸣号。 （5）机械操作人员应对所操作的机械负责。操作人员不得离开工作岗位。不得超铭牌使用	机械设备操作规程
18		机械伤害	三级一般	（1）机械开动前应对主要部件、装置进行检查，确认良好后方可启动。工作中如有异常情况，应立即停机进行检查。 （2）机械加油时严禁动用明火或抽烟。油料着火时，应使用泡沫灭火器或砂土扑灭，严禁用水浇灭。 （3）挖掘机作业时应保持水平位置，并将行走机构制动，机械工作时，履带距工作面边缘至少保持1～1.5m的安全距离。 （4）挖掘机往汽车上装运土石方时应等汽车停稳后方可进行，铲斗严禁在驾驶室及施工人员头顶上方通过。回转半径内严禁有其他施工作业。 （5）挖掘机行驶时，铲斗应位于机械的正前方并离开地面1m左右，回转机构应制动住，上下坡度不得超过20°。 （6）加强环境保护，参加施工前必须对所有施工机械、车辆进行检查，尾气及噪声排放超标者严禁参加施工，以降低其对施工人员人身健康的影响	机械设备操作规程、施工方案、《电力建设安全工作规程　第1部分：火力发电》（DL 5009.1—2014）

续表

序号	施工工序	可能导致的事故	风险分级/风险标识	主要防范措施	工作依据
19	砌砖	高空坠落	三级一般	（1）不准站在墙顶上做划线、刮缝及清扫墙面或检查大角垂直度等工作。 （2）不准用不稳固的工具或物体在脚手板面垫高操作，更不准在未经加固的情况下，在一层脚手架上随意叠加一层。 （3）如遇雨天及每天下班时，要做好防雨措施，以防雨水冲走砂浆，致使墙体倒塌	施工方案、《电力建设安全工作规程　第1部分：火力发电》（DL 5009.1—2014）
20		高空落物伤害	三级一般	（1）人工垂直往上或往下传递石料时，要搭设架子，架子的站人板宽度不小于60mm。用锤打石料时，应先检查铁锤有无破裂，锤柄是否牢固。打锤要按石纹走向落锤，锤口要平，落锤要准，同时要看清附近情况有无危险，然后落锤，以免伤人。 （2）不准在墙顶或架子上修改石材，以免震动墙体影响质量或石片掉下伤人。 （3）不准用徒手移动上墙石料，以免压破或擦伤手指。 （4）不准勉强在超过胸部以上的墙体上进行砌筑，以免将墙体碰撞倒塌或上石料时失手掉下造成安全事故。 （5）砖块不得往下掷，运石料上下时，脚手板要钉装牢固，并钉防滑条及扶手栏杆	

续表

序号	施工工序	可能导致的事故	风险分级/风险标识	主要防范措施	工作依据
21	抹灰	高空坠落	三级一般	不得在易损建筑物上搁置脚手材料及工具；严禁站在窗台上粉刷窗口四周的线脚；室内抹灰用的高凳金属支架应搭设稳固，脚手板跨度不得大于 2m，架上堆放材料不得过于集中，在同一跨度内施工的人员不得多于 2 人	施工方案、《电力建设安全工作规程　第 1 部分：火力发电》（DL 5009.1—2014）
22		人身伤害	三级一般	进行仰面粉刷时，应采取防止粉末、涂料进入眼内的措施	
23	屋面防水层	中毒、火灾	三级一般	施工前应进行安全技术交底，施工操作过程符合安全技术规定；皮肤病、支气管炎、结核病、眼病及对沥青、橡胶刺激过敏的人员不得参与施工；按有关规定配给劳保用品，合理使用，操作人员不得赤脚或穿短袖衣服进行作业，应将裤脚袖口扎紧，手不得直接接触沥青，接触有毒材料需戴口罩和加强通风；操作时应注意风向，防止下风口操作人员中毒、受伤	

续表

序号	施工工序	可能导致的事故	风险分级/风险标识	主要防范措施	工作依据
24	屋面防水层	高空坠落	三级一般	屋面施工时不许穿戴钉子鞋的人员进入。施工人员不得踩踏未固化的防水涂膜，以防滑倒跌落	施工方案、《电力建设安全工作规程　第1部分：火力发电》（DL 5009.1—2014）
25		火灾事故	三级一般	施工现场应有禁烟标志，并配备足够的灭火器具，熬制油膏时，要在背风口处，施工完毕要将火种熄灭。熬制作业时要注意加热锅内的容量和温度，防止溢锅，施工人员要戴防护手套，以防烫伤	
26	涂饰	火灾事故	三级一般	易燃物品应相对集中放置在安全区域并应有明显的标志。施工现场不得大量积存可燃材料；易燃易爆材料的施工应避免敲打、碰撞、摩擦等可能出现火花的操作；使用油漆等挥发性材料时应随时将容器封闭。擦拭后棉纱等物品应集中存放且远离热源；施工现场必须配备灭火器、砂箱或其他灭火工具；施工现场严禁吸烟	

第十四节　厂区地下设施施工

厂区地下设施施工的安全危险因素及控制见表1-16。

表 1-16　　厂区地下设施施工的安全危险因素及控制

<table>
<tr><th>序号</th><th>施工工序</th><th>可能导致的事故</th><th>风险分级/风险标识</th><th>主要防范措施</th><th>工作依据</th></tr>
<tr><td>1</td><td rowspan="3">土方开挖</td><td>塌方</td><td>二级较大</td><td>（1）坑槽开挖时按规定放坡。
（2）挖掘机开挖过程中及时修整边坡，严禁超挖、掏挖现象。
（3）施工人员进入沟槽前，必须检查边坡稳定状况，防止塌方。雨天过后及时检查边坡，发现边坡有开裂、走动等危险征兆时，应立即采取措施，处理完毕后方可进行施工</td><td rowspan="2">施工方案、《电力建设安全工作规程　第 1 部分：火力发电》（DL 5009.1—2014）</td></tr>
<tr><td>2</td><td>机械伤害</td><td>三级一般</td><td>（1）挖掘机工作时严禁人员在伸臂及挖斗下面通过或逗留。施工人员严禁进入挖掘机的回转半径内进行工作。
（2）挖掘机装土时，禁止挖斗越过运土车辆的驾驶楼</td></tr>
<tr><td>3</td><td>触电伤害</td><td>三级一般</td><td>水泵运转时，严禁任何人员洗手或进入水中。严禁带电移动水泵，清基时必须穿绝缘胶鞋</td><td>《电力建设安全工作规程　第 1 部分：火力发电》（DL 5009.1—2014）、设备操作规程</td></tr>
</table>

续表

<table>
<tr><th>序号</th><th>施工工序</th><th>可能导致的事故</th><th>风险分级/风险标识</th><th>主要防范措施</th><th>工作依据</th></tr>
<tr><td>4</td><td rowspan="3">垫层施工</td><td>塌方</td><td>二级较大</td><td>（1）施工人员进入沟槽前，必须检查边坡稳定状况，防止塌方。
（2）雨天过后及时检查边坡，发现边坡有开裂、走动等危险征兆时，应立即采取措施，处理完毕后方可进行施工</td><td rowspan="4">施工方案、《电力建设安全工作规程　第1部分：火力发电》（DL 5009.1—2014）</td></tr>
<tr><td>5</td><td>触电伤害</td><td>三级一般</td><td>（1）照明用灯具必须用干燥的木棒固定牢固，抬运钢筋时注意避免碰到电源。
（2）流动电源箱应经检验合格后方可使用，并做好防潮防雨工作。
（3）严禁带电移动振捣器，移动时必须由专人负责移动电源线。
（4）混凝土浇灌时必须有电工值班</td></tr>
<tr><td>6</td><td>人身坠落</td><td>三级一般</td><td>在基坑边缘必须搭设临时防护设施，防止坠落</td></tr>
<tr><td>7</td><td>模板施工</td><td>塌方</td><td>二级较大</td><td>（1）施工人员进入沟槽前，必须检查边坡稳定状况，防止塌方。
（2）雨天过后及时检查边坡，发现边坡有开裂、走动等危险征兆时，应立即采取措施，处理完毕后方可进行施工</td></tr>
</table>

续表

序号	施工工序	可能导致的事故	风险分级/风险标识	主要防范措施	工作依据
8	模板施工	触电伤害	三级一般	（1）照明用灯具必须用干燥的木棒固定牢固，抬运钢筋时注意避免碰到电源。 （2）流动电源箱应经检验合格后方可使用，并做好防潮防雨工作	施工方案、《电力建设安全工作规程　第1部分：火力发电》（DL 5009.1—2014）
9		高空人身坠落	三级一般	（1）在基坑边缘必须搭设临时防护设施，防止坠落。 （2）模板及支撑必须固定牢固	
10		气瓶爆炸、火灾	三级一般	（1）氧气瓶、乙炔瓶严禁泄漏，乙炔瓶必须装有防回火装置，氧气瓶、乙炔瓶禁止同车运输，使用时，两者相距5m以上。 （2）电焊、火焊施工时必须清除附近的易（可）燃物，禁止火花四溅	《电力建设安全工作规程　第1部分：火力发电》（DL 5009.1—2014）、《气瓶安全技术规程》（TSG 23—2021）

续表

序号	施工工序	可能导致的事故	风险分级/风险标识	主要防范措施	工作依据
11	钢筋施工	触电伤害	三级一般	（1）照明用灯具必须用干燥的木棒固定牢固，抬运钢筋时注意避免碰到电源。 （2）流动电源箱应经检验合格后方可使用，并做好防潮防雨工作	施工方案、《电力建设安全工作规程　第1部分：火力发电》（DL 5009.1—2014）
12		高空人身坠落	三级一般	在基坑边缘必须搭设临时防护设施，防止坠落	
13		气瓶爆炸、火灾	三级一般	（1）氧气瓶、乙炔瓶严禁泄漏，乙炔瓶必须装有防回火装置，氧气瓶、乙炔瓶禁止同车运输，使用时，两者相距5m以上。 （2）电焊、火焊施工时必须清除附近的易（可）燃物，禁止火花四溅	《电力建设安全工作规程　第1部分：火力发电》（DL 5009.1—2014）、《气瓶安全技术规程》（TSG 23—2021）

续表

序号	施工工序	可能导致的事故	风险分级/风险标识	主要防范措施	工作依据
14	混凝土施工	触电伤害	三级一般	（1）照明用灯具必须用干燥的木棒固定牢固，抬运钢筋时注意避免碰到电源。 （2）流动电源箱应经检验合格后方可使用，并做好防潮防雨工作。 （3）严禁带电移动振捣器，移动时必须由专人负责移动电源线。 （4）混凝土浇灌时必须有电工值班	施工方案、《电力建设安全工作规程　第1部分：火力发电》（DL 5009.1—2014）
15		人身坠落	三级一般	在基础模板上方边缘必须搭设临时防护设施，防止坠落	

第十五节　循环水泵房施工

循环水泵房施工的安全危险因素及控制见表1-17。

表 1-17　　循环水泵房施工的安全危险因素及控制

序号	施工工序	可能导致的事故	风险分级/风险标识	主要防范措施	工作依据
1	钢筋施工	触电危险	三级一般	（1）现场用电由专业电工统一负责，严禁非电工人员私拉私扯电源线，用电设备要有良好的接地，并经漏电保护器后方可使用，电源箱严禁被水淹、土埋。 （2）电源线绝缘必须良好，过路时应有可靠良好的保护措施，以防压坏或砸伤。 （3）现场所有用电及机械用电使用前均应由专业电工进行全面的检查，确认无误办理接线卡后方可使用。在施工过程中严防钢筋与任何带电体接触。 （4）雨天及大风天过后，应由专业电工对施工场地内的电源线部分进行全面检查，确认无误后方可使用。 （5）雨季施工时，施工人员应注意天气变化，雨天防雷击，雷雨天不得使用手机等导电体，不得在易导电体附近避雨	施工方案、《电力建设安全工作规程　第1部分：火力发电》（DL 5009.1—2014）
2		气瓶爆炸、火灾	三级一般	（1）使用电火焊时注意事项：使用电火焊时，施工区域 10m 范围内不得堆放易燃易爆物品，电火焊人员作业时必须戴好防护眼镜或面罩及专用防护用品，以防灼烫伤事故的发生。	施工方案、《电力建设安全工作规程　第1部分：火力发电》（DL

续表

序号	施工工序	可能导致的事故	风险分级/风险标识	主要防范措施	工作依据
2	钢筋施工	气瓶爆炸、火灾	三级一般	（2）氧气瓶、乙炔瓶应按规定进行漆色和标注；气瓶不得与带电体接触，氧气瓶不得沾染油脂。 （3）氧气瓶、乙炔瓶瓶阀及管接头处不得漏气，且氧气瓶、乙炔瓶上应装两道防震圈，不得将氧气瓶、乙炔瓶与带电物体接触；氧气瓶与减压器的连接头发生自燃时应迅速关闭氧气瓶的阀门。 （4）氧气瓶、乙炔瓶等易燃品，应远离火源，安全距离大于 10m。并备好充足的消防器材。氧气瓶及乙炔瓶应按国家规定做检验，合格后方可使用。严禁不装减压器使用，不得使用不合格的减压器。 （5）乙炔瓶应装有专用的减压器、回火防止器，开启乙炔瓶时应站在阀门的侧后方。 （6）氧气瓶、乙炔瓶使用时应直立放置，不得卧放；氧气瓶、乙炔瓶运输时应轻装轻放。 （7）氧气瓶、乙炔瓶瓶阀及管接处不得漏气，应经常检查丝堵和角阀丝扣的磨损及锈蚀情况，发现损坏应及时更换。 （8）氧气瓶、乙炔瓶不得放在阳光下曝晒，应有遮阳设施	5009.1—2014）、《气瓶安全技术规程》（TSG 23—2021）

续表

序号	施工工序	可能导致的事故	风险分级/风险标识	主要防范措施	工作依据
3	钢筋施工	机械作害	三级一般	（1）钢筋碰焊机人员应戴好防护眼镜，防眼灼伤。应确保碰焊机工作时所用水箱内水满，以防因缺水而损坏碰焊机。 （2）遇下雨天气时严禁机械进出基槽，以防进出基槽的坡道路滑引发事故	机械设备操作规程
4		交通伤害	三级一般	（1）用拖拉机运输钢筋等材料时，应在车上将材料固定好，防止运输中材料滑落。 （2）所有机动车驾驶员必须经培训取证上岗，遵守交通规则及公司、项目部有关规定；严禁无牌、无照车辆进入施工现场。 （3）施工道路坚实、平整、畅通，不得随意开挖截断，对危险地段设置围栏及红色指示灯。 （4）厂内机动车辆应限速行驶，不得超过 15km/h。夜间应有良好的照明，车辆应定期检查和保养，以保证制动部分、喇叭、方向机构的可靠安全性，在泥泞道路上应低速行驶，不得急刹车。 （5）机械行驶时，驾驶室外及车厢外不得载人，驾驶员不得与他人谈笑。启动前应先鸣号。 （6）机械操作人员应对所操作的机械负责。操作人员不得离开工作岗位。不得超铭牌使用。	机械设备操作规程

续表

序号	施工工序	可能导致的事故	风险分级/风险标识	主要防范措施	工作依据
4	钢筋施工	交通伤害	三级一般	（7）机械开动前应对主要部件、装置进行检查，确认良好后方可启动。工作中如有异常情况，应立即停机进行检查。 （8）机械加油时严禁动用明火或抽烟。油料着火时，应使用泡沫灭火器或砂土扑灭	机械设备操作规程
5		钢筋倒排伤害	二级较大	（1）基础内部布置钢筋，架设钢筋前应用钢管搭设脚手架，作为钢筋支撑，待钢筋绑扎好后，必须认真做好钢筋固定，支撑牢固后方可拆掉钢管架。 （2）绑扎钢筋时，应注意不可大面积展开，应做到绑扎一片，绑扎牢固一片，防钢筋倾倒伤人。 （3）施工人员在绑扎钢筋时，要在人行通道上铺设脚手板，不得脚踩钢筋，以免钢筋变形或施工人员踩空发生危险	施工方案、《电力建设安全工作规程　第1部分：火力发电》（DL 5009.1—2014）
6		钢筋变形、施工人员踩空	三级一般	施工人员在绑扎钢筋时，要在人行通道上铺设脚手板，不得脚踩钢筋，以免钢筋变形或施工人员踩空发生危险	

续表

序号	施工工序	可能导致的事故	风险分级/风险标识	主要防范措施	工作依据
7	脚手架施工	排架倒塌	二级较大	（1）脚手架的地基必须认真处理，并抄平后加垫木或垫板，不得在未经处理的起伏不平的地面上直接搭设脚手架。控制好立杆的垂直偏差和横杆的水平偏差，并确保节点连接达到绑好、拧紧、插接好的要求。脚手板应满铺，不得有探头板。搭设完毕后要进行验收，验收合格后挂牌使用。 （2）要严格控制使用荷载不超过 $270kg/m^2$。 （3）严格禁止使用脚手架吊运重物，作业人员严禁攀登架子上下，严禁小推车在架子上跑动，不得在架子上拉接吊装缆绳，严禁随意拆除脚手架的杆件	施工方案、《电力建设安全工作规程　第1部分：火力发电》（DL 5009.1—2014）
8		高空坠落	三级一般	（1）作业层的外侧应设栏杆，挂安全网，设挡脚板；设置供人员上下的安全扶梯爬梯或斜道，梯道上应有可靠的防滑措施；在脚手架上同时进行多层作业的情况下，各作业层之间铺挂 20×20mm 的小孔径安全网。 （2）立杆沉陷、悬空，连接松动、架子歪斜，杆件变形等诸如此类的问题处理以前严格禁止使用脚手架。使用过程中要经常进行检查，发现问题及时处理。遇有六级以上大风及大雨等天气条件下应暂停施工。	施工方案、《电力建设安全工作规程　第1部分：火力发电》（DL 5009.1—2014）

续表

序号	施工工序	可能导致的事故	风险分级/风险标识	主要防范措施	工作依据
8	脚手架施工	高空坠落	三级一般	（3）高空作业挂牢安全带，并做到高挂低用，且应拴挂在上方牢固可靠处，当拆除作业人员的活动范围超过 1.5m 时应拴挂速差自锁器。脚手架拆除人员的着装必须灵活，且穿软底鞋，戴防滑手套；夜间施工时必须有足够的照明；遇有六级以上大风或特殊恶劣天气时，应当停止拆除作业	施工方案、《电力建设安全工作规程　第1部分：火力发电》（DL 5009.1—2014）
9		触电	三级一般	（1）脚手架必须有良好的接地，以确保脚手架能防电、避雷。施工电源线严禁在脚手架管上缠绕，或直接将电源线捆在脚手架管上，以防电源线漏电伤人。电源线在脚手架上通过时必须先将木棒绑扎在脚手管上，然后再将电源线绑扎在木棒上。 （2）排架拆除前应将所有附着在排架的电源线路拆除，以防触电伤人	施工方案、《电力建设安全工作规程　第1部分：火力发电》（DL 5009.1—2014）
10		高空落物	三级一般	（1）脚手架拆除人员应配带工具袋，较大工具应系保险绳，严禁抛掷工器具，传递物品时，严禁抛掷；脚手架拆除人员不得在安全网内休息，不得骑坐在脚手管上；拆除的脚手管、扣件等不应堆放在脚手架上，应用软麻绳将架管吊下，严禁自上向下抛掷，将扣件等小型物品装入袋中，然后用麻绳吊	

续表

序号	施工工序	可能导致的事故	风险分级/风险标识	主要防范措施	工作依据
10	脚手架施工	高空落物	三级一般	下。严禁手拿物品攀登。 （2）脚手架拆除应自上而下的顺序进行，严禁上下同时作业或将脚手架整体推倒	施工方案、《电力建设安全工作规程　第1部分：火力发电》（DL 5009.1—2014）
11	模板施工	高空坠落	三级一般	（1）高空作业挂好安全带，安全带应挂在上方牢固可靠处，高挂低用。 （2）拆除模板时应按顺序分段进行，严禁硬砸或大面积撬落或拉倒；拆模时选择稳妥可靠的立足点，下班后不得留有松动或悬挂着的模板；拆除模板应用绳子吊运或用滑槽滑下，严禁从高处抛掷，做到“工完、料尽、场地清”	
12	混凝土浇灌	触电	三级一般	（1）现场用电由专业电工统一负责，严禁非电工人员私拉私扯电源线，用电设备要有良好的接地并经漏电保护器后方可使用，电源箱严禁被水淹、土埋。 （2）电源线绝缘必须良好，过路时应有可靠良好的保护措施，以防压坏或砸伤。 （3）现场所有用电及机械用电使用前均应由专业电工进行全面的检查，确认无误办理接线卡后方可使用。在施工过程中严防钢筋与任何带电体接触。	

续表

序号	施工工序	可能导致的事故	风险分级/风险标识	主要防范措施	工作依据
12	混凝土浇灌	触电	三级一般	（4）雨天及大风天过后，应由专业电工对施工场地内的电源线部分进行全面检查，确认无误后方可使用。 （5）雨季施工时，施工人员应注意天气变化，雨天防雷击，雷雨天不得使用手机等导电体，不得在易导电体附近避雨	施工方案、《电力建设安全工作规程　第1部分：火力发电》（DL 5009.1—2014）
13		机械伤害	三级一般	（1）混凝土泵车应设在坚实的地面上，支腿下面应垫好木板（厚度在600mm左右），车身应保持水平。混凝土泵车在支腿未固定前严禁启动布料杆，风力超过六级及以上时，不得使用布料。混凝土泵车在运转中不得去掉防护罩，没有防护罩不得开泵。混凝土输送管道的直立部分应固定可靠，运行中施工人员不得靠近管道接口。管道堵塞时，不得用泵强行加压打通，如需拆卸管道疏通，则必须先反转，消除管内压力后方可拆卸。 （2）混凝土操作人员应戴好绝缘防护手套。 （3）加强环境保护，参加施工前必须对所有施工机械、车辆进行检查，尾气及噪声排放超标者严禁参加施工，以降低其对施工人员人身健康的影响。 （4）机械操作人员应对所操作的机械负责。机械	施工方案、《电力建设安全工作规程　第1部分：火力发电》（DL 5009.1—2014）

续表

序号	施工工序	可能导致的事故	风险分级/风险标识	主要防范措施	工作依据
13	混凝土浇灌	机械伤害	三级一般	正在运转时，操作人员不得离开工作岗位。不得超铭牌使用。机械设备的传动、转动部分（轴、齿轮及皮带等）应设防护罩。机械开动前应对主要部件、装置进行检查，确认良好后方可启动。工作中如有异常情况，应立即停机进行检查。机械运转时，严禁用手触动其转动部分、传动部分或直接调整皮带进行润滑	施工方案、《电力建设安全工作规程　第1部分：火力发电》（DL 5009.1—2014）
14		安全隐患	三级一般	严格禁止混凝土未达拆除模板强度强行拆模，以免造成安全隐患	
15	土方施工	触电	三级一般	（1）使用电动设备时，作业人员必须戴好专业绝缘手套，严禁带电作业和移动电动设备，电源线不得挂于导电器具上，对电源线及用电设备应定期检查，及时消除不安全因素。 （2）过路电源线应有可靠良好的保护措施，以防压坏或砸伤，移动电动工具时应切断电源，严禁带电移位。 （3）用电线路及电气设备的绝缘必须良好，布置应整齐，设备的裸露带电设施应有防护措施	施工方案、《电力建设安全工作规程　第1部分：火力发电》（DL 5009.1—2014）

续表

序号	施工工序	可能导致的事故	风险分级/风险标识	主要防范措施	工作依据
16	土方施工	机械伤害	三级一般	（1）所有机动车驾驶员必须经培训取证上岗，遵守交通规则及公司、项目部有关规定；严禁无牌、无照车辆进入施工现场。 （2）施工道路坚实、平整、畅通，不得随意开挖截断，对危险地段设置围栏及红色指示灯。 （3）厂内机动车辆应限速行驶，不得超过15km/h。夜间应有良好的照明，车辆应定期检查和保养，以保证制动部分、喇叭、方向机构的可靠安全性，在泥泞道路上应低速行驶，不得急刹车。 （4）机动车行驶时，驾驶室外及车厢外不得载人，驾驶员不得与他人谈笑。启动前应先鸣号。 （5）机械操作人员应对所操作的机械负责。操作人员不得离开工作岗位。不得超铭牌使用。 （6）机械开动前应对主要部件、装置进行检查，确认良好后方可启动。工作中如有异常情况，应立即停机进行检查。 （7）机械加油时严禁动用明火或抽烟。油料着火时，应使用泡沫灭火器或砂土扑灭，严禁用水浇灭。 （8）挖掘机作业时应保持水平位置，并将行走机构制动，机械工作时，履带距工作面边缘至少保持	机械设备操作规程

续表

序号	施工工序	可能导致的事故	风险分级/风险标识	主要防范措施	工作依据
16	土方施工	机械伤害	三级一般	1～1.5m的安全距离。 （9）挖掘机往汽车上装运土石方时应等汽车停稳后方可进行，铲斗严禁在驾驶室及施工人员头顶上方通过。回转半径内严禁有其他施工作业。 （10）挖掘机行驶时，铲斗应位于机械的正前方并离开地面1m左右，回转机构应制动住，上下坡度不得超过20°。 （11）加强环境保护，参加施工前必须对所有施工机械、车辆进行检查，尾气及噪声排放超标者严禁参加施工，以降低其对施工人员人身健康的影响	机械设备操作规程
17	砌砖	高空坠落	三级一般	（1）不准站在墙顶上做划线、刮缝及清扫墙面或检查大角垂直度等工作。 （2）不准用不稳固的工具或物体在脚手板面垫高操作，更不准在未经加固的情况下，在一层脚手架上随意叠加一层。 （3）如遇雨天及每天下班时，要做好防雨措施，以防雨水冲走砂浆，致使墙体倒塌	施工方案、《电力建设安全工作规程　第1部分：火力发电》（DL 5009.1—2014）

续表

序号	施工工序	可能导致的事故	风险分级/风险标识	主要防范措施	工作依据
18	砌砖	高空落物伤害	三级一般	（1）人工垂直往上或往下传递石料时，要搭设架子，架子的站人板宽度不小于60mm。用锤打石料时，应先检查铁锤有无破裂，锤柄是否牢固。打锤要按石纹走向落锤，锤口要平，落锤要准，同时要看清附近情况有无危险，然后落锤，以免伤人。 （2）不准在墙顶或架子上修改石材，以免震动墙体影响质量或石片掉下伤人。 （3）不准用徒手移动上墙石料，以免压破或擦伤手指。 （4）不准勉强在超过胸部以上的墙体上进行砌筑，以免将墙体碰撞倒塌或上石料时失手掉下造成安全事故。 （5）砖块不得往下掷，运石料上下时，脚手板要钉装牢固，并钉防滑条及扶手栏杆	施工方案、《电力建设安全工作规程　第1部分：火力发电》（DL 5009.1—2014）
19	抹灰	高空坠落	三级一般	（1）不得在易损建筑物上搁置脚手材料及工具。 （2）严禁站在窗台上粉刷窗口四周的线脚。 （3）室内抹灰用的高凳金属支架应搭设稳固，脚手板跨度不得大于2m，架上堆放材料不得过于集中，在同一跨度内施工的人员不得多于2人	施工方案、《电力建设安全工作规程　第1部分：火力发电》（DL 5009.1—2014）

续表

序号	施工工序	可能导致的事故	风险分级/风险标识	主要防范措施	工作依据
20	抹灰	人身伤害	三级一般	进行仰面粉刷时，应采取防止粉末、涂料进入眼内的措施	施工方案、《电力建设安全工作规程　第1部分：火力发电》（DL 5009.1—2014）
21	屋面防水层	中毒、火灾	三级一般	（1）施工前应进行安全技术交底，施工操作过程符合安全技术规定。 （2）皮肤病、支气管炎、结核病、眼病及对沥青、橡胶刺激过敏的人员不得参与施工。 （3）按有关规定配给劳保用品，合理使用，操作人员不得赤脚或穿短袖衣服进行作业，应将裤脚袖口扎紧，手不得直接接触沥青，接触有毒材料需戴口罩和加强通风。 （4）操作时应注意风向，防止下风口操作人员中毒、受伤	
22		高空坠落	三级一般	（1）屋面施工时不许穿戴钉子鞋的人员进入。 （2）施工人员不得踩踏未固化的防水涂膜，以防滑倒跌落	

续表

序号	施工工序	可能导致的事故	风险分级/风险标识	主要防范措施	工作依据
23	屋面防水层	火灾事故	三级一般	（1）施工现场应有禁烟标志，并配备足够的灭火器具，熬制油膏时，在背风口处施工完毕要将火种熄灭。 （2）熬制作业时要注意加热锅内的容量和温度，防止溢锅，施工人员要戴防护手套，以防烫伤	施工方案、《电力建设安全工作规程　第1部分：火力发电》（DL 5009.1—2014）
24	涂饰	火灾事故	三级一般	（1）易燃物品应相对集中放置在安全区域并应有明显的标志。 （2）施工现场不得大量积存可燃材料。 （3）易燃易爆材料的施工，应避免敲打、碰撞、摩擦等可能出现火花的操作，使用油漆等挥发性材料时应随时将容器封闭。 （4）擦拭后棉纱等物品应集中存放且远离热源。 （5）施工现场必须配备灭火器、砂箱或其他灭火工具。 （6）施工现场严禁吸烟	施工方案、《电力建设安全工作规程　第1部分：火力发电》（DL 5009.1—2014）

第十六节　全厂上下水施工

全厂上下水施工的安全危险因素及控制见表 1-18。

表 1-18　　全厂上下水施工的安全危险因素及控制

序号	可能导致的事故	风险分级/风险标识	主要防范措施	工作依据
1	人身坠落和高空落物	三级一般	（1）高空作业人员必须经过体检合格，施工时扎好安全带，做到高挂低用。凡有恐高症者严禁参加高空作业。高空作业者必须衣着灵便，安全帽、安全带、防滑鞋等防护用品齐全并正确使用。高空作业时应避免被脚下的设备、工器具或其他物品绊倒，造成高空跌落。 （2）工具、连接件等小物品要放在牢固可靠处，防止高空落物。高处作业人员应配带工具袋，较大的工具应系保险绳；传递物品时，严禁投掷	施工方案、《电力建设安全工作规程　第 1 部分：火力发电》（DL 5009.1—2014）
2	气瓶爆炸、火灾	三级一般	（1）使用电火焊时周围 8m 区域内及其下方，不得有易燃易爆物品，动用电火焊离开工作场所时，必须检查是否留有火灾隐患。使用火焊时，氧气瓶、乙炔瓶间距不得小于 10m，进行电火焊工作人员必须使用防护面罩和防护眼镜等劳保用品，	施工方案、《电力建设安全工作规程　第 1 部分：火力发电》（DL 5009.1—2014）、

续表

序号	可能导致的事故	风险分级/风险标识	主要防范措施	工作依据
2	气瓶爆炸、火灾	三级一般	以防烧伤或其他事故的发生。 （2）电火焊施工现场必须有齐全的消防设施及器具	《气瓶安全技术规程》（TSG 23—2021）
3	触电	三级一般	（1）现场用电必须由专业电工进行统一敷设，严禁非电工私接电源。 （2）用电设备及其工器具必须有良好的接地并经漏电保护器方可使用。 （3）使用电动设备及其工器具，作业人员必须戴好专业绝缘手套及其他防范措施，严禁带电移动电动设备及其工器具。 （4）电源线不得挂于导电体上，对电源线及电动设备工器具定期检查，及时消除不安全因素。 （5）过路电源要有良好的保护措施，以防轧坏或砸伤。 （6）现场照明灯具，要有良好的保护固定措施，以防歪倒在导电体上	施工方案、《电力建设安全工作规程　第1部分：火力发电》（DL 5009.1—2014）

续表

序号	可能导致的事故	风险分级/风险标识	主要防范措施	工作依据
4	起重事故	三级一般	（1）施工中散热器的倒运、吊装由起重人员指挥，信号清晰正确，操作准确到位。 （2）起重索具、机械和安全设施要进行检查，确保机械完好无损，性能正常，葫芦链条无卡涩、断裂，钢丝绳无断股的情况。 （3）吊车工作场地应平整牢固，确保吊车保持平衡；严禁吊车超负荷使用。 （4）严禁在起吊设备时兜吊，防止设备滑落伤人、伤设备	施工方案、《电力建设安全工作规程　第1部分：火力发电》（DL 5009.1—2014）

第二章

锅炉安装

第一节　锅炉钢结构安装

锅炉钢结构安装的安全危险因素及控制见表 2-1。

表 2-1　　锅炉结构安装的安全危险因素及控制

序号	施工工序		可能导致的事故	风险分级/风险标识	主要防范措施	工作依据
1	锅炉钢结构安装	设备运输	未封车或封车不牢，人、货混装导致货物滑落或伤人	三级一般	（1）设备运输要封好车，严禁超载，确认安全无误后方可开动车辆。 （2）应由起重指挥人员指挥吊车装、卸设备。 （3）设备装、卸车时捆绑牢固，拴钩点要用钢丝绳锁住，保持吊件平衡，防止吊物滑落。有快口的部位必须加好包角，以防割断钢丝绳。 （4）设备运输时，严禁有人坐在车斗上。 （5）设备运输工程中，应派专人跟车，随时进行监督，确保设备运输过程的可控、在控	施工方案、《电力建设安全工作规程　第 1 部分：火力发电》（DL 5009.1—2014）
2		设备安装	高空落物伤人	三级一般	（1）高处作业人员应配带工具袋，工具应系保险绳，传递物品时，严禁抛掷。 （2）吊装时，起重工作区域内无关人员不得逗留或通过，在伸臂及吊物的下方严禁任何人员通过或逗留。	施工方案、《电力建设安全工作规程　第 1 部分：火力发电》（DL 5009.1—2014）

续表

序号	施工工序		可能导致的事故	风险分级/风险标识	主要防范措施	工作依据
2	锅炉钢结构安装	设备安装	高空落物伤人	三级一般	（3）尽量减少交叉作业，上方有人施工时，应暂停施工或转移到其他工作面上，防止落物伤人。 （4）选择吊装用绳保险系数大于 6，在起吊前检查有无断丝。 （5）空中所使用的材料设备要集中堆放到安全可靠的地方，且应排列整齐，严禁在脚手架和主要通道上摆放工器具和材料	施工方案、《电力建设安全工作规程 第 1 部分：火力发电》（DL 5009.1—2014）
3			触电	三级一般	（1）施工中使用电源要由专业电工敷设，并且电源线路要经过灵敏的漏电保护器。严禁施工人员私自拉设电源。 （2）电源盘、电动工具经过检验合格方可使用。 （3）施工中使用的焊机一次线必须接地良好，电焊皮线严禁裸露，接头必须牢固	
4			吊物与其他构件相碰	三级一般	吊车指挥人员必须密切观察周围环境，发出的信号要清晰，操作人员应精力集中	

续表

序号	施工工序		可能导致的事故	风险分级/风险标识	主要防范措施	工作依据
5	锅炉钢结构安装	设备安装	高空人身坠落	三级一般	（1）高空作业必须系好安全带，安全带应挂在上方的牢固可靠处；使用爬梯上下攀登时必须使用攀登自锁器。 （2）软梯上端应用卸扣或穿钢管固定，严禁用铁丝固定。软梯下端应固定平稳。防坠绳应单独生根固定	施工方案、《电力建设安全工作规程　第1部分：火力发电》（DL 5009.1—2014）
6			设备挤伤	三级一般	（1）设备吊装时，严禁向滑轮上套钢丝绳，严禁在卷筒、滑轮附近用手扶运行中的钢丝绳；作业时，不得跨越钢丝绳，不得在各导向滑轮的内侧逗留或通过。吊起的重物需在空中短时间停留时，卷筒应可靠制动。 （2）施工中，特别是转动设备时，各工种要加强协调，服从统一指挥，防止砸伤、挤伤事故的发生	
7			火灾、烫伤	三级一般	（1）焊接、切割作业时应采取可靠的防止焊渣掉落、火花溅落措施，并清除焊渣、火花可能落入范围内的易燃、易爆物品，易燃、易爆物品不能清除时应设专人监护。 （2）严格执行动火作业票制度，施工区域布置足够的灭火器具。	

续表

序号	施工工序		可能导致的事故	风险分级/风险标识	主要防范措施	工作依据
7	锅炉钢结构安装	设备安装	火灾、烫伤	三级一般	（3）焊接、切割与热处理作业结束后，必须清理场地、切断电源，仔细检查工作场所周围及防护设施，确认无起火危险后方可离开	施工方案、《电力建设安全工作规程　第1部分：火力发电》（DL 5009.1—2014）
8	锅炉大板梁安装	板梁检查清点编号	设备砸伤、挤伤	三级一般	设备装车、卸车过程中各工种加强协调，统一指挥，注意防止砸伤、挤伤事故的发生	
9	锅炉大板梁安装	板梁检查清点编号	设备吊运	三级一般	（1）设备吊运要注意在梁的棱角处加好包角。 （2）应由起重指挥人员指挥吊车装、卸设备	
10	锅炉大板梁安装	大板梁安装	高空落物伤人	三级一般	（1）高处作业人员应配带工具袋，工具应系保险绳，传递物品时，严禁抛掷。 （2）空中所使用的材料设备要集中堆放到安全可靠的地方，且应排列整齐，严禁在脚手架和主要通道上摆放工器具和材料。 （3）吊装时，起重工作区域内无关人员不得逗留或通过，在伸臂及吊物的下方严禁任何人员通过或逗留。 （4）尽量减少交叉作业，上方有人施工时，应暂停施工或转移到其他工作面上，防止落物伤人。 （5）起吊设备必须捆绑牢固，有棱角处加包角或柔软物品	

续表

序号	施工工序		可能导致的事故	风险分级/风险标识	主要防范措施	工作依据
11	锅炉大板梁安装	大板梁安装	设备挤伤	三级一般	（1）设备吊装时，严禁向滑轮上套钢丝绳，严禁在卷筒、滑轮附近用手扶运行中的钢丝绳；作业时，不得跨越钢丝绳，不得在各导向滑轮的内侧逗留或通过。吊起的重物需在空中短时间停留时，卷筒应可靠制动。 （2）施工中，特别是转动设备时，各工种要加强协调，服从统一指挥，防止砸伤、挤伤事故的发生	施工方案、《电力建设安全工作规程　第1部分：火力发电》（DL 5009.1—2014）
12			火灾、烫伤	三级一般	（1）焊接、切割作业时应采取可靠的防止焊渣掉落、火花溅落措施，并清除焊渣、火花可能落入范围内的易燃、易爆物品，易燃、易爆物品不能清除时应设专人监护。 （2）严格执行动火作业票制度，施工区域布置足够的灭火器具。 （3）焊接、切割与热处理作业结束后，必须清理场地、切断电源，仔细检查工作场所周围及防护设施，确认无起火危险后方可离开	
13			吊物与其他构件相碰	三级一般	吊车指挥人员必须密切观察周围环境，发出的信号要清晰，操作人员应精力集中	

续表

序号	施工工序		可能导致的事故	风险分级/风险标识	主要防范措施	工作依据
14	锅炉大板梁安装	大板梁安装螺栓穿装紧固	高空人身坠落	三级一般	（1）高空作业必须系好检验合格的安全带，安全带应挂在上方的牢固可靠处；使用爬梯上下攀登时必须使用攀登自锁器。 （2）软梯上端应用卸扣或穿钢管固定，严禁用铁丝固定。软梯下端应固定平稳。防坠绳应单独生根固定。 （3）严禁在不采取任何防护措施的情况下在横梁上行走。 （4）不得坐在平台孔洞的边缘，不得躺在走道上或安全网内休息，不得站在栏杆外作业或凭借栏杆起吊物体。 （5）脚手架搭、拆人员应经过培训考核合格，取得特种作业人员操作证，搭设必须规范、牢固，不应有间隙或探头板，验收合格后方可挂牌使用。 （6）隔离层、安全网等严禁任意拆除	施工方案、《电力建设安全工作规程　第1部分：火力发电》（DL 5009.1—2014）
15			触电	三级一般	（1）施工用电设施应由电气专业人员进行安装、运行、维护，作业人员应持证上岗。配电箱内各负荷回路应装设漏电保护器。 （2）电源盘、电动工具经过检验合格方可使用。 （3）施工中使用的焊机一次线必须接地良好，电焊皮线严禁裸露，接头必须牢固	

续表

序号	施工工序		可能导致的事故	风险分级/风险标识	主要防范措施	工作依据
16	屋顶钢结构安装	设备吊装	脚手架未检验挂牌使用，脚手拆除时下方无专人监护；捆绑铁丝伤人	三级一般	（1）非专业工种人员不得搭、拆脚手架。 （2）搭设脚手架时作业人员应挂好安全带，递杆、撑杆作业人员应密切配合。 （3）脚手架拆除时要拉设警戒线并设专人监护，严禁无关人员入内。 （4）拆除脚手架时应严密注意所拆的脚手板或架杆上是否拴有他人的安全带	施工方案、《电力建设安全工作规程　第1部分：火力发电》（DL 5009.1—2014）
17			设备吊装吊挂时捆绑不牢造成坠落	三级一般	（1）管道吊装和吊挂时，钢丝绳与管子和设备之间应加垫方木或包角，以防止滑落。 （2）设备吊装时严禁起重吊装索具瞬间受力（挤压、拉伸等）	

第二节　锅炉受热面安装

锅炉受热面安装的安全危险因素及控制见表 2-2。

表 2-2　　锅炉受热面安装的安全危险因素及控制

序号	施工工序		可能导致的事故	风险分级/风险标识	主要防范措施	工作依据
1	汽包安装	汽包运输	设备运输过程，封车不牢，设备滑落	三级一般	运输设备时必须用葫芦封车牢固，严禁超载。厂内运输限速10km/h	施工方案、《电力建设安全工作规程　第1部分：火力发电》（DL 5009.1—2014）
2			损坏钢丝绳，发生设备脱落	三级一般	钢丝绳不得与物体的棱角直接接触，必须在棱角处垫以半圆管、木板等柔软物	
3			高空落物	三级一般	按起重工具检查和试验周期的要求，进行严格检查，严禁超负荷使用。起重作业前应对起重机械、工机具、钢丝绳、索具、滑轮、吊钩进行全面检查	
4		施工准备	高空坠落	三级一般	汽包吊装所涉及范围内的通道平台周围必须设置防护栏杆	
5		汽包卸车	汽包倾倒，人员砸伤、挤伤	三级一般	（1）道木垛搭设时，一定要铺稳垫牢，间隙处必须用木楔薄木板塞实，防止道木倾斜造成汽包倾倒。 （2）铺设道木时，任何人不得从汽包下方逗留或通过，注意手、脚不要放在汽包支座下方。施工人员相互配合，动作协调一致，防止挤压手脚	

续表

序号	施工工序		可能导致的事故	风险分级/风险标识	主要防范措施	工作依据
6	汽包安装	汽包吊装	设备吊装时吊点不对、捆绑不牢或捆绑方法错误，造成坠落	三级一般	（1）吊钩悬挂点应在吊物重心的铅垂线上，吊钩钢丝绳保持竖直，吊挂绳索与被吊物的水平夹角不宜小于45°。 （2）起吊物必须绑扎牢固。起吊的重物严禁从人员的上方通过。 （3）严禁兜吊和偏拉斜吊设备	施工方案、《电力建设安全工作规程　第1部分：火力发电》（DL 5009.1—2014）
7			设备损坏或者伤人	三级一般	（1）起重指挥人员发出的指挥信号必须清晰、准确。 （2）指挥人员看不清工作地点、操作人员看不清或听不清指挥信号时，不得进行起重作业	
8			汽包吊杆坠落	三级一般	（1）汽包吊杆起吊时，钢丝绳、卸扣使用前必须进行检查，规格不得小于作业指导书要求规格。 （2）起吊时，注意观察，避免碰撞、钩挂	

续表

序号	施工工序		可能导致的事故	风险分级/风险标识	主要防范措施	工作依据
9	汽包安装	汽包吊装	起吊机具刹车失灵	二级较大	（1）汽包吊装前，必须对两套200t卷扬机组刹车装置进行检修和调整，起吊过程中有专人就地进行监护。 （2）起吊汽包离开地面高度10cm时，应暂停起吊，对卷扬机组进行全面检查，包括刹车装置，做刹车试验，试验合格后方可继续起吊。 （3）安排4名机械修理工，吊装前要进行紧急刹车培训。在吊装过程中每人监控一台卷扬机，当出现机械刹车不灵时采取人工紧急刹车，确保吊装顺利进行	施工方案、《电力建设安全工作规程　第1部分：火力发电》（DL 5009.1—2014）
10			汽包与钢架碰撞	三级一般	吊装过程中，所有监视人员必须认真监视汽包起吊过程中是否与钢架等其他设备有碰撞、钩拌现象，若有应及时向吊装总指挥报告	
11			卷扬机排绳时，排绳速度跟不上、排绳葫芦受力过大	三级一般	（1）排绳设专人指挥，钢丝绳在卷扬机卷筒上必须排列整齐，否则停车重排。 （2）排绳葫芦不可两人同拉，受力不得过大。 （3）两个方向滑轮不可挤压碰撞，上方必须分别有铁丝挂牢。 （4）卷扬机排绳设专人负责，每套卷扬机组操作平台设一名排绳指挥员，指挥信号为手势	

续表

序号	施工工序		可能导致的事故	风险分级/风险标识	主要防范措施	工作依据
12	汽包吊装及安装	汽包安装	高空落物伤人	三级一般	（1）高空使用的钢丝绳、卸扣、包角等堆放必须整齐有序，不妨碍人员通行。在吊杆作业完成后，及时做到“工完、料尽、场地清”。 （2）施工区域下方应拉设警戒绳，并安排专人进行监护，无关人员严禁入内。 （3）高空作业，施工人员应配工具包，小件工器具不用时放入包内，工器具上应拴系保险绳，使用时拴挂在牢固可靠处。 （4）施工人员在高空搬运、传递物件时，动作应协调一致，相互配合，物件应拿稳放牢，外形不规则物件应在容器内存放	施工方案、《电力建设安全工作规程 第1部分：火力发电》（DL 5009.1—2014）
13			高空人身坠落	三级一般	（1）高空作业必须正确使用安全带，并做到高挂低用。汽包吊杆吊挂所涉及的临空面下方必须拉设安全网。 （2）高空作业人员上下爬梯时，必须使用攀登自锁器或速刹葫芦；钢爬梯或软爬梯必须配防坠绳，做到“一梯、一绳、一保护”。 （3）高空作业用脚手架必须由专业架工搭设，脚手架搭设应牢固可靠，符合安全规范要求；脚手架搭设完毕，必须经验收合格并挂牌后方可使用	

续表

序号	施工工序		可能导致的事故	风险分级/风险标识	主要防范措施	工作依据
14	汽包吊装及安装	汽包安装	触电	三级一般	（1）正确使用漏电保护器和流动配电箱，用电设备的电源引线长度不得大于5m。距离大于5m时应设便携式开关箱，便携式开关箱至固定式配电盘柜或配电箱之间的引线长度不得大于 40m，且应使用橡胶软电缆。每个用电设备回路上均需配有漏电保护器，做到“一机、一闸、一保护”。 （2）配电箱必须装设漏电保护器，严禁非电工拆、装施工用电设施。 （3）严禁将电线直接钩挂在隔离开关上或直接插入插座内使用。 （4）手动操作开关时应戴绝缘手套或使用绝缘工具	施工方案、《电力建设安全工作规程　第1部分：火力发电》（DL 5009.1—2014）
15			伤害眼睛	三级一般	磨光机的保护罩必须完整、无保护罩或保护罩有破损的严禁使用。作业时，操作人员必须戴防护眼镜	设备操作规程

续表

序号	施工工序	可能导致的事故	风险分级/风险标识	主要防范措施	工作依据
16	水冷壁安装	高空落物伤人	三级一般	（1）施工人员应尽量避免与上方钢架施工垂直交叉作业，当不可避免时，施工人员应在事先搭设好的汽包防护脚手架（上搭设有隔离层）下工作。 （2）施工人员在炉顶进行准备工作时，下方应拉设警戒绳，并安排专人进行监护，无关人员严禁入内。 （3）高空作业，施工人员应配工具包，小件工器具不用时放入包内，工器具上应拴系保险绳，使用时拴挂在牢固可靠处。 （4）施工人员在高空搬运、传递物件时，动作应协调一致，相互配合，物件应拿稳放牢，外形不规则物件应在容器内存放。 （5）严禁在钢架横梁、脚手架、步道上随意摆放工器具及小件物品	施工方案、《电力建设安全工作规程　第1部分：火力发电》（DL 5009.1—2014）
17		高空人身坠落	三级一般	（1）高空作业人员必须时刻挂好安全带，上下爬梯时，使用攀登自锁器；钢爬梯或软爬梯必须配防坠绳，做到“一梯、一绳、一保护”。 （2）施工人员在上脚手架作业前，必须首先检查脚手架搭设是否牢固，特别是经风雪等恶劣天气后，必须进行彻底检查，确定脚手架牢固后，方可上架作业。 （3）高空作业用脚手架必须由专业架工搭设，脚手架搭设应牢固可靠，符合安全规范要求；脚手架搭设完毕，必须经验收合格并挂牌后方可使用	

续表

序号	施工工序	可能导致的事故	风险分级/风险标识	主要防范措施	工作依据
18	水冷壁安装	挤伤、碰伤	三级一般	（1）施工人员应熟悉施工现场环境，不得盲目施工。 （2）在拆卸、装配汽包吊带连接螺栓时，施工人员严禁将手、脚放入螺栓孔内	施工方案、《电力建设安全工作规程 第1部分：火力发电》（DL 5009.1—2014）
19		触电事故	三级一般	（1）所使用的电动工具必须有合格证，经验电无漏电方可领用，电动工具必须经漏电保护器，电动工具必须由电工接线，严格私接电源，使用前必须戴绝缘手套。 （2）高空使用电动工具，应系保险绳，转移工作面时，要注意电源线的长度，严禁猛拉	
20		气瓶爆炸、火灾事故	三级一般	（1）所装气体混合后能引起燃烧、爆炸的气瓶严禁同车运输。氧气瓶与乙炔、丙烷气瓶的工作间距不应小于5m，气瓶与明火作业点的距离不应小于10m。 （2）氧气表和乙炔表应开关灵活，指示准确，所有的连接处牢固，不漏气，使用前应先戴好防护眼镜和长皮手套。 （3）严禁直接使用不装设减压器或减压器不合格的气瓶。乙炔气瓶必须装设专用的减压器、回火防止器。	《电力建设安全工作规程 第1部分：火力发电》（DL 5009.1—2014）、《气瓶安全技术规程》（TSG 23—2021）

续表

序号	施工工序	可能导致的事故	风险分级/风险标识	主要防范措施	工作依据
20	水冷壁安装	气瓶爆炸、火灾事故	三级一般	（4）焊接、切割作业时应采取可靠的防止焊渣掉落、火花溅落措施，并清除焊渣、火花可能落入范围内的易燃、易爆物品，易燃、易爆物品不能清除时应设专人监护。 （5）施工现场、作业区域应准备必要的消防设施、器材，施工人员熟悉其使用方法及操作程序。 （6）焊接、切割与热处理作业结束后，必须清理场地、切断电源，仔细检查工作场所周围及防护设施，确认无起火危险后方可离开	《电力建设安全工作规程　第 1 部分：火力发电》（DL 5009.1 — 2014）、《气瓶安全技术规程》（TSG 23—2021）
21		高空坠落	三级一般	（1）脚手架必须由架工负责搭设，其他人员严禁私自搭拆脚手架。搭设脚手架作业人员应挂好安全带，递杆、撑杆作业人员应密切配合。施工区域应设围栏或警告标志，并有专人监护，严禁无关人员入内。 （2）脚手架搭设应牢固可靠，每个脚手架不少于两块脚手板，各种排架、悬挂架间距不得大于 2m，脚手板进行满铺，不应有空隙和探头板，两头必须用 8 号铁丝绑牢，外侧拉设防护立网，行走频繁处拉设安全绳。脚手板应铺设平稳并绑牢，不平处用木块垫平并钉牢，但不得用砖垫。	《电力建设安全工作规程　第 1 部分：火力发电》（DL 5009.1—2014）

续表

序号	施工工序	可能导致的事故	风险分级/风险标识	主要防范措施	工作依据
21	水冷壁安装	高空坠落	三级一般	（3）在架子上翻脚手板时，应由两人从里向外顺序进行。工作时必须挂好安全带，下方应设安全网。 （4）脚手架应经常检查，在大风、暴雨后及解冻期应加强检查。长期停用的脚手架，在恢复使用前应经检查、鉴定合格后方可使用	《电力建设安全工作规程　第1部分：火力发电》（DL 5009.1—2014）
22		链条葫芦超载落物伤人、高空坠落	三级一般	（1）链条葫芦使用前应检查吊钩、链条、传动装置及刹车装置是否良好。吊钩、链轮、倒卡等有变形时，以及链条直径磨损量达到15%时，严禁使用。 （2）两台及两台以上链条葫芦起吊同一重物时，重物的重量应不大于每台链条葫芦的允许起重量。 （3）链条葫芦不得超负荷使用。操作时，人不得站在链条葫芦的正下方。 （4）使用撬棒时，支点应牢靠。高处使用撬棒时严禁用双手	设备操作规程
23	过热器、再热器、省煤器系统安装	高空落物伤人	三级一般	（1）施工人员应尽量避免与上方钢架施工的垂直交叉作业，当不可避免时，施工人员应在事先搭设好的汽包防护脚手架（上搭设有隔离层）下工作。 （2）施工人员在炉顶进行准备工作时，下方应拉设警戒绳，并安排专人进行监护，无关人员严禁入内。	施工方案、《电力建设安全工作规程　第1部分：火力发电》（DL 5009.1—2014）

续表

序号	施工工序	可能导致的事故	风险分级/风险标识	主要防范措施	工作依据
23	过热器、再热器、省煤器系统安装	高空落物伤人	三级一般	（3）高空作业，施工人员应配工具包，小件工器具不用时放入包内，工器具上应拴系保险绳，使用时拴挂在牢固可靠处。 （4）施工人员在高空搬运、传递物件时，动作应协调一致，相互配合，物件应拿稳放牢，外形不规则物件应在容器内存放。 （5）严禁在钢架横梁、脚手架、步道上随意摆放工器具及小件物品	施工方案、《电力建设安全工作规程　第1部分：火力发电》（DL 5009.1—2014）
24		高空人身坠落	三级一般	（1）高空作业人员必须时刻挂好安全带，上下爬梯时，使用攀登自锁器；钢爬梯或软爬梯必须配防坠绳，做到“一梯、一绳、一保护”。 （2）施工人员在上脚手架作业前，必须首先检查脚手架搭设是否牢固，特别是经风雪等恶劣天气后，必须进行彻底检查，确定脚手架牢固后，方可上架作业。 （3）高空作业用脚手架必须由专业架工搭设，脚手架搭设应牢固可靠，符合安全规范要求；脚手架搭设完毕，必须经验收合格并挂牌后方可使用	施工方案、《电力建设安全工作规程　第1部分：火力发电》（DL 5009.1—2014）

续表

序号	施工工序	可能导致的事故	风险分级/风险标识	主要防范措施	工作依据
25	过热器、再热器、省煤器系统安装	挤伤、碰伤	三级一般	（1）施工人员应熟悉施工现场环境，不得盲目施工。 （2）在拆卸、装配汽包吊带连接螺栓时，施工人员严禁将手、脚放入螺栓孔内	施工方案、《电力建设安全工作规程　第1部分：火力发电》（DL 5009.1—2014）
26		触电事故	三级一般	（1）所使用的电动工具必须有合格证，经验电无漏电方可领用，电动工具必须经漏电保护器，电动工具必须由电工接线，严格私接电源，使用前必须戴绝缘手套。 （2）高空使用电动工具，应系保险绳，转移工作面时，要注意电源线的长度，严禁猛拉	
27		气瓶爆炸、火灾事故	三级一般	（1）所装气体混合后能引起燃烧、爆炸的气瓶严禁同车运输。施工现场的氧气瓶、乙炔瓶要分开运输、放置，氧气瓶与乙炔、丙烷气瓶的工作间距不应小于5m，气瓶与明火作业点的距离不应小于10m。氧气瓶、乙炔瓶相距应不小于5m。 （2）氧气表、乙炔表应开关灵活，指示准确，所有的连接处牢固，不漏气，使用前应先戴好防护眼镜和长皮手套。 （3）严禁直接使用不装设减压器或减压器不合格	《电力建设安全工作规程　第1部分：火力发电》（DL 5009.1—2014）、《气瓶安全技术规程》（TSG 23—2021）

续表

序号	施工工序	可能导致的事故	风险分级/风险标识	主要防范措施	工作依据
27	过热器、再热器、省煤器系统安装	气瓶爆炸、火灾事故	三级一般	的气瓶。乙炔瓶必须装设专用的减压器、回火防止器。 （4）焊接、切割作业时应采取可靠的防止焊渣掉落、火花溅落措施，并清除焊渣、火花可能落入范围内的易燃、易爆物品，易燃、易爆物品不能清除时应设专人监护。 （5）焊接、切割与热处理作业结束后，必须清理场地、切断电源，仔细检查工作场所周围及防护设施，确认无起火危险后方可离开。 （6）施工现场、作业区域应准备必要的消防设施、器材，施工人员熟悉其使用方法及操作程序	《电力建设安全工作规程　第1部分：火力发电》（DL 5009.1—2014）、《气瓶安全技术规程》（TSG 23—2021）
28		高空坠落	三级一般	（1）脚手架必须由架工负责搭设，其他人员严禁私自搭拆脚手架。搭设脚手架作业人员应挂好安全带，递杆、撑杆作业人员应密切配合。施工区域应设围栏或警告标志，并有专人监护，严禁无关人员入内。 （2）脚手架搭设应牢固可靠，每个脚手架不少于两块脚手板，各种排架、悬挂架间距不得大于2m，脚手板进行满铺，不应有空隙和探头板，两头必须用8号铁丝绑牢，外侧拉设防护立网，行走频繁处	施工方案、《电力建设安全工作规程　第1部分：火力发电》（DL 5009.1—2014）

续表

序号	施工工序	可能导致的事故	风险分级/风险标识	主要防范措施	工作依据
28	过热器、再热器、省煤器系统安装	高空坠落	三级一般	拉设安全绳。脚手板应铺设平稳并绑牢，不平处用木块垫平并钉牢，但不得用砖垫。 （3）在架子上翻脚手板时，应由两人从里向外顺序进行。工作时必须挂好安全带，下方应设安全网。 （4）脚手架应经常检查，在大风、暴雨后及解冻期应加强检查。长期停用的脚手架，在恢复使用前应经检查、鉴定合格后方可使用	施工方案、《电力建设安全工作规程　第1部分：火力发电》（DL 5009.1—2014）
29		链条葫芦超载，落物伤人、高空坠落	三级一般	（1）链条葫芦使用前应检查吊钩、链条、传动装置及刹车装置是否良好。吊钩、链轮、倒卡等有变形时，以及链条直径磨损量达到15%时，严禁使用。 （2）两台及两台以上链条葫芦起吊同一重物时，重物的重量应不大于每台链条葫芦的允许起重量。 （3）链条葫芦不得超负荷使用。操作时，人不得站在链条葫芦的正下方。 （4）使用撬棒时，支点应牢靠。高处使用撬棒时严禁用双手	设备操作规程

第三节　启动再循环泵（炉水循环泵）安装

启动再循环泵（炉水循环泵）安装的安全危险因素及控制见表 2-3。

表 2-3　　启动再循环泵（炉水循环泵）安装的安全危险因素及控制

序号	施工工序	可能导致的事故	风险分级/风险标识	主要防范措施	工作依据
1	泵安装	起重机具倾覆	二级较大	起吊机具应布置在坚固牢靠的地方	施工方案、《电力建设安全工作规程　第 1 部分：火力发电》（DL 5009.1—2014）
2		高空落物	三级一般	（1）吊装时，小型物件应用小麻袋装盛。 （2）吊装期间，在吊装区域应拉设安全警戒绳；设备摆放应整齐	
3		高空落物	三级一般	高空使用的工器具必须系保险绳，小型工器具应放在工具包内	
4		起重机械倾覆	二级较大	六级以上大风等恶劣天气情况下禁止使用吊车进行施工活动	
5		吊物脱落	三级一般	（1）禁止双链条葫芦拆成单链条葫芦使用，链条长度不够时，可增加葫芦的数量来解决，链条葫芦使用前，应对有扭结现象的链条进行调整。	

续表

序号	施工工序	可能导致的事故	风险分级/风险标识	主要防范措施	工作依据
5	泵安装	吊物脱落	三级一般	（2）起重索器具使用前，认真进行检查，严格按照钢丝绳报废标准处理有断丝、断股现象的钢丝绳。 （3）拴钩时，钢丝绳的夹角应小于 90°，但不得大于 120°	施工方案、《电力建设安全工作规程　第 1 部分：火力发电》（DL 5009.1—2014）
6		触电	三级一般	手持式电动工具应经过专业电工检查，绝缘良好，合格后贴标签使用，使用时必须经过漏电保护器	
7		违章作业	三级一般	对特殊工种作业人员在上岗前应取得特种作业人员上岗证，安全员负责检查	
8		脚手架承载力不够	三级一般	脚手架应由专业架工搭设，经验收合格后挂牌使用	
9		伤害眼睛	三级一般	在使用前加强检查，正确使用各类小型工器具，操作时戴好防护眼镜	
10		挤伤	三级一般	在用吊车或卷扬机吊装设备时，起重人员应加强监护，严禁任何人用手扶行走的钢丝绳或滑轮吊钩	
11		高空落物	三级一般	施工人员必须互相监护，吊物下方不得有人	

续表

序号	施工工序	可能导致的事故	风险分级/风险标识	主要防范措施	工作依据
12	泵安装	高空坠落	三级一般	（1）高空使用的安全绳的两端要固定牢靠，高空作业人员高空行走时应将安全带挂在安全绳上。 （2）参加高空作业人员在施工前均应进行体格检查，对于有高血压等不宜从事高空作业的人员不得参加高空作业	施工方案、《电力建设安全工作规程　第1部分：火力发电》（DL 5009.1—2014）
13		起吊物上站人，会发生高空坠落	三级一般	在施工前，进行交底时，应重点强调起吊物上严禁站人	
14		吊装机械超载，吊物坠落	三级一般	由技术人员、起重人员和机械操作人员共同把关，杜绝吊装机械超负荷使用	
15		材料设备运输时脱落，人员伤害	三级一般	设备和材料倒运时，必须进行安全可靠的封车，封车应使用链条葫芦；杜绝人货同车	
16		螺栓加热时施工人员容易被高温烫伤	三级一般	再循环泵堵板及再循环泵安装时螺栓区域需要进行保温，施工区域拉设安全警戒绳，用手旋螺母时必须戴石棉手套	

第四节 锅炉燃烧器安装

锅炉燃烧器安装的安全危险因素及控制见表 2-4。

表 2-4　　锅炉燃烧器安装的安全危险因素及控制

<table>
<tr><th>序号</th><th>施工工序</th><th>可能导致的事故</th><th>风险分级/风险标识</th><th>主要防范措施</th><th>工作依据</th></tr>
<tr><td>1</td><td rowspan="5">燃烧器吊挂</td><td>高空坠落</td><td>三级一般</td><td>高空作业必须挂好安全带，并做到高挂低用</td><td rowspan="5">施工方案、《电力建设安全工作规程　第 1 部分：火力发电》（DL 5009.1—2014）</td></tr>
<tr><td>2</td><td>设备坠落</td><td>三级一般</td><td>设备吊装吊挂时钢丝绳棱角处要加包角保护，所使用的钢丝绳必须经检验合格，在钢丝绳附近严禁电火焊作业，以造成钢丝绳断裂</td></tr>
<tr><td>3</td><td>起重机械倾覆</td><td>二级较大</td><td>六级以上大风等恶劣天气情况下禁止使用吊车进行施工活动</td></tr>
<tr><td>4</td><td>挤伤</td><td>三级一般</td><td>在用吊车吊装设备时，严禁用手扶行走的钢丝绳或滑轮吊钩</td></tr>
<tr><td>5</td><td>设备坠落伤人</td><td>三级一般</td><td>（1）燃烧器吊装时，必须使用燃烧器设计吊耳，严禁用钢丝绳捆吊其他部位。
（2）燃烧器吊装时，吊物下方严禁有人站立或行走通过。</td></tr>
</table>

续表

序号	施工工序	可能导致的事故	风险分级/风险标识	主要防范措施	工作依据
5	燃烧器吊挂	设备坠落伤人	三级一般	(3)需长期吊挂的设备，必须采取固定防风措施，并定期检查设备状态	施工方案、《电力建设安全工作规程　第1部分：火力发电》(DL 5009.1—2014)
6		吊物脱落伤人	三级一般	所使用的链条葫芦必须经检验合格方可使用，使用时，链条不得拧结，不得超负荷使用	
7	燃烧器安装	触电	三级一般	手持电动工器具一定要经过绝缘检测，合格后方可使用	
8		高空坠落	三级一般	高空作业人员高空行走一定要把安全带挂安全绳上	
9		高空落物伤人	三级一般	合理安排施工，尽量避免交叉作业；现场交叉作业时，必须搭设安全牢固的隔离层	
10		人高空坠落	三级一般	高空进行设备安装时，临空面应搭设防护栏杆或防护立网	
11	燃烧器安装、调整	火灾	三级一般	(1)焊接、切割作业时应采取可靠的防止焊渣掉落、火花溅落措施，并清除焊渣、火花可能落入范围内的易燃、易爆物品，易燃、易爆物品不能清除时应设专人监护。 (2)焊接、切割作业结束后，必须清理场地、切断电源，仔细检查工作场所周围及防护设施，确认无起火危险后方可离开	

续表

序号	施工工序	可能导致的事故	风险分级/风险标识	主要防范措施	工作依据
12	燃烧器安装、调整	脚手架承载力不够，人物坠落	三级一般	（1）脚手架不得钢木混搭且立杆应垂直。 （2）脚手板应满铺，不应有空隙和探头板，且铺设平稳并绑牢。 （3）在架子上翻脚手板时，应由两人从里向外按顺序进行，工作时必须挂好安全带，下方应设安全网。 （4）脚手架应经常检查，长期停用的脚手架，在恢复使用前应经检查、鉴定合格后方可使用。 （5）非专业工种人员不得搭、拆脚手架。 （6）拆除脚手架应按自上而下顺序进行，严禁上下同时作业或将脚手架整体推倒。 （7）脚手架必须由专职架工按规定搭设。 （8）搭设的脚手架必须经验收合格后挂牌使用	施工方案、《电力建设安全工作规程 第1部分：火力发电》（DL 5009.1—2014）
13		高空落物伤人	三级一般	（1）脚手架拆除时下方拉设警戒绳并派专人监护。 （2）使用的所有钢丝绳、葫芦一定要经检查试验合格后方可使用。 （3）严禁超负荷使用，严禁在钢丝绳附近进行电火焊作业	

续表

序号	施工工序	可能导致的事故	风险分级/风险标识	主要防范措施	工作依据
14	燃烧器安装、调整	高空落物	三级一般	高空设备、材料整齐摆放，且禁止摆放在临空面上	施工方案、《电力建设安全工作规程　第1部分：火力发电》（DL 5009.1—2014）
15	燃烧器调整	高空坠落	三级一般	进行高空作业必须使用安全带，使用时，要挂在上方牢固可靠处，做到高挂低用	
16	燃烧器调整、油燃烧器安装	高空坠落	三级一般	高空进行设备安装时，临空面应搭设防护栏杆或防护立网	
17		高空落物伤人	三级一般	高空使用的工器具必须系保险绳，小型工器具应放在工具包内	
18		吊物脱落	三级一般	所使用的链条葫芦必须经过拉力试验检验合格并标识方可使用	

第五节　锅炉辅机设备及管道安装

锅炉辅机设备及管道安装的安全危险因素及控制见表 2-5。

表 2-5　　锅炉辅机设备及管道安装的安全危险因素及控制

<table>
<tr><th>序号</th><th colspan="2">施工工序</th><th>可能导致的事故</th><th>风险分级/风险标识</th><th>主要防范措施</th><th>工作依据</th></tr>
<tr><td>1</td><td colspan="2" rowspan="2">管道安装</td><td>高空坠落、捆绑铁丝伤人</td><td>三级一般</td><td>（1）非专业工种人员不得搭、拆脚手架。
（2）搭设脚手架时作业人员应挂好安全带，递杆、撑杆作业人员应密切配合。
（3）脚手架拆除时要拉设警戒线并设专人监护，严禁无关人员入内。
（4）加大现场监督检查力度</td><td rowspan="4">施工方案、《电力建设安全工作规程　第 1 部分：火力发电》（DL 5009.1—2014）</td></tr>
<tr><td>2</td><td>设备吊装和吊挂时捆绑不牢坠落</td><td>三级一般</td><td>（1）管道吊装和吊挂时，钢丝绳与管子之间应加垫方木，以防滑落。
（2）加大现场监督检查力度</td></tr>
<tr><td>3</td><td rowspan="2">回转式空气预热器安装</td><td rowspan="2">施工准备</td><td>人员伤亡</td><td>三级一般</td><td>在现场安装照明灯，保证光线充足</td></tr>
<tr><td>4</td><td>高空坠落</td><td>三级一般</td><td>及时将空气预热器周围的平台安装到位，附近的横梁上方拉设水平安全绳，空气预热器区域的下方拉设一层兜底安全网</td></tr>
</table>

续表

序号	施工工序		可能导致的事故	风险分级/风险标识	主要防范措施	工作依据
5	回转式空气预热器安装	空气预热器施工	高空落物	三级一般	（1）膨胀装置较重，施工人员每次只能拿一块，且轻拿轻放；放置到位后及时按图纸要求焊接。 （2）起吊的冷端连接板必须在焊接牢固后方可脱钩；主座架与侧座架就位后，立即用 L75×6 角钢做临时加固。 （3）高空使用的工器具必须系保险绳，小型工器具应放在工具包内。密封安装与调整时在空气预热器的底部搭设一安装平台，密封件放置在其上部，用多少拿多少，平台不得超负荷	施工方案、《电力建设安全工作规程 第1部分：火力发电》（DL 5009.1—2014）
6			脚手架坍塌	三级一般	脚手架必须由专业架工搭设，搭设完毕应由安全人员验收并挂牌后方可投入使用	
7			火灾	三级一般	使用煤油清洗导向轴承时，使用煤油的工作区域拉设安全警戒绳，周围严禁动用明火，工作现场准备部分细沙或消防器材	
8			人员伤亡	三级一般	在安装密封装置需要转动转子时，人孔门外部应设专人监护，监护人应能清楚看到内部施工的人员，内部施工时应保证在两人以上，转动时相互监护	
9			触电	三级一般	在修整转子角钢时，闸刀电源要有专业的电工接线，空气预热器内部照明要使用 12V 安全电压	

续表

序号	施工工序		可能导致的事故	风险分级/风险标识	主要防范措施	工作依据
10	钢球磨煤机安装	磨煤机组装	吊物脱落	三级一般	起吊物应绑挂牢固。吊钩悬挂点应在设备重心的垂直线上，吊钩钢丝绳应保持垂直，不得偏拉斜吊。吊物未固定好严禁松钩	施工方案、《电力建设安全工作规程　第1部分：火力发电》（DL 5009.1—2014）
11			脚手架承载力不够	三级一般	（1）脚手架应由专业架工搭设，经验收合格后挂牌使用。 （2）立杆间距不大于2m，小横杆间隙不得大于1.5m，脚手板应满铺，铺设应平稳并绑牢，不应有空隙和探头板。 （3）脚手架高度超过2m时应挂钢爬梯。 （4）脚手架荷载不得超过270kg/m^2	
12			伤人事故	三级一般	设备检修区域应拉设安全警戒绳，设备摆放应整齐，严禁叠放设备，对外形不规则的设备下部应垫实	
13			高空坠落、高空落物	三级一般	（1）参加施工人员必须互相监护，起吊物上严禁站人。 （2）起吊过程严禁任何人员在下方逗留或通过	
14			伤害眼睛	三级一般	在使用前加强检查，正确使用各类小型工器具，操作时戴好防护眼镜	

续表

序号	施工工序		可能导致的事故	风险分级/风险标识	主要防范措施	工作依据
15	钢球磨煤机安装	磨煤机安装	气瓶爆炸、火灾	三级一般	乙炔瓶加装回火防止器，氧气、乙炔皮线接头处绑扎牢固，氧气瓶、乙炔瓶间隔距离必须大于5m。禁止氧气瓶与乙炔瓶运输时混装，禁止施工人员坐在运输气瓶的车厢内。气瓶上必须加装上下两道防震圈。氧气瓶与乙炔瓶使用时应远离热源，与明火作业点的距离不应小于10m。氧气及乙炔皮线严禁混用	施工方案、《电力建设安全工作规程　第1部分：火力发电》（DL 5009.1—2014）、《气瓶安全技术规程》（TSG 23—2021）
16			火灾	三级一般	施工现场严禁吸烟，施工中使用的清洗剂等易燃物应妥善保管放置，清洗产生的废弃物应集中放置，及时处理，严禁乱丢乱放	施工方案、《电力建设安全工作规程　第1部分：火力发电》（DL 5009.1—2014）
17			卷扬机刹车系统失灵	三级一般	（1）为了防止卷扬机的刹车系统突然失灵，在卷扬机组平台上准备两根撬棒，必要时卷扬机监护人员使用撬棍撬住卷扬机刹车片使其制动。 （2）卷扬机运行过程中严禁人员跨越钢丝绳	
18			滑轮及钢丝绳断裂	三级一般	设备起吊就位时，合理选用起吊索具和吊点，起吊索具的安全系数不小于8倍，捆绑应正确牢固	

续表

序号	施工工序		可能导致的事故	风险分级/风险标识	主要防范措施	工作依据
19	钢球磨煤机安装	磨煤机安装	砸伤手脚	三级一般	（1）衬板安装时应加强“一对一”监护，罐体内照明应充足，通风应良好，施工人员应加强劳动保护，防止疲劳作业。 （2）搬、抬设备时应注意周围有无相关人员，做到“四不伤害”（不伤害他人,不伤害自己,不被别人伤害,保护他人不受伤害）。 （3）安装衬板时严禁摔砸及野蛮施工	施工方案、《电力建设安全工作规程　第1部分：火力发电》（DL 5009.1—2014）
20			衬板突然滑落	三级一般	（1）衬板倒运时应捆绑牢固，严禁多块衬板一起捆绑。 （2）衬板安装时必须将螺栓紧固，固定楔安装位置应正确，拧紧楔应紧固牢固。 （3）安装完一半衬板转罐后必须在大罐顶部用大锤敲击并确认衬板安装牢固后方可进入罐体内安装另一半衬板	
21			转动罐体时大罐突然转动	三级一般	（1）转动罐体时罐体一侧必须用 5t 手拉葫芦拴好，卷扬机每次动作时不能太大，防止罐体转动惯量太大导致葫芦链条断裂。 （2）卷扬机起钩与葫芦松钩应配合，起重由专人统一指挥	

续表

<table>
<tr><th>序号</th><th colspan="2">施工工序</th><th>可能导致的事故</th><th>风险分级/风险标识</th><th>主要防范措施</th><th>工作依据</th></tr>
<tr><td>22</td><td rowspan="3">风机安装</td><td rowspan="3">风机施工</td><td>吊物坠落</td><td>三级一般</td><td>（1）选用合格的钢丝绳，并捆绑牢固。
（2）根据设备重心，正确选择吊挂点。
（3）加强现场监督检查力度</td><td rowspan="4">施工方案、《电力建设安全工作规程　第1部分：火力发电》（DL 5009.1—2014）</td></tr>
<tr><td>23</td><td>高空坠落</td><td>三级一般</td><td>（1）拉设水平安全绳，并固定牢固。
（2）高空作业前，首先挂牢安全带。水平行走时，安全带挂在水平安全绳上。
（3）加强现场监督检查力度</td></tr>
<tr><td>24</td><td>伤人事故</td><td>三级一般</td><td>（1）由专业架工搭设，经检验合格后挂牌，方可使用。
（2）由专业架工拆除，在周围拉设安全警戒绳，并派专人监护。
（3）加强现场监督检查力度</td></tr>
<tr><td>25</td><td>给煤机安装</td><td>给煤机安装</td><td>吊物坠落</td><td>三级一般</td><td>（1）选用合格的钢丝绳，并捆绑牢固。
（2）根据设备重心，正确选择吊挂点。
（3）加强现场监督检查力度</td></tr>
</table>

续表

<table>
<tr><th>序号</th><th colspan="2">施工工序</th><th>可能导致的事故</th><th>风险分级/风险标识</th><th>主要防范措施</th><th>工作依据</th></tr>
<tr><td>26</td><td rowspan="2">给煤机安装</td><td>给煤机安装</td><td>高空坠落</td><td>三级一般</td><td>（1）拉设水平安全绳，并固定牢固。
（2）高空作业前，首先挂牢安全带。水平行走时，安全带挂在水平安全绳上。
（3）加强现场监督检查力度</td><td rowspan="4">施工方案、《电力建设安全工作规程　第1部分：火力发电》（DL 5009.1—2014）</td></tr>
<tr><td>27</td><td>煤闸门安装</td><td>伤人事故</td><td>三级一般</td><td>（1）由专业架工搭设，经检验合格后挂牌，方可使用。
（2）由专业架工拆除，在周围拉设安全警戒绳，并派专人监护。
（3）加强现场监督检查力度</td></tr>
<tr><td>28</td><td colspan="2" rowspan="2">锅炉检修起吊设施安装</td><td>吊物坠落</td><td>三级一般</td><td>（1）选用合格的钢丝绳，并捆绑牢固。
（2）根据设备重心，正确选择吊挂点。
（3）加强现场监督检查力度</td></tr>
<tr><td>29</td><td>高空坠落</td><td>三级一般</td><td>（1）拉设水平安全绳，并固定牢固。
（2）高空作业前，首先挂牢安全带。水平行走时，安全带挂在水平安全绳上。
（3）加强现场监督检查力度</td></tr>
</table>

续表

序号	施工工序	可能导致的事故	风险分级/风险标识	主要防范措施	工作依据
30	锅炉检修起吊设施安装	伤人事故	三级一般	（1）由专业架工搭设，经检验合格后挂牌，方可使用。 （2）由专业架工拆除，在周围拉设安全警戒绳，并派专人监护。 （3）加强现场监督检查力度	施工方案、《电力建设安全工作规程　第1部分：火力发电》（DL 5009.1—2014）
31	吹灰器及吹灰管道安装	捆绑铁丝伤人；脚手架承载力不够，拆除脚手架伤人	三级一般	（1）非专业工种人员不得搭、拆脚手架。 （2）搭设脚手架时作业人员应挂好安全带，递杆、撑杆作业人员应密切配合。 （3）脚手架拆除时要拉设警戒线并设专人监护，严禁无关人员入内。 （4）拆除脚手架时应严密注意所拆的脚手板或架杆上是否拴有他人的安全带	
32		设备坠落	三级一般	（1）管道吊装和吊挂时，钢丝绳与管子和设备之间应加垫方木或包角，以防止滑落。 （2）设备吊装时严禁起重吊装索具瞬间受力（挤压、拉伸等）	

续表

序号	施工工序	可能导致的事故	风险分级/风险标识	主要防范措施	工作依据
33	吹灰器及吹灰管道安装	吊物坠落	三级一般	（1）组件起吊绳和吊挂绳及配合滑轮、卡环选用要根据设备组件重量而定，保证钢丝绳及滑轮、卡环使用的安全系数。 （2）钢丝绳不得与物体的棱角直接接触，应在棱角处垫以半圆管或木板等。 （3）钢丝绳在机械运动中不得与其他物体或相互间发生摩擦；钢丝绳不得与任何带电体接触。 （4）钢丝绳不得相互直接套挂连接，通过滑轮的钢丝绳不得有接头	施工方案、《电力建设安全工作规程　第1部分：火力发电》（DL 5009.1—2014）
34	安全阀及其排汽管道安装	捆绑铁丝伤人；脚手架承载力不够，拆除脚手架伤人	三级一般	（1）非专业工种人员不得搭、拆脚手架。 （2）搭设脚手架时作业人员应挂好安全带，递杆、撑杆作业人员应密切配合。 （3）脚手架拆除时要拉设警戒线并设专人监护，严禁无关人员入内。 （4）加大现场监督检查力度	
35		设备坠落	三级一般	（1）管道吊装和吊挂时，钢丝绳与管子之间应加垫方木，以防滑落。 （2）加大现场监督检查力度	

续表

序号	施工工序	可能导致的事故	风险分级/风险标识	主要防范措施	工作依据
36	锅炉泵类安装	吊物坠落	三级一般	（1）选用合格的钢丝绳，并捆绑牢固。 （2）根据设备重心，正确选择吊挂点。 （3）加强现场监督检查力度	施工方案、《电力建设安全工作规程　第1部分：火力发电》（DL 5009.1—2014）
37		高空坠落	三级一般	（1）拉设水平安全绳，并固定牢固。 （2）高空作业前，首先挂牢安全带。水平行走时，安全带挂在水平安全绳上。 （3）加强现场监督检查力度	
38		伤人事故	三级一般	（1）由专业架工搭设，经检验合格后挂牌，方可使用。 （2）由专业架工拆除，在周围拉设安全警戒绳，并派专人监护。 （3）加强现场监督检查力度	
39	除渣系统设备及管道安装	吊物坠落	三级一般	（1）选用合格的钢丝绳，并捆绑牢固。 （2）根据设备重心，正确选择吊挂点。 （3）加强现场监督检查力度	
40		高空坠落	三级一般	（1）拉设水平安全绳，并固定牢固。 （2）高空作业前，首先挂牢安全带。水平行走时，安全带挂在水平安全绳上。 （3）加强现场监督检查力度	

续表

<table>
<tr><th>序号</th><th colspan="2">施工工序</th><th>可能导致的事故</th><th>风险分级/风险标识</th><th>主要防范措施</th><th>工作依据</th></tr>
<tr><td>41</td><td colspan="2">除渣系统设备及管道安装</td><td>伤人事故</td><td>三级一般</td><td>（1）由专业架工搭设，经检验合格后挂牌，方可使用。
（2）由专业架工拆除，在周围拉设安全警戒绳，并派专人监护。
（3）加强现场监督检查力度</td><td rowspan="3">施工方案、《电力建设安全工作规程　第1部分：火力发电》（DL 5009.1—2014）</td></tr>
<tr><td>42</td><td rowspan="2">除灰系统设备及管道安装</td><td>施工准备运输</td><td>人身伤害
机械伤害</td><td>三级一般</td><td>（1）运输时封车要牢固，封车索具要合格有效，否则严禁运输。
（2）在材料装卸或材料倒运时，防止碰伤手脚或伤及他人。
（3）泵体（重量大）在由泵房外利用滚杠倒运至基础时，施工人员相互协调、步调统一</td></tr>
<tr><td>43</td><td>设备管道吊装</td><td>人身伤害设备损坏高空落物</td><td>三级一般</td><td>（1）设备、管道严禁兜吊（管道焊接限位挡块等措施）。
（2）防止设备在吊装过程中的倾倒、损坏，加强易损部件的保护。
（3）设备在未固定或临时固定牢固之前，严禁脱钩。
（4）管道就位后必须固定牢，严禁管道在就位平面上滚动。
（5）气化风板或气化风槽吊装严防碰撞而损坏。
（6）吊装必由合格起重工指挥，指挥信号要准确、清晰</td></tr>
</table>

续表

序号	施工工序		可能导致的事故	风险分级/风险标识	主要防范措施	工作依据
44	除灰系统设备及管道安装	管道水压试验	高压水流伤人	三级一般	（1）水压试验使用的水压机械、各种仪表必须要经过校验并验证合格，同时使用的压力表量程应为试验压力的 1.5 倍。 （2）在升压之前，施工负责人必须进行全面检查，待全部人员离开后方可进行升压工作，在升压或超压试验时要停止试验系统上的一切工作。 （3）水压试验时不得站在阀门法兰、焊口、水压机管接口等处。 （4）水压试验时要监视所有支架、吊架的变形，应监视滑动支架的位移情况	施工方案、《电力建设安全工作规程　第 1 部分：火力发电》（DL 5009.1—2014）
45		设备管道支架安装	人身坠落、落物伤人、火灾事故、触电	三级一般	（1）焊接、切割作业时应采取可靠的防止焊渣掉落、火花溅落措施，并清除焊渣、火花可能落入范围内的易燃、易爆物品，易燃、易爆物品不能清除时应设专人监护，高空作业使用的小型工器具必须使用工具包或者在工器具上拴保险绳，以防止坠落。 （2）起吊电动、气动阀门时必须予以外观保护，核实起吊位置是否能承受，严禁起吊中发生碰撞。 （3）使用的电动工具必须是检验合格的，必须经过灵敏、可靠的漏电保护器，严禁带电进行收、放电缆线，接线及拆线必须由专业电工进行。	

续表

序号	施工工序		可能导致的事故	风险分级/风险标识	主要防范措施	工作依据
45	除灰系统设备及管道安装	设备管道支架安装	人身坠落、落物伤人、火灾事故、触电	三级一般	（4）立体交叉作业必须搭设可靠的安全隔离层，加强施工中自身安全保护。 （5）对设备的易损附属部件采取保护措施，加设防护棚或防护罩，防止施工中碰坏。 （6）必须由合格的架工搭设脚手架并经安全检查验收，临空面必须拉设安全水平绳或搭设安全围栏，必要时下兜安全网。 （7）管道或阀门、法兰等部件就位调整时要予以临时固定。 （8）施工现场按要求配备消防器材，施工人员要清楚安全撤离通道。 （9）乙炔瓶的装卸要轻搬轻放，运输严禁混装，放置在专用工具棚内，远离热源并严防曝晒。 （10）链条葫芦操作时，严禁站在葫芦的正下方及从吊物下通过。 （11）链条葫芦严禁超载使用，严禁用人力以外的其他动力操作。 （12）链条葫芦起吊过程中，拽动链条用力应均匀和缓，不得用力过猛，以免手链跳动或卡环。 （13）起重前检查上下吊钩是否挂牢。严禁重物吊在吊钩尖端等处操作。重链条应垂直悬挂，不得有扭曲的链环，以确保安全	施工方案、《电力建设安全工作规程　第1部分：火力发电》（DL 5009.1—2014）

续表

序号	施工工序		可能导致的事故	风险分级/风险标识	主要防范措施	工作依据
46	空气压缩机及压缩空气管道安装	设备运输	设备运输中脱落	三级一般	运输设备时必须封车牢固，严禁超载，棱角处加包角，起吊要平稳，起吊时起吊点避开关键部位，严禁人与设备同车	施工方案、《电力建设安全工作规程　第1部分：火力发电》（DL 5009.1—2014）
47			设备倾倒、砸伤手脚	三级一般	设备装车、卸车要保持平稳，放置时下方必须垫实，放置平稳，必要时加以支撑固定	
48		设备材料运输	设备、材料吊装时坠落，设备起吊中发生人身及设备损坏事故	三级一般	（1）吊钩悬挂点应在吊物重心的垂直线上，吊钩钢丝绳应保持垂直，夹角不得超过90°。 （2）起重工与安装工要配合好，起吊前，仔细检查设备绑扎是否牢固，起吊时，施工人员禁止站在吊物下方。 （3）不许兜吊和偏拉斜吊设备	
49		设备管道安装	设备坠落	三级一般	（1）严禁在设备未连接或未固定好的情况下继续安装。 （2）吊挂时加放保险绳，钢丝绳生根处加放包角。 （3）对临时吊挂件要定期检查，加强施工现场的监督	施工方案、《电力建设安全工作规程　第1部分：火力发电》（DL 5009.1—2014）

续表

序号	施工工序		可能导致的事故	风险分级/风险标识	主要防范措施	工作依据
50	空气压缩机及压缩空气管道安装	设备管道安装	高空坠落	三级一般	（1）施工用脚手架由专业架工搭设并检查合格方可使用。 （2）施工人员在架子上时要挂好安全带，上下架子用爬梯，不准直接从架子上跳下	施工方案、《电力建设安全工作规程　第1部分：火力发电》（DL 5009.1—2014）
51			设备高空坠落	三级一般	（1）钢丝绳不得与物体的棱角直接接触，应在棱角处垫以半圆管、木板等。 （2）在使用前做试验并仔细检查，有缺陷的严禁使用。 （3）钢丝绳严禁与任何带电体、炽热物或火焰接触。 （4）管道未连接或未固定好，严禁继续安装管道。 （5）制定合理施工方案，尽量减少临时吊挂设备	
52			触电、砂磨头或砂轮片伤人	三级一般	（1）所有电动工具都必须经过合格的漏电保护器，经常检查电源线无破损。 （2）使用磨光机、砂轮机等电动工具时要戴好防护眼镜，沙子飞出方向不得对人，砂磨头或砂轮片要及时更换	设备操作规程

续表

序号	施工工序		可能导致的事故	风险分级/风险标识	主要防范措施	工作依据
53	空气压缩机及压缩空气管道安装	设备管道安装	高空落物	三级一般	（1）施工用脚手架由专业架工搭设并检查合格方可使用。 （2）施工人员站在架子上紧固螺栓时要挂好安全带。 （3）切割物件时要有防坠落措施。工器具要使用工具包并要系保险绳，以防滑、防坠落。 （4）及时清理施工区域杂物，消灭高空落物源。 （5）不得高空抛掷物件	施工方案、《电力建设安全工作规程　第1部分：火力发电》（DL 5009.1—2014）
54			施工人员被设备、材料碰伤	三级一般	（1）设备、材料堆放应整齐、有序，不妨碍通行且有固定措施。 （2）堆放的设备、材料不应超过规定的期限，要及时安装，避免长时间放置，做到“工完、料尽、场地清”。划分区域，实行区域清理安全责任制。 （3）实行定期检查制度，加强现场监督	
55			触电	三级一般	电源线由专业电工拉设，要经常进行检查，发现问题及时通知电工处理	

续表

序号	施工工序		可能导致的事故	风险分级/风险标识	主要防范措施	工作依据
56	电除尘系统安装	钢支架组合	钢组合架变形	三级一般	（1）组合时所有的支撑必须焊接牢固。 （2）组合场地应当平整、压实	施工方案、《电力建设安全工作规程 第1部分：火力发电》（DL 5009.1—2014）
57			交通事故	三级一般	（1）运输时时速不超过 5km/h。 （2）施工人员不得乘坐在运输车辆车斗内。 （3）所经路线要经过实地勘测，确认可行方可通过	
58		钢支架组合吊装	吊物高空坠落伤人、伤设备	三级一般	（1）吊装所选用的钢丝绳要有一定强度，且保证不低于 8 倍的安全系数。 （2）钢丝绳必须有合格标签，不得有断股、断丝现象	
59		钢支架吊装	伤人、伤设备	三级一般	（1）抬动、移动材料或工器具时注意四周环境及人员，防止挤、碰伤手脚或伤及他人。 （2）起吊时注意周围环境，施工人员不得从起吊物下穿过，物体起吊时不得手扶钢丝绳。 （3）起重工指挥信号明确、统一，操作工精神状态良好。 （4）吊装设备就位固定后方可脱钩	

续表

序号	施工工序		可能导致的事故	风险分级/风险标识	主要防范措施	工作依据
60	电除尘系统安装	钢架组合吊装	人身坠落	三级一般	（1）搭设脚手架经检验后挂牌使用，爬梯固定后必须经专人检查。 （2）施工人员上下爬梯需挂安全自锁器。 （3）上下脚手架或设备的爬梯必须有牢固生根点	施工方案、《电力建设安全工作规程　第1部分：火力发电》（DL 5009.1—2014）
61		电除尘装置安装	高空作业人身坠落及高空落物	三级一般	（1）高空作业中安全带必须为“高挂低用”，安全带挂在安全绳上，不得挂在防护栏的管口及其他不安全的物体上。 （2）高空作业严禁抛掷工具或材料，所使用工具必须有绳系于手腕。 （3）暂时不用的东西及设备禁止放在高空作业区，控制高空落物源。 （4）施工人员穿软底防滑鞋	施工方案、《电力建设安全工作规程　第1部分：火力发电》（DL 5009.1—2014）
62			砂轮片破碎伤人，触电	三级一般	（1）砂轮片的有效半径磨损到原半径的1/3时必须更换。 （2）必须正确使用防护用品。戴好防护眼镜。 （3）操作磨光机时切忌正对他人。 （4）所使用任何电动工器具必须经绝缘检测合格，并有检验标识。 （5）所使用电源线必须为三相五线制，且经过漏电开关，禁止私自拉扯电源线	

续表

序号	施工工序		可能导致的事故	风险分级/风险标识	主要防范措施	工作依据
63	电除尘系统安装	电除尘装置安装	高空坠落	三级一般	（1）上下脚手架或设备的爬梯必须有牢固生根点且生根牢固。 （2）脚手架搭设经检验后挂牌使用。 （3）施工人员上下爬梯需挂安全自锁器。 （4）设备就位处临空面必须搭设安全网、防护栏杆	施工方案、《电力建设安全工作规程 第1部分：火力发电》（DL 5009.1—2014）
64			火灾	三级一般	（1）焊接前移走周围的易燃、易爆物，必须实行气割、电焊时，消防器材必须到位。 （2）动火作业时，必须办理动火作业票	
65			进、出喇叭口组合时，支撑不牢固，场地不平，造成设备组合误差超标	三级一般	（1）组合时所有的支撑必须焊接牢固。 （2）组合场地应当平整、夯实	
66			吊物高空坠落	二级较大	（1）吊装喇叭口所用的吊耳尺寸必须经过计算。 （2）吊耳两侧要焊接三角支座等加强措施。 （3）吊耳的位置要对应设备部件的加固处。 （4）焊接吊耳必须要开双面坡扣，焊接牢固	

续表

序号	施工工序		可能导致的事故	风险分级/风险标识	主要防范措施	工作依据
67	电除尘系统安装	电除尘装置安装	触电	三级一般	（1）进行阴阳极调整检查时，必须结伴进行。 （2）电除尘器内部照明必须用12V低压行灯	施工方案、《电力建设安全工作规程　第1部分：火力发电》（DL 5009.1—2014）
68	脱硫脱硝系统设备及管道安装	设备查找	设备倾倒伤人或绊倒致伤	三级一般	（1）设备堆放整齐有序，底部垫实，大件立放时应采取加固措施。 （2）小件放在箱内，随用随取；不得边看图纸边行走	
69		设备运输	设备掉落碰坏	三级一般	（1）用汽车运输时设备摆放整齐，不得超载并应牢固封车，棱角处加包角。 （2）超长件用专用运输架（经设计，并批准后方可使用）装卸，车辆应相应加长并达到相应强度。 （3）运输时应设专人押车，随时检查设备在车上所处状态，发现问题及时解决	
70		起重用具、索具使用	起重用具、索具断裂	三级一般	（1）倒链、卸扣、滑轮、吊盘等用前仔细检查，吊盘经设计、计算达到规定载荷后，要装配牢固，不得有裂纹、变形，钢丝绳、滑轮正确使用，滑轮额定承重量要大于吊物的两倍，不得超负荷使用，如捆绑于棱角处时，应采用适当包角加以保护。	

续表

序号	施工工序		可能导致的事故	风险分级/风险标识	主要防范措施	工作依据
70	脱硫脱硝系统设备及管道安装	起重用具、索具使用	起重用具、索具断裂	三级一般	（2）长期吊挂的钢丝绳应定期检查受力情况。 （3）管子吊装或吊挂时，如管子过滑，需采取可靠的防滑措施，例如在钢丝绳和设备之间加薄木板垫好，以增加摩擦力。 （4）葫芦承力后，要将葫芦的链条锁起来	施工方案、《电力建设安全工作规程 第1部分：火力发电》（DL 5009.1—2014）
71		工具使用	工器具使用不当伤人	三级一般	（1）高空作业时，小型工具及设备小件应放在工具包内。 （2）使用撬棒时支点牢固，身体保持平衡，保险绳应缠在手腕上。 （3）工作时与周围人员配合好，用榔头时挥动方向不得对人，榔头不得松动，且不得戴手套。 （4）不得用锉刀撬动它物。 （5）电动液压弯管机使用前，检查各液压软管接头牢固，密封良好，液压油位达到使用要求，弯管机摆放平稳。 （6）由电工班接电源，电源手柄布置在易操作地方，试车正常后再带负荷运转。 （7）施工人员配合协调，手脚不要放在液压缸施力部位，销轴凹槽与管径匹配。 （8）当天用完后，上锁	

续表

序号	施工工序		可能导致的事故	风险分级/风险标识	主要防范措施	工作依据
72	脱硫脱硝系统设备及管道安装	磨口对口	磨口、对口时人员受到伤害	三级一般	（1）磨口时必须戴好防护眼镜，砂子飞出方向不得对人。 （2）砂磨头或砂轮片磨损严重时及时更换。 （3）砂轮片在使用时不得受侧向力，使用磨光机磨口不要用力过猛。 （4）处理较窄间隙对口缝时必须戴好面罩或采取其他的防护措施。 （5）施工人员应尽量不在刚焊接完毕的管口附近施工，以免被烫伤	施工方案、《电力建设安全工作规程　第1部分：火力发电》（DL 5009.1—2014）
73		高空作业	高空落物及高空坠落	三级一般	（1）高空作业前应对作业面进行清理，彻底消除高空落物源。 （2）拖拉电火焊皮线或其他绳类物时，观察好周围，防止绊人或拖拉掉其他物品，条件允许时应在下方拉设隔离安全网。 （3）设备应及时安装就位，不能及时就位的应放置稳妥或吊挂牢固，并将葫芦或吊挂绳锁死。 （4）吊杆就位后，必须安装好其锁紧螺母及开口销。 （5）高空作业时必须将安全带挂于安全绳或其他牢固吊点处，高空行走必须看好脚下，沿炉架边缘行走必须将安全带挂在安全绳上。	施工方案、《电力建设安全工作规程　第1部分：火力发电》（DL 5009.1—2014）

续表

序号	施工工序		可能导致的事故	风险分级/风险标识	主要防范措施	工作依据
73	脱硫脱硝系统设备及管道安装	高空作业	高空落物及高空坠落	三级一般	（6）绕过设备边缘、拐角或两根安全绳接头时不得摘除安全带，必须在跨越站稳后，方可摘除安全带并随时挂在后边的安全绳上。 （7）高空休息应在安全、可靠的位置，并挂好安全带。 （8）施工人员在上、下爬梯时要正确使用安全自锁器或速刹葫芦。 （9）在现场不准边看图纸边行走，尤其在高处行走，必须集中精力，随时注意观察，以防止摔跌、高处坠落及物体打击等意外	施工方案、《电力建设安全工作规程　第1部分：火力发电》（DL 5009.1—2014）
74		管道安装及吊挂	设备坠落或滑落	三级一般	（1）管道临时吊挂时，必须吊挂在支吊架生根的梁上。梁上面要加包角，严禁兜挂。钢丝绳、卸扣、葫芦必须根据管道的重量来选择，要定期检查钢丝绳的受力情况，防止脱落。用葫芦吊挂管道时，要将链子缠绕，防止葫芦滑动，还应加一道保险钢丝绳，防止葫芦意外断裂。如管子过滑，需采取可靠的防滑措施，例如在钢丝绳和设备之间加薄木板，以增加摩擦力。 （2）管道临时吊挂时，应在吊物下方和零米设立警戒区，并设专人进行监护。吊挂完毕应用葫芦或钢丝绳捆住再进行一道防坠落防护	

续表

序号	施工工序		可能导致的事故	风险分级/风险标识	主要防范措施	工作依据
75	脱硫脱硝系统设备及管道安装	恶劣天气下施工	人员滑倒造成伤害	三级一般	（1）下雨天气时，施工人员要注意防止滑倒、摔伤。雨天及大风天气中严禁进行起重作业。 （2）现场道路以及脚手架、走道，应及时清除积水并采取防滑措施	施工方案、《电力建设安全工作规程 第1部分：火力发电》（DL 5009.1—2014）
76		机具使用	起重机具使用不当造成事故	三级一般	（1）吊车吊装时，要严格根据吊物重量和吊装就位位置，计算吊车的负荷情况；吊车不得过载。 （2）吊物离开地面 10cm 时，要停车检查索具的受力情况，设备捆绑是否牢固，没问题后起吊。 （3）卷扬机接线经漏电保护器，布置合理，上方有防雨罩。 （4）卷扬机必须固定牢固，地锚绳及中间转向生根挂点钢丝绳捆绑牢固，并在生根部位加上限位包角；钢丝绳行走时不得刮擦它物。 （5）动滑轮和定滑轮转动灵活、无卡涩，滑轮开口处有保险装置。 （6）每次作业前必须检查卷扬机、地锚、滑轮、卸扣、钢丝绳等吊装用具的连接情况。 （7）严禁在滑轮或卷筒附近用手扶行走的钢丝绳。 （8）任何人不得跨越正在行走的钢丝绳，及在各导向滑轮内侧逗留或通过，必要时在吊装区域拉设警戒绳，并设专人监护。 （9）卷扬机动作或负重时不得扳动其快慢挡	

续表

序号	施工工序		可能导致的事故	风险分级/风险标识	主要防范措施	工作依据
77	脱硫脱硝系统设备及管道安装	管道起吊及脱钩	管道吊装过程中造成设备和人员伤害	三级一般	（1）吊装前观察周围环境，管道起吊时施工人员注意使吊物平稳，防止滑绳、割绳，并注意监护管道所经路线，不得碰撞或挂住它物，到位后从炉架上搭设脚手板或从上方挂爬梯，施工人员安全带挂在速差葫芦或自锁器上，用钢丝绳捆绑接钩，然后缓慢落下吊钩，待管子平稳后脱钩。 （2）吊物离开地面 10cm 时，要停车检查索具的受力情况，设备捆绑是否牢固，没问题后起吊。 （3）起重工指挥信号明确、清晰，旗语、手势应执行《起重机　手势信号》（GB/T 5082），使用对讲机应保证电源充足，并配备备用电池。 （4）施工人员要随时注意自己所处的位置，防止被吊运的设备挤伤或碰伤；绑扎钢丝绳时施工人员要注意钢丝绳的端部，以防被钢丝刺伤；起吊过程中施工人员不可将手伸进钢丝绳与设备的空隙中，以防被挤伤	施工方案、《电力建设安全工作规程　第1部分：火力发电》（DL 5009.1—2014）

续表

序号	施工工序		可能导致的事故	风险分级/风险标识	主要防范措施	工作依据
78	脱硫脱硝系统设备及管道安装	动火作业	施工过程中引发火灾	三级一般	（1）在焊接、切割的地点周围 10m 的范围内，应清除易燃、易爆物品，确实无法清除时，必须采取可靠的隔离或防护措施。 （2）严禁用氧气吹扫作业面及衣服，氧气瓶与乙炔、丙烷气瓶的工作间距不应小于 5m，气瓶与明火作业点的距离不应小于 10m。并在附近放置合适的消防器材。 （3）氧气、乙炔气及液化石油气橡胶软管横穿平台或通道时应架高布设或采取防压保护措施；严禁与电线、电焊线并行敷设或交织在一起。 （4）动火作业时应办理动火作业票，严格执行动火作业票中的规定	施工方案、《电力建设安全工作规程　第 1 部分：火力发电》（DL 5009.1—2014）、《气瓶安全技术规程》（TSG 23—2021）

第六节 烟、风、煤、粉管道制作、安装

烟、风、煤、粉管道制作、安装的危险因素及控制方法见表 2-6。

表 2-6　　烟、风、煤、粉管道制作、安装的安全危险因素及控制

序号	施工工序	可能导致的事故	风险分级/风险标识	主要防范措施	工作依据
1	设备查找	设备倾倒伤人或绊倒致伤	三级一般	设备堆放整齐有序，底部垫实，大件立放时应采取加固措施；小件放在箱内，随用随取；不得边看图纸边行走	施工方案、《电力建设安全工作规程　第1部分：火力发电》（DL 5009.1—2014）
2	设备运输	设备掉落碰坏	三级一般	用汽车运输时设备摆放整齐，不得超载并应牢固封车，棱角处加包角；超长件用专用运输架（经设计，并批准后方可使用）装卸，车辆应相应加长并达到相应强度；运输时应设专人押车，随时检查设备在车上所处状态，发现问题及时解决	
3	起重用具、索具使用	起重用具、索具断裂，吊物坠落	三级一般	（1）倒链、卸扣、滑轮、吊盘等用前仔细检查，吊盘经设计、计算达到规定载荷后，要装配牢固，不得有裂纹、变形，钢丝绳、滑轮正确使用，滑轮额定承重量要大于吊物的两倍，不得超负荷使用，如捆绑于棱角处时，应采用适当包角加以保护。	

续表

序号	施工工序	可能导致的事故	风险分级/风险标识	主要防范措施	工作依据
3	起重用具、索具使用	起重用具、索具断裂，吊物坠落	三级一般	（2）长期吊挂的钢丝绳应定期检查受力情况。 （3）管子吊装或吊挂时，如管子过滑，需采取可靠的防滑措施，例如在钢丝绳和设备之间加薄木板垫好，以增加摩擦力。 （4）葫芦承力后，要将葫芦的链条锁起来	施工方案、《电力建设安全工作规程　第1部分：火力发电》（DL 5009.1—2014）
4	工具使用	工器具使用不当伤人	三级一般	（1）高空作业时，小型工具及设备小件应放在工具包内。 （2）使用撬棒时支点牢固，身体保持平衡，保险绳应缠在手腕上。 （3）工作时与周围人员配合好，用榔头时挥动方向不得对人，榔头不得松动，且不得戴手套。 （4）不得用锉刀撬动他物。 （5）电动液压弯管机使用前，检查各液压软管接头牢固，密封良好，液压油位达到使用要求，弯管机摆放平稳。 （6）由电工班接电源，电源手柄布置在易操作地方，试车正常后再带负荷运转。 （7）施工人员配合协调，手脚不要放在液压缸施力部位，销轴凹槽与管径匹配。 （8）当天用完后，上锁	

续表

序号	施工工序	可能导致的事故	风险分级/风险标识	主要防范措施	工作依据
5	高空调整对口	吊盘使用不当造成事故	三级一般	（1）临时吊盘制作时必须选用合格钢板，强度经计算能满足需要，焊接牢固。 （2）吊盘不得超负荷使用	施工方案、《电力建设安全工作规程 第1部分：火力发电》（DL 5009.1—2014）
6	磨口对口	磨口、对口时人员受到伤害	三级一般	（1）磨口时必须戴好防护眼镜，砂子飞出方向不得对人。 （2）砂磨头或砂轮片磨损严重时及时更换。 （3）砂轮片在使用时不得受侧向力，使用磨光机磨口不要用力过猛。 （4）处理较窄间隙对口缝时必须戴好面罩或采取其他的防护措施。 （5）施工人员应尽量不在刚焊接完毕的管口附近施工，以免被烫伤	
7	带电作业焊接	电源、电焊机二次线漏电伤人	三级一般	（1）在使用小型电动工具及电焊机时，所有连线不得裸露，电动工具使用必须经漏电保护器，并注意设备不得挤伤碰伤电源线、电焊二次线，有裸露时应及时拔掉插头并通知电工检查后用绝缘胶布包扎。 （2）手湿时不得接触电源线及二次线。 （3）严禁非电工私自接线。在封闭的场所内使用电动工具或电焊时，应设立监护人，防止人在里面发生问题而无人处理	

续表

序号	施工工序	可能导致的事故	风险分级/风险标识	主要防范措施	工作依据
8	高空作业	高空落物及高空坠落事故	三级一般	（1）高空作业前应对作业面进行清理，彻底消除高空落物源。 （2）拖拉电火焊皮线或其他绳类物时，观察好周围，防止绊人或拖拉掉其他物品，条件允许时应在下方拉设隔离安全网。 （3）设备应及时安装就位，不能及时就位的应放置稳妥或吊挂牢固，并将葫芦或吊挂绳锁死。 （4）吊杆就位后，必须安装好其锁紧螺母及开口销。 （5）高空作业时必须将安全带挂于安全绳或其他牢固吊点处，高空行走必须看好脚下，沿炉架边缘行走必须将安全带挂在安全绳上。 （6）绕过设备边缘、拐角或两根安全绳接头时不得摘除安全带，必须在跨越站稳后，方可摘除安全带并随时挂在后边的安全绳上。 （7）高空休息应在安全、可靠的位置，并挂好安全带。 （8）施工人员在上、下爬梯时要正确使用安全自锁器或速刹葫芦。 （9）在现场不准边看图纸边行走，尤其在高处行走，必须集中精力，随时注意观察，以防止摔跌、高处坠落及物体打击等意外	施工方案、《电力建设安全工作规程　第1部分：火力发电》（DL 5009.1—2014）

续表

序号	施工工序	可能导致的事故	风险分级/风险标识	主要防范措施	工作依据
9	安全设施	安全设施搭设不当造成人员伤亡	三级一般	（1）对安全绳拉设的要求：安全绳两端用绳卡上紧，固定在牢固挂点上，安全绳搭设时不能绷得很紧，要有适当垂度。 （2）脚手架的搭设要规范，对口处的脚手架要牢固，特殊脚手架在搭设完毕后应由安全管理人员批准后方可使用。 （3）在通道处的脚手架横杆要抬高加固以不妨碍人员通行，脚手架的外侧要设防护栏杆和挡脚板或防护立网	施工方案、《电力建设安全工作规程　第1部分：火力发电》（DL 5009.1—2014）
10	管道安装及吊挂	防止设备坠落或滑落	三级一般	（1）管道临时吊挂时，必须吊挂在支吊架生根的梁上。梁上面要加包角，严禁兜挂。钢丝绳、卸扣、葫芦必须根据管道的重量来选择，要定期检查钢丝绳的受力情况防止脱落。用葫芦吊挂管道时，要将链子缠绕，防止葫芦滑动，还应加一道保险钢丝绳，防止葫芦意外断裂。如管子过滑，需采取可靠的防滑措施，例如在钢丝绳和设备之间加薄木板，以增加摩擦力。 （2）管道临时吊挂时，应在吊物下方和零米设立警戒区，并设专人进行监护。吊挂完毕应用葫芦或钢丝绳捆住再进行一道防坠落防护	

续表

序号	施工工序	可能导致的事故	风险分级/风险标识	主要防范措施	工作依据
11	恶劣天气下施工	人员滑倒造成伤害	三级一般	（1）下雨天气时，施工人员要注意防止滑倒、摔伤。 （2）雨天及大风天气中严禁进行起重作业；现场道路以及脚手架、走道，应及时清除积水并采取防滑措施	施工方案、《电力建设安全工作规程　第1部分：火力发电》（DL 5009.1—2014）
12	机具使用	起重机具使用不当造成事故	三级一般	（1）吊车吊装时，要严格根据吊物重量和吊装就位位置，计算吊车的负荷情况；吊车不得过载。 （2）吊物离开地面200mm时，要停车检查索具的受力情况，设备捆绑是否牢固，没问题后起吊。 （3）卷扬机接线经漏电保护器，布置合理，上方有防雨罩。 （4）卷扬机必须固定牢固，地锚绳及中间转向生根挂点钢丝绳捆绑牢固，并在生根部位加上限位包角；钢丝绳行走时不得刮擦它物。 （5）动滑轮和定滑轮转动灵活、无卡涩，滑轮开口处有保险装置。 （6）每次作业前必须检查卷扬机、地锚、滑轮、卸扣、钢丝绳等吊装用具的连接情况。 （7）严禁在滑轮或卷筒附近用手扶行走的钢丝绳。 （8）任何人不得跨越正在行走的钢丝绳，及在各	

续表

序号	施工工序	可能导致的事故	风险分级/风险标识	主要防范措施	工作依据
12	机具使用	起重机具使用不当造成事故	三级一般	导向滑轮内侧逗留或通过，必要时在吊装区域拉设警戒绳，并设专人监护。 （9）卷扬机动作或负重时不得扳动其快慢挡。 （10）吊物离开地面 200mm 时，要停车检查索具的受力情况，设备捆绑是否牢固，没问题后起吊	施工方案、《电力建设安全工作规程　第 1 部分：火力发电》（DL 5009.1—2014）

第七节　油罐制作安装

油罐制作安装的危险因素及控制见表 2-7。

表 2-7　　油罐制作安装的危险因素及控制

序号	施工工序	可能导致的事故	风险分级/风险标识	主要防范措施	工作依据
1	油罐制作安装	吊耳撕裂，伤人、伤设备	三级一般	（1）吊装时采用的吊耳，焊接后焊工敲掉药皮，检查焊接质量。 （2）吊装时所选用的钢丝绳必须有标识牌，不得有断股、断丝现象	施工方案、《电力建设安全工作规程　第 1 部分：火力发电》（DL 5009.1—2014）

续表

序号	施工工序	可能导致的事故	风险分级/风险标识	主要防范措施	工作依据
2	油罐制作安装	罐内施工 触电、窒息	三级一般	（1）所使用电源线必须是三相五线制，且经过漏电开关。 （2）照明行灯电压不得超过 12V。焊工穿绝缘鞋专人监护。 （3）施工前打开人孔门，安装风机通风。不得一起进行火焊、电焊作业。如油罐内烟雾较重，停止作业，施工过程中专人监护	施工方案、《电力建设安全工作规程　第 1 部分：火力发电》（DL 5009.1—2014）

第八节　防腐保温施工

防腐保温施工的安全危险因素及控制见表 2-8。

表 2-8　　防腐保温施工的安全危险因素及控制

序号	施工工序	可能导致的事故	风险分级/风险标识	主要防范措施	工作依据
1	保温材料 包装拆除	火灾	二级较大	应在指定地点进行，并应有防火、防尘措施	施工方案、《电力建设安全工作规程　第 1 部分：

续表

序号	施工工序	可能导致的事故	风险分级/风险标识	主要防范措施	工作依据
2	保温材料吊运	卷扬机高处坠落事故	二级较大	（1）应有电气保护、接地保护和避雷装置，并保持性能良好。卷扬机的制动器应灵活可靠。其卷扬部分应符合卷扬机的有关要求； （2）架设场地应平整、坚实。井架与脚手架之间应保留 2m 的距离，井架应设缆风绳并拉紧，四周应搭设防护网（栅）。 （3）吊笼应适合手推车尺寸，便于装卸。吊笼的四角与井架不得互相擦碰，吊笼的固定销和吊钩必须可靠，并有防冒顶、防坠落的保险装置。吊笼严禁载人。 （4）操作人员接到下降信号后，应确认吊笼下面无人员停留或通过时，方可下降吊笼。 （5）使用中，应经常检查钢丝绳、滑轮、滑轮轴和导轨等情况，发现磨损应及时修理或更换。 （6）下班后，应将吊笼降到最低位置，切断电源，锁好开关箱	火力发电》（DL 5009.1—2014）

续表

序号	施工工序	可能导致的事故	风险分级/风险标识	主要防范措施	工作依据
3	保温材料吊运	高处跌落事故	二级较大	用人工提吊保温材料时，上方接料人员必须站在防护栏杆内侧，并系挂好安全带	施工方案、《电力建设安全工作规程　第1部分：火力发电》（DL 5009.1—2014）
4	保温材料存放	保温材料坠落事故	三级一般	保温材料就放在牢固稳妥的地方	
5	保温施工	伤人事故	三级一般	喷涂保温时，给料机与喷枪之间应有可靠的信号联系；在清理堵塞的喷枪及管道时，喷枪、管道口的对面严禁站人	
6		伤人事故	三级一般	裸露在保温层外的铁丝头应及时弯倒	

第九节　锅炉整体水压试验

锅炉整体水压试验的安全危险因素及控制见表 2-9。

表 2-9　　　　锅炉整体水压试验的安全危险因素及控制

<table>
<tr><th>序号</th><th>施工工序</th><th>可能导致的事故</th><th>风险分级/风险标识</th><th>主要防范措施</th><th>工作依据</th></tr>
<tr><td>1</td><td>空气压缩试验</td><td>空气压缩机造成的人身或机械伤害事故</td><td>二级较大</td><td>（1）空气压缩机危险区域必须设置好隔离措施，拉设警戒绳。
（2）空气压缩机必须由专业人员进行维护，行动听指挥，操作必须正确，按程序进行启停机。
（3）严禁用抹布擦拭运转的对轮等部位，严禁站在对轮的侧面，严禁用手触摸转动部位。
（4）空气压缩机的操作区域上方必须搭设隔离层，防止高空落物造成人身和设备的伤害</td><td rowspan="2">施工方案、《电力行业锅炉压力容器安全监督规程》（DL/T 612—2017）、《电力建设安全工作规程　第1部分：火力发电》（DL 5009.1—2014）</td></tr>
<tr><td>2</td><td>水压试验</td><td>发生触电伤害事故</td><td>二级较大</td><td>（1）炉内布置的照明应充足，电源线应完好，并有漏电保护装置。
（2）空气压缩机的操作电源必须由专业电工接线。电源发生故障时，应请电气专业维护人员修理，其他人员严禁私自接、拆电气设备。
（3）电源线路不得接近热源或直接绑、挂在金属构件上，在木脚手架上架设时应设绝缘子，在金属脚手架上架设时应设木横担。使用电动工具，移动工具时，不得提着电线或工具的转动部分</td></tr>
</table>

续表

序号	施工工序	可能导致的事故	风险分级/风险标识	主要防范措施	工作依据
3	升压后的检查	水压检查时发生伤害事故	一级重大	（1）水压试验时，检查人员不得站在焊接堵头正面或法兰的侧面。 （2）水压试验检查时应分组由专人负责检查，进入炉膛内检查的人员不得单人进行，必须两人以上，且炉膛外有专人监护，检查完毕出来清点人数后临时关闭人孔门。 （3）锅炉水压试验期间，严禁在锅炉承压部件上动用电焊、火焊，所有施工项目停止。锅炉水压试验期间，未经允许严禁对阀门进行操作。必须保证锅炉承压部件不受任何形式的冲击，如锤击、压力突变冲击等。 （4）水压期间检查人员必须挂好安全带	施工方案、《电力行业锅炉压力容器安全监督规程》（DL/T 612—2017）、《电力建设安全工作规程 第1部分：火力发电》（DL 5009.1—2014）
4	水压试验中加药	使用药品的过程中出现伤害事故	二级较大	（1）往水箱内加装药品和氨水时，必须戴好防蚀手套、戴好防护眼镜、防护口罩。 （2）加装药品必须轻拿轻放，不要离水面太高，防止药品溅到身上。 （3）现场要有干净的水源，在发生药品迸溅事故后，要首先及时用净水冲洗。 （4）严禁施工人员用手接触或者品尝药品。 （5）取样化验时必须用耐腐蚀的容器接装药品，严禁用手直接接触药品，在送验的过程中必须将容器的孔口封堵好，防止因移动药品飞溅而造成伤害	

续表

序号	施工工序	可能导致的事故	风险分级/风险标识	主要防范措施	工作依据
5	水压试验前的准备	高空坠落事故	二级较大	（1）脚手板应铺满，不应有空隙和探头板，脚手板的搭接长度不得小于 20cm。在架子拐弯处，脚手板应交错搭接，脚手板应铺设平稳并绑牢，不平处用木块垫平并钉牢，在架子上翻脚手板时应由两人从里向外按顺序进行。 （2）在通道及扶梯处脚手架的横杆应抬高加固，不得阻碍通行。脚手架应经常检查，拆除脚手架时应按自上而下顺序进行，严禁上下同时作业，脚手架上堆物超过承载能力，严禁利用架子做牵引部件。 （3）现场布置的安全设施不得随意拆除，如施工需要必须拆除时，经批准后方可拆除，并在工作结束后及时恢复	施工方案、《电力行业锅炉压力容器安全监督规程》（DL/T 612—2017）、《电力建设安全工作规程 第1部分：火力发电》（DL 5009.1—2014）

第三章

汽轮发电机组安装

第一节　汽轮发电机组本体安装

汽轮发电机组本体安装的安全危险因素及控制见表 3-1。

表 3-1　　汽轮发电机组本体安装的安全危险因素及控制

序号	施工工序		可能导致的事故	风险分级/风险标识	主要防范措施	工作依据
1	汽轮机本体运输及安装	汽轮机本体安装	施工人员未持证上岗，容易发生人身安全事故	三级一般	（1）组织施工人员学习 DL 5009.1—2014，并经考试合格持证上岗。 （2）项目开工前，技术人员组织施工人员进行安全技术交底，交代施工注意事项，施工人员进行一对一签字。施工暂停 7 天以上或跨月时要重新进行安全技术交底；当施工人员发生变化时要及时组织新人员进行安全技术交底。 （3）施工人员进入施工现场必须戴好安全帽，系牢下颌带，高空作业必须正确使用安全带，做到高挂低用。 （4）在工具房对发放使用的工器具应进行安全检查，对于不合格的工具严禁发放使用。 （5）特种作业人员和特种设备作业人员必须持证上岗	施工方案、《电力建设安全工作规程　第 1 部分：火力发电》（DL 5009.1—2014）

续表

<table>
<tr><th>序号</th><th colspan="2">施工工序</th><th>可能导致的事故</th><th>风险分级/风险标识</th><th>主要防范措施</th><th>工作依据</th></tr>
<tr><td>2</td><td rowspan="2">汽轮机本体运输及安装</td><td rowspan="2">汽轮机本体安装</td><td>使用磨光机、电焊机时易发生触电事故、弧光打眼事故</td><td>三级一般</td><td>（1）电动工器具应经过季度检验并标识，使用时应先检查手柄、外壳有无裂纹，保护接地或接零线接线正确、牢固，外壳电源线完好、不漏电，插头完好。
（2）使用无齿锯下料时，应先检查无齿锯的安全性，操作时材料应夹紧，砂轮片固定牢固、无裂纹，砂轮片飞转方向不能有人。
（3）使用电火焊时，操作人员应规范穿戴劳保用品。
（4）严禁非电工私接电源</td><td rowspan="2">施工方案、《电力建设安全工作规程　第1部分：火力发电》（DL 5009.1—2014）</td></tr>
<tr><td>3</td><td>高空落物</td><td>三级一般</td><td>（1）搭设脚手架时作业人员应挂好安全带，递杆、撑杆作业人员应密切配合。使用合格的架杆、爬梯、脚手板，严禁使用弯曲、压扁、有裂纹或已严重锈蚀的材料。
（2）脚手架搭设时，要有防止材料高空坠落的措施，如将扣件放在袋中、高处工器具使用防坠绳、清理脚手架上的活动材料。
（3）作业人员严禁持物攀爬脚手架或爬梯，传递材料时应相互配合，使用绳索或其他工具传递，严禁抛掷。</td></tr>
</table>

续表

序号	施工工序		可能导致的事故	风险分级/风险标识	主要防范措施	工作依据
3	汽轮机本体运输及安装	汽轮机本体安装	高空落物	三级一般	（4）零星部件不能在设备顶部存放（螺栓、螺母等及时清理回地面存放），设备、零部件摆放整齐，远离基础边缘，杜绝高空落物源。 （5）设备、材料吊装时应绑扎牢固，严禁兜吊。使用的吊索具必须满足负荷要求，钢丝绳安全系数不得小于6。吊装有棱角的构件时，吊索具与棱角接触的地方应加包角或垫方木	施工方案、《电力建设安全工作规程　第1部分：火力发电》（DL 5009.1—2014）
4			施工人员易疲劳，发生人身安全事故	三级一般	（1）施工人员不得坐在孔洞、平台边缘，严禁倚靠或骑坐在护栏上，不得躺在脚手架或安全网内休息。 （2）禁止施工人员连续超负荷工作，严禁酒后上班	施工方案、《电力建设安全工作规程　第1部分：火力发电》（DL 5009.1—2014）
5		汽轮机本体运输	设备倾倒	三级一般	（1）设备运输时所装物体重心与车厢重心一致，并且牢固封车。运输前，必须对车辆经过的道路和环境进行仔细勘察，确认无影响车辆安全通过的因素。严禁不封车运输构件及超限运输。 （2）设备应存放在平稳、坚实的地面，不规则设备要做好防倾倒的支垫措施	

续表

序号	施工工序		可能导致的事故	风险分级/风险标识	主要防范措施	工作依据
6	汽轮机本体运输及安装	汽轮机本体安装	高空坠落	三级一般	（1）汽轮机下缸就位后，低压缸排汽口应临时封堵，汽缸两侧应用花纹钢板或木板铺满。高空及临边作业时规范使用安全带。 （2）在低压缸与凝汽器及凝汽器内部壳体与喉部交叉施工时必须做好防坠落措施，必要时搭设隔离层。 （3）平台周围防护设施应完善。安装防护栏杆时应同时设置挡脚板，孔洞、平台与基座伸缩缝应全部安装盖板	施工方案、《电力建设安全工作规程　第1部分：火力发电》（DL 5009.1—2014）
7			发生火灾	三级一般	（1）电火焊、气割作业办理动火作业票，施工现场配备充足的消防器材，安排动火监护人。 （2）酒精、汽油等危险化学品单独存放，做好密封，远离动火点及其他火源。 （3）施工现场禁止抽烟	
8			碰伤、扎伤	三级一般	（1）设备、材料开箱应在指定地点进行，废料及时清理运走。开箱过程中开箱板必须集中放置，将板面上的钉子朝下放置。 （2）翻瓦研磨时必须放置垫木，防止轴瓦滑落。 （3）裤脚必须收紧，防止在缸上工作时绊倒。 （4）汽轮机翻缸、转子叶轮拆装等特殊作业应制定专项安全技术措施	

续表

序号	施工工序		可能导致的事故	风险分级/风险标识	主要防范措施	工作依据
9	汽轮机本体运输及安装	汽轮机本体安装	磨光机磨片伤人		（1）作业时，操作人员应戴防尘口罩、防护眼镜或面罩。 （2）使用与磨光机尺寸匹配的磨片，磨片损耗过大或有破损时要及时更换。 （3）更换磨头、砂轮片或检修时应切断电源。 （4）磨光机严禁朝人施工，不可用力过大，禁止使用切割片作为磨光片使用	
10	发电机定子吊装		无证上岗，容易发生安全事故	三级一般	（1）组织施工人员学习 DL 5009.1—2014，并经考试合格持证上岗。 （2）项目开工前，技术人员组织施工人员进行安全技术交底，交代施工注意事项，施工人员进行一对一签字。施工暂停 7 天以上或跨月时要重新进行安全技术交底；当施工人员发生变化时要及时组织新人员进行安全技术交底。 （3）施工人员进入施工现场必须戴好安全帽，系牢下颌带，高空作业必须正确使用安全带，做到高挂低用。 （4）在工具房对发放使用的工器具应进行安全检查，对于不合格的工具严禁发放使用。 （5）特种作业人员和特种设备作业人员必须持证上岗	施工方案、《电力建设安全工作规程　第 1 部分：火力发电》（DL 5009.1—2014）

续表

序号	施工工序	可能导致的事故	风险分级/风险标识	主要防范措施	工作依据
11	发电机定子吊装	使用磨光机、电焊机时易发生触电事故、弧光打眼事故	三级一般	（1）电动工器具应经过季度检验并标识，使用时应先检查手柄、外壳有无裂纹，保护接地或接零线接线正确、牢固，外壳电源线完好，不漏电，插头完好。 （2）使用电火焊时，操作人员应规范穿戴劳保用品。 （3）严禁非电工私接电源	施工方案、《电力建设安全工作规程　第1部分：火力发电》（DL 5009.1—2014）
12		高空落物	三级一般	（1）搭设脚手架时作业人员应挂好安全带，递杆、撑杆作业人员应密切配合。使用合格的架杆、爬梯、脚手板，严禁使用弯曲、压扁、有裂纹或已严重锈蚀的材料。 （2）脚手架搭设时，要有防止材料高空坠落的措施，如将扣件放在袋中、高处工器具使用防坠绳、清理脚手架上的活动材料。 （3）作业人员严禁持物攀爬脚手架或爬梯，传递材料时应相互配合，使用绳索或其他工具传递，严禁抛掷。 （4）及时清点、回收工器具和物料，避免物料遗留在提升梁、行车梁、操作平台上。	

续表

序号	施工工序	可能导致的事故	风险分级/风险标识	主要防范措施	工作依据
12	发电机定子吊装	高空落物	三级一般	（5）设备、材料吊装时应绑扎牢固，严禁兜吊。使用的吊索具必须满足负荷要求，钢丝绳安全系数不得小于6。吊装有棱角的构件时，吊索具与棱角接触的地方应加包角或垫方木	施工方案、《电力建设安全工作规程　第1部分：火力发电》（DL 5009.1—2014）
13		设备倾倒	三级一般	（1）设备运输时所装物体重心与车厢重心一致，并且牢固封车。运输前，必须对车辆经过的道路和环境进行仔细的勘察，确认无影响车辆安全通过的因素。严禁不封车运输构件及超限运输。 （2）设备应存放在平稳、坚实的地面，不规则设备要做好防倾倒的支垫措施	
14		高空坠落	三级一般	（1）液压提升装置操作平台下部铺设兜底安全网，操作平台搭设完成后经过检查验收。 （2）高空作业时规范使用安全带，做到高挂低用	
15		挤伤、碰伤	三级一般	（1）卷扬机、滑轮固定牢固，人员严禁站在钢丝绳受力三角区内，钢丝绳移动过程中严禁用手抓钢丝绳。 （2）整理钢绞索时应派有经验的人员负责，整理前应仔细观察钢绞索受力情况，防止整理过程中钢绞索扭转伤人。	

续表

序号	施工工序		可能导致的事故	风险分级/风险标识	主要防范措施	工作依据
15	发电机定子吊装		挤伤、碰伤	三级一般	（3）千斤顶生根点要牢固可靠，顶升过程要有专人监护千斤顶和生根的H型钢，如型钢发生变形立即停止操作，对型钢进行加固或更换。 （4）定子下落时少一人协调指挥，操作时4只千斤顶要协调一致，缓慢操作；下落过程中要不断测量、监视定子下落是否均匀，如有偏差，及时调整	施工方案、《电力建设安全工作规程　第1部分：火力发电》（DL 5009.1—2014）
16			设备事故	三级一般	（1）两台行车必须由一人统一指挥，操作人员注意力集中，禁止其他人员随意指挥。 （2）组装前仔细检查猫爪完好情况，如有问题及时更换。吊装过程中专人监护猫爪工作情况，如有异常，及时停止吊装，更换猫爪	施工方案、《电力建设安全工作规程　第1部分：火力发电》（DL 5009.1—2014）
17	发电机安装	发电机本体安装	施工前未交底，无证上岗，容易发生人身伤亡事故	三级一般	（1）组织施工人员学习DL 5009.1—2014，并经考试合格，持证上岗。 （2）项目开工前，技术人员组织施工人员进行安全技术交底，交代施工注意事项，施工人员进行一对一签字。施工暂停7天以上或跨月时要重新进行安全技术交底；当施工人员发生变化时要及时组织新人员进行安全技术交底。	

续表

序号	施工工序		可能导致的事故	风险分级/风险标识	主要防范措施	工作依据
17	发电机安装	发电机本体安装	施工前未交底，无证上岗，容易发生人身伤亡事故	三级一般	（3）施工人员进入施工现场必须戴好安全帽，系牢下颌带，高空作业必须正确使用安全带，做到高挂低用。 （4）在工具房对发放使用的工器具应进行安全检查，对于不合格的工具严禁发放使用。 （5）特种作业人员和特种设备作业人员必须持证上岗	施工方案、《电力建设安全工作规程　第1部分：火力发电》（DL 5009.1—2014）
18	发电机安装	发电机本体安装	触电事故，弧光打眼事故	三级一般	（1）电动工器具应经过季度检验，并有检验标识，使用时应先检查手柄、外壳有无裂纹，保护接地或接零线接线正确、牢固，外壳电源线完好、不漏电，插头完好。 （2）使用电火焊时，操作人员应规范穿戴劳保用品。 （3）严禁非电工私接电源	施工方案、《电力建设安全工作规程　第1部分：火力发电》（DL 5009.1—2014）
19	发电机安装	发电机本体安装	高空落物	三级一般	（1）禁止在发电机顶部放置物料，发电机上部作业完成后要进行清理，回收工器具。 （2）设备、材料吊装时应绑扎牢固，严禁兜吊。使用的吊索具必须满足负荷要求，钢丝绳安全系数不得小于6。吊装有棱角的构件时，吊索具与棱角接触的地方应加包角或垫方木	施工方案、《电力建设安全工作规程　第1部分：火力发电》（DL 5009.1—2014）

续表

序号	施工工序		可能导致的事故	风险分级/风险标识	主要防范措施	工作依据
20	发电机安装	发电机本体安装	施工人员易疲劳，发生人身安全事故	三级一般	（1）施工人员不得坐在孔洞、平台边缘，严禁倚靠或骑坐在护栏上，不得躺在脚手架或安全网内休息。 （2）禁止施工人员连续超负荷工作，严禁酒后上班	施工方案、《电力建设安全工作规程 第1部分：火力发电》（DL 5009.1—2014）
21		发电机附件运输	设备倾倒	三级一般	（1）设备运输时所装物体重心与车厢重心一致，并且牢固封车。运输前，必须对车辆经过的道路和环境进行仔细的勘察，确认无影响车辆安全通过的因素。严禁不封车运输构件及超限运输。 （2）设备应存放在平稳坚实的地面，不规则设备要做好防倾倒的支垫措施	
22		发电机本体安装	高空坠落	三级一般	（1）发电机上部作业时设置安全水平绳，规范使用安全带。 （2）在发电机与发电机下部出线罩及氢油水管道交叉施工时必须做好防坠落措施，必要时搭设隔离层或操作平台	
23			发生火灾	三级一般	（1）电火焊、气割作业办理动火作业票，施工现场配备充足的消防器材，安排动火监护人。 （2）酒精、汽油等危化品单独存放，做好密封，远离动火点及其他火源。 （3）施工现场禁止抽烟	

续表

序号	施工工序		可能导致的事故	风险分级/风险标识	主要防范措施	工作依据
24	发电机安装	发电机本体安装	扎伤、挤伤	三级一般	（1）设备、材料开箱应在指定地点进行，废料及时清理运走。开箱板严禁乱扔，开箱过程中开箱板必须集中放置，将板面上的钉子朝下放置。 （2）发电机罩壳开启、安装时禁止将手脚放在缝隙内，禁止在发电机内逗留	施工方案、《电力建设安全工作规程　第1部分：火力发电》（DL 5009.1—2014）
25			磨光机磨片伤人	三级一般	（1）作业时，操作人员应戴防尘口罩、防护眼镜或面罩。 （2）使用与磨光机尺寸匹配的磨片，磨片损耗过大或有破损时要及时更换。 （3）更换磨头、砂轮片或检修时应切断电源。 （4）磨光机严禁朝人施工，不可用力过大，禁止使用切割片作为磨光片使用	
26		发电机安装	设备损坏	三级一般	（1）在设备进行压力试验时，施工人员必须清楚设备的试验压力，防止损坏设备。 （2）叶片紧固工具必须登记，且每件工具上必须系保险绳	

续表

序号	施工工序		可能导致的事故	风险分级/风险标识	主要防范措施	工作依据
27	发电机安装	发电机安装	介质伤人	三级一般	在设备进行压力试验时，施工人员严禁站在接头对面，防止接头处介质泄漏伤人	施工方案、《电力建设安全工作规程　第1部分：火力发电》（DL 5009.1—2014）
28	发电机穿转子		施工前未交底，无证上岗，容易发生人身安全事故	三级一般	（1）组织施工人员学习DL 5009.1—2014，并经考试合格，持证上岗。 （2）项目开工前，技术人员组织施工人员进行安全技术交底，交代施工注意事项，施工人员进行一对一签字。施工暂停7天以上或跨月时要重新进行安全技术交底；当施工人员发生变化时要及时组织新人员进行安全技术交底。 （3）施工人员进入施工现场必须戴好安全帽，系牢下颌带，高空作业必须正确使用安全带，做到高挂低用。 （4）在工具房对发放使用的工器具应进行安全检查，对于不合格的工具严禁发放使用。 （5）特种作业人员和特种设备作业人员必须持证上岗	

续表

序号	施工工序	可能导致的事故	风险分级/风险标识	主要防范措施	工作依据
29	发电机穿转子	使用磨光机、电焊机时易发生触电事故、弧光打眼事故	三级一般	（1）电动工器具应经过季度检验，并有检验标识，使用时应先检查手柄、外壳有无裂纹，保护接地或接零线接线正确、牢固，外壳电源线完好、不漏电，插头完好。 （2）使用无齿锯下料时，应先检查无齿锯的安全性，操作时材料应夹紧，砂轮片固定牢固、无裂纹，砂轮片飞转方向不能有人。 （3）使用电火焊时，操作人员应规范穿戴劳保用品。 （4）严禁非电工人员私接电源	施工方案、《电力建设安全工作规程　第1部分：火力发电》（DL 5009.1—2014）
30		高空落物	三级一般	转子起吊前进行检查清理，控制起吊高度	
31		施工人员易疲劳	三级一般	（1）施工人员不得坐在孔洞、平台边缘，严禁倚靠或骑坐在护栏上，不得躺在脚手架或安全网内休息。 （2）禁止施工人员连续超负荷工作，严禁酒后上班	

续表

序号	施工工序	可能导致的事故	风险分级/风险标识	主要防范措施	工作依据
32	发电机穿转子	发生火灾	三级一般	动火作业办理作业票，作业前清除周边可燃物，施工现场配备充足的消防器材	施工方案、《电力建设安全工作规程　第1部分：火力发电》（DL 5009.1—2014）
33		挤伤	三级一般	工作人员进行工作时要精力集中，在吊装过程中严禁将手脚放在设备缝隙处，防止挤伤手、脚。如因工作需求将手、脚放在缝隙处应有专人监护	
34		损伤设备	三级一般	（1）起重人员在起吊转子时，用防护工具包好轴颈，起吊点严格按照制造厂要求进行绑扎，不得私自更改。起吊设备上升到10cm后，检查绑扎情况应无偏心现象，检查无误后方可升钩。 （2）用$\phi 8$的尼龙绳将弧形滑板的四角固定在基础上。在滑动前再次检查滑板是否固定牢固。 （3）工作人员进入发电机定子内部需要穿无钮扣工作服及软底鞋。带入工器具必须登记且系上保险绳	

第二节　汽轮机辅机安装

汽轮机辅机安装的安全危险因素及控制见表3-2。

表 3-2　　　　汽轮机辅机安装的安全危险因素及控制

序号	施工工序		可能导致的事故	风险分级/风险标识	主要防范措施	工作依据
1	凝汽器安装	凝汽器安装前检查	施工前未交底，无证上岗，易发生人身安全事故	三级一般	（1）组织施工人员学习 DL 5009.1—2014，并经考试合格持证上岗。 （2）项目开工前，技术人员组织施工人员进行安全技术交底，交代施工注意事项，施工人员进行一对一签字。施工暂停 7 天以上或跨月时要重新进行安全技术交底；当施工人员发生变化时要及时组织新人员进行安全技术交底。 （3）施工人员进入施工现场必须戴好安全帽，系牢下颌带，高空作业必须正确使用安全带，做到高挂低用。 （4）在工具房对发放使用的工器具应进行安全检查，对于不合格的工具严禁发放使用。 （5）特种作业人员和特种设备作业必须持证上岗	施工方案、《电力建设安全工作规程　第 1 部分：火力发电》（DL 5009.1—2014）
2			使用磨光机、电焊机时易发生触电事故、弧光打眼事故	三级一般	（1）电动工器具应经过季度检验，并有检验标识，使用时应先检查手柄、外壳有无裂纹，保护接地或接零线接线正确、牢固，外壳电源线完好、不漏电，插头完好。 （2）使用无齿锯下料时，应先检查器具的安全性，操作时材料应夹紧，砂轮片固定牢固、无裂纹，砂轮片飞转方向不能有人。	施工方案、《电力建设安全工作规程　第 1 部分：火力发电》（DL 5009.1—2014）

续表

<table>
<tr><th>序号</th><th colspan="2">施工工序</th><th>可能导致的事故</th><th>风险分级/风险标识</th><th>主要防范措施</th><th>工作依据</th></tr>
<tr><td>2</td><td rowspan="2">凝汽器安装前检查及安装作业</td><td>凝汽器安装前检查</td><td>使用磨光机、电焊机时易发生触电事故、弧光打眼事故</td><td>三级一般</td><td>（3）使用电火焊时，操作人员应规范穿戴劳保用品。
（4）严禁非电工人员私接电源</td><td rowspan="2">施工方案、《电力建设安全工作规程　第1部分：火力发电》（DL 5009.1—2014）</td></tr>
<tr><td>3</td><td>凝汽器安装作业</td><td>高空落物</td><td>三级一般</td><td>（1）搭设脚手架时作业人员应挂好安全带，递杆、撑杆作业人员应密切配合。使用合格的架杆、爬梯、脚手板，严禁使用弯曲、压扁、有裂纹或已严重锈蚀的材料。
（2）脚手架搭设人员在脚手架搭设时，要有防止材料高空坠落的措施，如将扣件放在袋中、高处工器具使用防坠绳、清理脚手架上的活动材料。
（3）作业人员严禁持物攀爬，传递材料时应相互配合，严禁抛掷；高空使用的材料应放在袋中，防止发生高空落物。
（4）在凝汽器上部作业必须使用工具包，撬棍、扳手等工器具系安全绳；检查榔头是否处于良好状态，使用榔头时严禁冲着自己或他人，严禁戴手套使用榔头。
（5）高空作业时严禁抛掷物体；不得在作业平台或设备顶部堆放可活动物料，杜绝高空落物源</td></tr>
</table>

续表

序号	施工工序		可能导致的事故	风险分级/风险标识	主要防范措施	工作依据
4	凝汽器安装前检查及安装作业	凝汽器安装作业	施工人员易疲劳，发生人身安全事故	三级一般	施工人员高空作业不得坐在孔洞、平台边缘，不得躺在脚手架或安全网内休息	施工方案、《电力建设安全工作规程　第1部分：火力发电》（DL 5009.1—2014）
5		凝汽器运输	设备倾倒	三级一般	（1）设备运输时所装物体重心与车厢重心一致，并且牢固封车。运输前，必须对车辆经过的道路和环境进行仔细勘察，确认无影响车辆安全通过的因素。严禁不封车运输构件及超限运输。 （2）设备应存放在平稳、坚实的地面，不规则设备要做好防倾倒的支垫措施	
6		凝汽器安装	高空坠落	三级一般	（1）高处作业区域搭设作业平台，无法搭设作业平台时应规范设置安全水平绳，监督施工人员规范使用安全带。 （2）在低压缸与凝汽器及凝汽器内部壳体与喉部交叉施工时必须做好防坠落措施，必要时搭设隔离层	
7			窒息、触电	三级一般	（1）进入凝汽器内部办理受限空间作业票，氧含量检测合格，出入登记，入口处专人监护，每次下班前清点人员、工器具；设置轴流风机等强制通风措施。 （2）在凝汽器内部施工照明使用12V安全电压。	施工方案、《电力建设安全工作规程　第1部分：火力发电》（DL 5009.1—2014）

续表

<table>
<tr><th>序号</th><th colspan="2">施工工序</th><th>可能导致的事故</th><th>风险分级/风险标识</th><th>主要防范措施</th><th>工作依据</th></tr>
<tr><td>7</td><td rowspan="2">凝汽器安装前检查及安装作业</td><td rowspan="2">凝汽器安装</td><td>碰伤</td><td>三级一般</td><td>（3）在穿管过程中，施工人员禁止趴在管板上向管孔内窥视，以防穿伤眼睛</td><td rowspan="3">施工方案、《电力建设安全工作规程　第1部分：火力发电》（DL 5009.1—2014）</td></tr>
<tr><td>8</td><td>火灾</td><td>三级一般</td><td>（1）电火焊、气割作业办理动火作业票，及时清理施工区域的可燃物，准备充足的消防器材，采取防火花飞溅的措施，安排动火监护人。动火作业后要检查确认无异常、无火种留下。
（2）施工现场禁止抽烟</td></tr>
<tr><td>9</td><td>除氧器组合安装</td><td>除氧器吊装、组合</td><td>施工前未交底，无证上岗，易发生人身安全事故</td><td>三级一般</td><td>（1）组织施工人员学习DL 5009.1—2014，并经考试合格，持证上岗。
（2）项目开工前，技术人员组织施工人员进行安全技术交底，交代施工注意事项，施工人员进行一对一签字。施工暂停7天以上或跨月时要重新进行安全技术交底；当施工人员发生变化时要及时组织新人员进行安全技术交底。
（3）施工人员进入施工现场必须戴好安全帽，系牢下颌带，高空作业必须正确使用安全带，做到高挂低用。
（4）在工具房对发放使用的工器具应进行安全检查，对于不合格的工具严禁发放使用。
（5）特种作业人员和特种设备作业人员必须持证上岗</td></tr>
</table>

续表

序号	施工工序		可能导致的事故	风险分级/风险标识	主要防范措施	工作依据
10	除氧器组合安装	除氧器吊装、组合	使用磨光机、电焊机时易发生触电事故、弧光打眼事故	三级一般	（1）电动工器具应经过季度检验，并有检验标识，使用时应先检查手柄、外壳有无裂纹，保护接地或接零线接线正确、牢固，外壳电源线完好、不漏电，插头完好。 （2）使用无齿锯下料时，应先检查无齿锯的安全性，操作时材料应夹紧，砂轮片固定牢固、无裂纹，砂轮片飞转方向不能有人。 （3）使用电火焊时，操作人员应规范穿戴劳保用品。 （4）严禁非电工人员私接电源	施工方案、《电力建设安全工作规程　第1部分：火力发电》（DL 5009.1—2014）
11			高空落物	三级一般	（1）搭设脚手架时作业人员应挂好安全带，递杆、撑杆作业人员应密切配合。使用合格的架杆、爬梯、脚手板，严禁使用弯曲、压扁、有裂纹或已严重锈蚀的材料。 （2）脚手架搭设时，要有防止材料高空坠落的措施，如将扣件放在袋中、高处工器具使用防坠绳、清理脚手架上的活动材料。 （3）作业人员严禁持物攀爬，传递材料时应相互配合，使用绳索或其他工具传递，严禁抛掷。	

续表

序号	施工工序		可能导致的事故	风险分级/风险标识	主要防范措施	工作依据
11	除氧器组合安装	除氧器吊装、组合	高空落物	三级一般	（4）零星部件不能在设备顶部存放（螺栓、螺母等及时清理回地面存放），设备、零部件摆放整齐，远离基础边缘，杜绝高空落物源。 （5）设备、材料吊装时应绑扎牢固，严禁兜吊。使用的吊索具必须满足负荷要求，钢丝绳安全系数不得小于6。吊装有棱角的构件时，吊索具与棱角接触的地方应加包角或垫方木	施工方案、《电力建设安全工作规程　第1部分：火力发电》（DL 5009.1—2014）
12		除氧器吊装	设备倾倒	三级一般	（1）设备运输时所装物体重心与车厢重心一致，并且牢固封车。运输前，必须对车辆经过的道路和环境进行仔细的勘察，确认无影响车辆安全通过的因素。严禁不封车运输构件及超限运输。 （2）设备应存放在平整、坚实的地面，不规则设备要做好防倾倒的支垫措施	施工方案、《电力建设安全工作规程　第1部分：火力发电》（DL 5009.1—2014）
13			高空坠落	三级一般	（1）设备放稳后方可松钩。 （2）除氧器及水箱上部拉设水平安全绳，除氧器平台边搭设防护围栏。 （3）高处及临边作业时规范使用安全带	

续表

序号	施工工序		可能导致的事故	风险分级/风险标识	主要防范措施	工作依据
14	除氧器组合安装	除氧器吊装	设备事故	三级一般	（1）除氧器吊装应编制专项施工方案，吊装需现场配制的起吊门架、铺设拖运轨道等设施应经设计计算并验收合格。拖运轨道铺设在结构梁上时，结构梁应经受力核算，并征得原设计单位同意。设备单侧落在拖运轨道上使用卷扬机拖运时，另一侧起重机操作应与卷扬机操作保持同步，起重机钢丝绳保持受力。 （2）作业前应办理安全施工作业票，对吊装参与人员进行专项安全技术交底，两台吊车必须由一人统一指挥，操作人员注意力集中，禁止其他人员随意指挥。 （3）起吊过程中除氧器必须水平	施工方案、《电力建设安全工作规程　第1部分：火力发电》（DL 5009.1—2014）
15		除氧器组合	触电	三级一般	（1）进入除氧器内部办理受限空间作业票，氧含量检测合格，出入登记，入口处专人监护，每次下班前清点人员、工器具；设置轴流风机等强制通风措施。 （2）在除氧器内部施工时照明使用12V行灯安全电压	

续表

序号	施工工序	可能导致的事故	风险分级/风险标识	主要防范措施	工作依据
16	高压加热器安装	施工前未交底，无证上岗，易发生人身安全事故	三级一般	（1）组织施工人员学习DL 5009.1—2014，并经考试合格，持证上岗。 （2）项目开工前，技术人员组织施工人员进行安全技术交底，交代施工注意事项，施工人员进行一对一签字。施工暂停7天以上或跨月时要重新进行安全技术交底；当施工人员发生变化时要及时组织新人员进行安全技术交底。 （3）施工人员进入施工现场必须戴好安全帽，系牢下颌带，高空作业必须正确使用安全带，做到高挂低用。 （4）在工具房对发放使用的工器具应进行安全检查，对于不合格的工具严禁发放使用。 （5）特种作业人员和特种设备作业人员必须持证上岗	施工方案、《电力建设安全工作规程　第1部分：火力发电》（DL 5009.1—2014）
17		使用磨光机、电焊机时易发生触电事故、弧光打眼事故	三级一般	（1）电动工器具应经过季度检验，并有检验标识，使用时应先检查手柄、外壳有无裂纹，保护接地或接零线接线正确、牢固，外壳电源线完好、不漏电，插头完好。 （2）使用无齿锯下料时，应先检查无齿锯的安全性，操作时材料应夹紧，砂轮片固定牢固，无裂纹，	

续表

序号	施工工序	可能导致的事故	风险分级/风险标识	主要防范措施	工作依据
17	高压加热器安装	使用磨光机、电焊机时易发生触电事故、弧光打眼事故	三级一般	砂轮片飞转方向不能有人。 （3）使用电火焊时，操作人员应规范穿戴劳保用品。 （4）严禁非电工人员私接电源	施工方案、《电力建设安全工作规程　第1部分：火力发电》（DL 5009.1—2014）
18		高空落物	三级一般	（1）搭设脚手架时作业人员应挂好安全带，递杆、撑杆作业人员应密切配合。使用合格的架杆、爬梯、脚手板，严禁使用弯曲、压扁、有裂纹或已严重锈蚀的材料。 （2）脚手架搭设时，要有防止材料高空坠落的措施，如将扣件放在袋中、高处工器具使用防坠绳、清理脚手架上的活动材料。 （3）作业人员严禁持物攀爬，传递材料时应相互配合，使用绳索或其他工具传递，严禁抛掷。 （4）零星部件不能在设备顶部存放（螺栓、螺母等及时清理回地面存放），设备、零部件摆放整齐，远离基础边缘，杜绝高空落物源。 （5）设备、材料吊装时应绑扎牢固，严禁兜吊。使用的吊索具必须满足负荷要求，钢丝绳安全系数不得小于6。吊装有棱角的构件时，吊索具与棱角接触的地方应加包角或垫方木	

续表

序号	施工工序	可能导致的事故	风险分级/风险标识	主要防范措施	工作依据
19	高压加热器安装	设备倾倒	三级一般	（1）设备运输时所装物体重心与车厢重心一致，并且用葫芦封车牢固。运输前，必须对车辆经过的道路和环境进行仔细勘察，确认无影响车辆安全通过的因素。严禁不封车运输构件及超限运输。 （2）设备应存放在平整、坚实的地面，不规则设备要做好防倾倒的支垫措施。 （3）在平台临时存放时设备承重点应在结构梁上	施工方案、《电力建设安全工作规程 第1部分：火力发电》（DL 5009.1—2014）
20		高空坠落	三级一般	在设备上部作业时要规范使用安全带；不得在正在起吊的设备上作业	
21		挤伤、碰伤	三级一般	卷扬机、滑轮固定牢固，人员严禁站在钢丝绳受力三角区内，钢丝绳移动过程中严禁用手抓钢丝绳	
22		设备事故	三级一般	双机抬吊作业办理安全施工作业票，两台行车必须由一人统一指挥，操作人员注意力集中，禁止其他人员随意指挥	

续表

序号	施工工序	可能导致的事故	风险分级/风险标识	主要防范措施	工作依据
23	低压加热器安装	施工前未交底，无证上岗，易发生人身安全事故	三级一般	（1）组织施工人员学习 DL 5009.1—2014，并经考试合格，持证上岗。 （2）项目开工前，技术人员组织施工人员进行安全技术交底，交代施工注意事项，施工人员进行一对一签字。施工暂停 7 天以上或跨月时要重新进行安全技术交底；当施工人员发生变化时要及时组织新人员进行安全技术交底。 （3）施工人员进入施工现场必须戴好安全帽，系牢下颌带，高空作业必须正确使用安全带，做到高挂低用。 （4）在工具房对发放使用的工器具应进行安全检查，对于不合格的工具严禁发放使用。 （5）特种作业人员和特种设备作业人员必须持证上岗	施工方案、《电力建设安全工作规程　第 1 部分：火力发电》（DL 5009.1—2014）
24		使用磨光机、电焊机时易发生触电事故、弧光打眼事故	三级一般	（1）电动工器具应经过季度检验，并有检验标识，使用时应先检查手柄、外壳有无裂纹，保护接地或接零线接线正确、牢固，外壳电源线完好、不漏电，插头完好。 （2）使用无齿锯下料时，应先检查无齿锯的安全性，操作时材料应夹紧，砂轮片固定牢固、无裂纹，	

续表

序号	施工工序	可能导致的事故	风险分级/风险标识	主要防范措施	工作依据
24	低压加热器安装	使用磨光机、电焊机时易发生触电事故、弧光打眼事故	三级一般	砂轮片飞转方向不能有人。 （3）使用电火焊时，操作人员应规范穿戴劳保用品。 （4）严禁非电工人员私接电源	施工方案、《电力建设安全工作规程　第1部分：火力发电》（DL 5009.1—2014）
25		高空落物	三级一般	（1）搭设脚手架时作业人员应挂好安全带，递杆、撑杆作业人员应密切配合。使用合格的架杆、爬梯、脚手板，严禁使用弯曲、压扁、有裂纹或已严重锈蚀的材料。 （2）脚手架搭设时，要有防止材料高空坠落的措施，如将扣件放在袋中、高处工器具使用防坠绳、清理脚手架上的活动材料。 （3）作业人员严禁持物攀爬，传递材料时应相互配合，使用绳索或其他工具传递，严禁抛掷。 （4）零星部件不能在设备顶部存放（螺栓、螺母等及时清理回地面存放），设备、零部件摆放整齐，远离基础边缘，杜绝高空落物源。 （5）设备、材料吊装时应绑扎牢固，严禁兜吊。使用的吊索具必须满足负荷要求，钢丝绳安全系数不得小于6。吊装有棱角的构件时，吊索具与棱角接触的地方应加包角或垫方木	

续表

序号	施工工序	可能导致的事故	风险分级/风险标识	主要防范措施	工作依据
26	低压加热器安装	设备倾倒	三级一般	（1）设备运输时所装物体重心与车厢重心一致，并且牢固封车。运输前，必须对车辆经过的道路和环境进行仔细勘察，确认无影响车辆安全通过的因素。严禁不封车运输构件及超限运输。 （2）设备应存放在平整、坚实的地面，不规则设备要做好防倾倒的支垫措施。在平台临时存放时设备承重点应在结构梁上	
27		高空坠落	三级一般	（1）在设备上部作业时要规范使用安全带；不得在正在起吊的设备上作业。 （2）对于孔洞，应加设盖板，在吊装过程中需要拆除安全设施时，应经安全部门同意，施工完毕后及时恢复	施工方案、《电力建设安全工作规程　第1部分：火力发电》（DL 5009.1—2014）
28		挤伤、砸伤	三级一般	（1）同时搬抬重物时，要动作一致，互相呼应，防止伤人 （2）拖运及倒绳时，施工人员应戴好防护手套，拖拉钢丝绳时相互呼应，协调一致。 （3）正确使用大锤，使用时不得戴手套，应随时检查锤头，人不得站在大锤运动方向上。 （4）千斤顶应支撑牢固，并且不得支撑在设备棱角处	

续表

序号	施工工序	可能导致的事故	风险分级/风险标识	主要防范措施	工作依据
29	低压加热器安装	设备损坏	三级一般	（1）拖运轨道应经设计计算并验收合格，拖运滑车组的地锚应经计算，使用中应经常检查。严禁在不牢固的建（构）筑物或运行的设备上绑扎拖运滑车组。 （2）拖运时注意观察低压加热器滑动情况，发现低压加热器有歪斜情况后，及时停止拖运	施工方案、《电力建设安全工作规程　第1部分：火力发电》（DL 5009.1—2014）
30	电动给水泵安装	施工前未交底，无证上岗，易发生人身安全事故	三级一般	（1）组织施工人员学习 DL 5009.1—2014，并经考试合格，持证上岗。 （2）项目开工前，技术人员组织施工人员进行安全技术交底，交代施工注意事项，施工人员进行一对一签字。施工暂停7天以上或跨月时要重新进行安全技术交底；当施工人员发生变化时要及时组织新人员进行安全技术交底。 （3）施工人员进入施工现场必须戴好安全帽，系牢下颌带，高空作业必须正确使用安全带，做到高挂低用。 （4）在工具房对发放使用的工器具应进行安全检查，对于不合格的工具严禁发放使用。 （5）特种作业人员和特种设备作业人员必须持证上岗	

续表

序号	施工工序	可能导致的事故	风险分级/风险标识	主要防范措施	工作依据
31	电动给水泵安装	使用磨光机、电焊机时易发生触电事故、弧光打眼事故	三级一般	（1）电动工器具应经过季度检验并标识，使用时应先检查手柄、外壳有无裂纹，保护接地或接零线接线正确、牢固，外壳电源线完好、不漏电，插头完好。 （2）使用无齿锯下料时，应先检查无齿锯的安全性，操作时材料应夹紧，砂轮片固定牢固，无裂纹，砂轮片飞转方向不能有人。 （3）使用电火焊时，操作人员应规范穿戴劳保用品。 （4）严禁非电工人员私接电源	施工方案、《电力建设安全工作规程 第1部分：火力发电》（DL 5009.1—2014）
32		高空落物	三级一般	（1）搭设脚手架时作业人员应挂好安全带，递杆、撑杆作业人员应密切配合。使用合格的架杆、爬梯、脚手板，严禁使用弯曲、压扁、有裂纹或已严重锈蚀的材料。 （2）脚手架搭设时，要有防止材料高空坠落的措施，如将扣件放在袋中、高处工器具使用防坠绳、清理脚手架上的活动材料。 （3）作业人员严禁持物攀爬，传递材料时应相互配合，使用绳索或其他工具传递，严禁抛掷。	

续表

序号	施工工序	可能导致的事故	风险分级/风险标识	主要防范措施	工作依据
32	电动给水泵安装	高空落物	三级一般	（4）零星部件不能在设备顶部存放（螺栓、螺母等及时清理回地面存放），设备、零部件摆放整齐，远离基础边缘，杜绝高空落物源。 （5）设备、材料吊装时应绑扎牢固，严禁兜吊。使用的吊索具必须满足负荷要求，钢丝绳安全系数不得小于6。吊装有棱角的构件时，吊索具与棱角接触的地方应加包角或垫方木	施工方案、《电力建设安全工作规程 第1部分：火力发电》（DL 5009.1—2014）
33		设备倾倒	三级一般	（1）设备运输时所装物体重心与车厢重心一致，并且牢固封车。运输前，必须对车辆经过的道路和环境进行仔细的勘察，确认无影响车辆安全通过的因素。严禁不封车运输构件及超限运输。 （2）设备应存放在平整、坚实的地面，不规则设备要做好防倾倒的支垫措施	施工方案、《电力建设安全工作规程 第1部分：火力发电》（DL 5009.1—2014）
34		高空坠落	三级一般	对于孔洞，应加设盖板，在吊装过程中需要拆除安全设施时，应经安全部门同意，施工完毕后及时恢复	

续表

序号	施工工序	可能导致的事故	风险分级/风险标识	主要防范措施	工作依据
35	电动给水泵安装	挤伤、砸伤	三级一般	（1）同时搬抬重物时，要动作一致，互相呼应，防止伤人。 （2）拖运及倒绳时，施工人员应戴好防护手套，拖拉钢丝绳时相互呼应，协调一致。 （3）正确使用大锤，使用时不得戴手套，应随时检查锤头，人不得站在大锤运动方向上。 （4）敲基础时必须戴防护眼镜，防止飞溅的混凝土崩伤眼睛。 （5）水压试验时，施工人员不得站在焊缝、堵板、法兰侧面等危险区域。 （6）千斤顶应放稳、摆正，受力应均匀，防止滑脱，放置千斤顶的基础应坚实、可靠	施工方案、《电力建设安全工作规程　第1部分：火力发电》（DL 5009.1—2014）
36		设备损坏	三级一般	拖运时应垫好枕木楔子，采取防倾倒措施，注意观察电动给水泵滑动情况，发现电动给水泵有歪斜情况后，及时停止拖运	
37	汽动给水泵安装	施工前未交底，无证上岗，易发生人身安全事故	三级一般	（1）组织施工人员学习DL 5009.1—2014，并经考试合格，持证上岗。 （2）项目开工前，技术人员组织施工人员进行安全技术交底，交代施工注意事项，施工人员进行一	

续表

序号	施工工序	可能导致的事故	风险分级/风险标识	主要防范措施	工作依据
37	汽动给水泵安装	施工前未交底，无证上岗，易发生人身安全事故	三级一般	对一签字。施工暂停7天以上或跨月时要重新进行安全技术交底；当施工人员发生变化时要及时组织新人员进行安全技术交底。 （3）施工人员进入施工现场必须戴好安全帽，系牢下颌带，高空作业必须正确使用安全带，做到高挂低用。 （4）在工具房对发放使用的工器具应进行安全检查，对于不合格的工具严禁发放使用。 （5）特种作业人员和特种设备作业人员必须持证上岗	施工方案、《电力建设安全工作规程　第1部分：火力发电》（DL 5009.1—2014）
38		使用磨光机、电焊机时易发生触电事故、弧光打眼事故	三级一般	（1）电动工器具应经过季度检验，并有检验标识，使用时应先检查手柄、外壳有无裂纹，保护接地或接零线接线正确、牢固，外壳电源线完好、不漏电，插头完好。 （2）使用无齿锯下料时，应先检查无齿锯的安全性，操作时材料应夹紧，砂轮片固定牢固、无裂纹，砂轮片飞转方向不能有人。 （3）使用电火焊时，操作人员应规范穿戴劳保用品。 （4）严禁非电工人员私接电源	施工方案、《电力建设安全工作规程　第1部分：火力发电》（DL 5009.1—2014）

续表

序号	施工工序	可能导致的事故	风险分级/风险标识	主要防范措施	工作依据
39	汽动给水泵安装	高空落物	三级一般	（1）搭设脚手架时作业人员应挂好安全带，递杆、撑杆作业人员应密切配合。使用合格的架杆、爬梯、脚手板，严禁使用弯曲、压扁、有裂纹或已严重锈蚀的材料。 （2）脚手架搭设时，要有防止材料高空坠落的措施，如将扣件放在袋中、高处工器具使用防坠绳、清理脚手架上的活动材料。 （3）作业人员严禁持物攀爬，传递材料时应相互配合，使用绳索或其他工具传递，严禁抛掷。 （4）零星部件不能在设备顶部存放（螺栓、螺母等及时清理回地面存放），设备、零部件摆放整齐，远离基础边缘，杜绝高空落物源。 （5）设备、材料吊装时应绑扎牢固，严禁兜吊。使用的吊索具必须满足负荷要求，钢丝绳安全系数不得小于6。吊装有棱角的构件时，吊索具与棱角接触的地方应加包角或垫方木	施工方案、《电力建设安全工作规程　第1部分：火力发电》（DL 5009.1—2014）
40		设备倾倒	三级一般	（1）设备运输时所装物体重心与车厢重心一致，并且牢固封车。运输前，必须对车辆经过的道路和环境进行仔细勘察，确认无影响车辆安全通过的因素。严禁不封车运输构件及超限运输。	

续表

序号	施工工序	可能导致的事故	风险分级/风险标识	主要防范措施	工作依据
40	汽动给水泵安装	设备倾倒	三级一般	（2）设备应存放在平整、坚实的地面，不规则设备要做好防倾倒的支垫措施	施工方案、《电力建设安全工作规程　第1部分：火力发电》（DL 5009.1—2014）
41		高空坠落	三级一般	对于孔洞，应加设盖板，在吊装过程中需要拆除安全设施时，应经安全部门同意，施工完毕后及时恢复	
42	汽机房一般辅机设备安装	施工前未交底，无证上岗，易发生人身安全事故	三级一般	（1）组织施工人员学习DL 5009.1—2014，并经考试合格持证上岗。 （2）项目开工前，技术人员组织施工人员进行安全技术交底，交代施工注意事项，施工人员进行一对一签字。施工暂停7天以上或跨月时要重新进行安全技术交底；当施工人员发生变化时要及时组织新人员进行安全技术交底。 （3）施工人员进入施工现场必须戴好安全帽，系牢下颌带，高空作业必须正确使用安全带，做到高挂低用。 （4）在工具房对发放使用的工器具应进行安全检查，对于不合格的工器具严禁发放使用。 （5）特种作业人员和特种设备作业必须持证上岗	

续表

序号	施工工序	可能导致的事故	风险分级/风险标识	主要防范措施	工作依据
43	汽机房一般辅机设备安装	使用磨光机、电焊机时易发生触电事故、弧光打眼事故	三级一般	（1）电动工器具应经过季度检验，并有检验标识，使用时应先检查手柄、外壳有无裂纹，保护接地或接零线接线正确、牢固，外壳电源线完好、不漏电，插头完好。 （2）使用无齿锯下料时，应先检查无齿锯的安全性，操作时材料应夹紧，砂轮片固定牢固、无裂纹，砂轮片飞转方向不能有人。 （3）使用电火焊时，操作人员应规范穿戴劳保用品。 （4）严禁非电工人员私接电源	施工方案、《电力建设安全工作规程　第1部分：火力发电》（DL 5009.1—2014）
44		高空落物	三级一般	（1）搭设脚手架时作业人员应挂好安全带，递杆、撑杆作业人员应密切配合。使用合格的架杆、爬梯、脚手板，严禁使用弯曲、压扁、有裂纹或已严重锈蚀的材料。 （2）脚手架搭设时，要有防止材料高空坠落的措施，如将扣件放在袋中、高处工器具使用防坠绳、清理脚手架上的活动材料。 （3）作业人员严禁持物攀爬，传递材料时应相互配合，使用绳索或其他工具传递，严禁抛掷。	

续表

序号	施工工序	可能导致的事故	风险分级/风险标识	主要防范措施	工作依据
44	汽机房一般辅机设备安装	高空落物	三级一般	（4）零星部件不能在设备顶部存放（螺栓、螺母等及时清理回地面存放），设备、零部件摆放整齐，远离基础边缘，杜绝高空落物源。 （5）设备、材料吊装时应绑扎牢固，严禁兜吊。使用的吊索具必须满足负荷要求，钢丝绳安全系数不得小于6。吊装有棱角的构件时，吊索具与棱角接触的地方应加包角或垫方木	施工方案、《电力建设安全工作规程　第1部分：火力发电》（DL 5009.1—2014）
45		设备倾倒	三级一般	（1）设备运输时所装物体重心与车厢重心一致，并且用葫芦封牢车。运输前，工程技术人员必须对车辆经过的道路进行仔细勘察，确认无影响车辆安全通过的因素。严禁不封车运输构件及超限运输。 （2）设备应存放在平整、坚实的地面，不规则设备要做好防倾倒的支垫措施	
46		高空坠落	三级一般	（1）高处作业时规范使用安全带，使用梯子时梯脚应有防滑措施，专人扶稳。 （2）对于孔洞，应加设盖板，在吊装过程中需要拆除安全设施时，应经安全部门同意，施工完毕后及时恢复	

续表

序号	施工工序	可能导致的事故	风险分级/风险标识	主要防范措施	工作依据
47	汽机房一般辅机设备安装	挤伤、砸伤	三级一般	（1）同时搬抬重物时，要动作一致，互相呼应，防止伤人。 （2）拖运及倒绳时，施工人员应带好防护手套，拖拉钢丝绳时相互呼应，协调一致。 （3）正确使用大锤，使用时不得戴手套，应随时检查锤头，人不得站在大锤运动方向上。 （4）敲基础时必须戴防护眼镜，防止飞溅的混凝土崩伤眼睛。 （5）千斤顶应放稳、摆正，受力应均匀，防止滑脱，放置千斤顶的基础应坚实、可靠	施工方案、《电力建设安全工作规程　第1部分：火力发电》（DL 5009.1—2014）
48		气瓶爆炸、火灾事故		（1）及时清理各区域可燃垃圾、废料，动火作业应有专人监督、检查。 （2）易燃物应设置专门的存放点，上方及周边禁止动火作业，配置消防器材和防火标识。 （3）气瓶放置点应远离热源，采取防倾倒措施，氧气瓶、乙炔瓶间距大于5m，与动火点距离大于10m	
49		交叉作业		（1）做好施工协调，避免交叉作业，高处作业区域下方拉设警戒绳，并安排专人监护。 （2）确需上下同时作业时，搭设隔离层	

第三节　管　道　安　装

管道安装的安全危险因素及控制见表3-3。

表 3-3　　管道安装的安全危险因素及控制

序号	施工工序	可能导致的事故	风险分级/风险标识	主要防范措施	工作依据
1	润滑油及密封油系统设备管道安装	施工前未交底，无证上岗，易发生人身安全事故	三级一般	（1）组织施工人员学习DL 5009.1—2014，并经考试合格持证上岗。 （2）项目开工前，技术人员组织施工人员进行安全技术交底，交代施工注意事项，施工人员进行一对一签字。施工暂停7天以上或跨月时要重新进行安全技术交底；当施工人员发生变化时要及时组织新人员进行安全技术交底。 （3）施工人员进入施工现场必须戴好安全帽，系牢下颌带，高空作业必须正确使用安全带，做到高挂低用。 （4）在工具房对发放使用的工器具应进行安全检查，对于不合格的工具严禁发放使用。 （5）特种作业人员和特种设备作业人员必须持证上岗	施工方案、《电力建设安全工作规程　第1部分：火力发电》（DL 5009.1—2014）

续表

<table>
<tr><th>序号</th><th>施工工序</th><th>可能导致的事故</th><th>风险分级/风险标识</th><th>主要防范措施</th><th>工作依据</th></tr>
<tr><td>2</td><td rowspan="2">润滑油及密封油系统设备管道安装</td><td>使用磨光机、电焊机时易发生触电事故、弧光打眼事故</td><td>三级一般</td><td>（1）电动工器具应经过季度检验，并有检验标识，使用时应先检查手柄、外壳有无裂纹，保护接地或接零线接线正确、牢固，外壳电源线完好、不漏电，插头完好。
（2）使用无齿锯下料时，应先检查无齿锯的安全性，操作时材料应夹紧，砂轮片固定牢固、无裂纹，砂轮片飞转方向不能有人。
（3）使用电火焊时，操作人员应规范穿戴劳保用品。
（4）严禁非电工人员私接电源</td><td rowspan="2">施工方案、《电力建设安全工作规程　第 1 部分：火力发电》（DL 5009.1—2014）</td></tr>
<tr><td>3</td><td>高空落物</td><td>三级一般</td><td>（1）搭设脚手架时作业人员应挂好安全带，递杆、撑杆作业人员应密切配合。使用合格的架杆、爬梯、脚手板，严禁使用弯曲、压扁、有裂纹或已严重锈蚀的材料。
（2）脚手架搭设时，要有防止材料高空坠落的措施，如将扣件放在袋中、高处工器具使用防坠绳、清理脚手架上的活动材料。
（3）作业人员严禁持物攀爬，传递材料时应相互配合，使用绳索或其他工具传递，严禁抛掷。</td></tr>
</table>

续表

序号	施工工序	可能导致的事故	风险分级/风险标识	主要防范措施	工作依据
3	润滑油及密封油系统设备管道安装	高空落物	三级一般	（4）零星部件不能在设备顶部存放（螺栓、螺母等及时清理回地面存放），设备、零部件摆放整齐，远离基础边缘，杜绝高空落物源。 （5）设备、材料吊装时应绑扎牢固，严禁兜吊。使用的吊索具必须满足负荷要求，钢丝绳安全系数不得小于6。吊装有棱角的构件时，吊索具与棱角接触的地方应加包角或垫方木。 （6）吊运直管时要采取增加防滑卡等防滑脱措施。 （7）两台及两台以上的链条葫芦起吊同一重物时，重物的重量应不大于每台链条葫芦的允许起重量	施工方案、《电力建设安全工作规程　第1部分：火力发电》（DL 5009.1—2014）
4		施工人员易疲劳，易发生人身安全事故	三级一般	（1）施工人员不得坐在孔洞、平台边缘，严禁倚靠或骑坐在护栏上，不得躺在脚手架或安全网内休息。 （2）禁止施工人员连续超负荷工作，严禁酒后上班	施工方案、《电力建设安全工作规程　第1部分：火力发电》（DL 5009.1—2014）
5		设备倾倒	三级一般	（1）设备运输时所装物体重心与车厢重心一致，并且牢固封车。运输前，必须对车辆经过的道路和环境进行仔细勘察，确认无影响车辆安全通过的因素。严禁不封车运输构件及超限运输。 （2）管道存放时不得堆放过高，要采取防止管道滚动的措施	

续表

序号	施工工序	可能导致的事故	风险分级/风险标识	主要防范措施	工作依据
6	润滑油及密封油系统设备管道安装	高空坠落	三级一般	（1）高处作业应搭设施工平台并经过验收挂牌，使用门式活动脚手架时剪刀撑等各部件应安装完整，设置防倾倒措施。 （2）高处作业时规范使用安全带	施工方案、《电力建设安全工作规程　第1部分：火力发电》（DL 5009.1—2014）
7		发生火灾	三级一般	动火作业时应清理周边易燃物或采取防护隔离措施，高处动火作业要采取接火盘等防止火花飞溅的措施。 施工现场配备充足的消防器材	
8		扎伤脚	三级一般	设备、材料开箱应在指定地点进行，废料及时清理运走。开箱过程中开箱板必须集中放置，将板面上的钉子朝下放置	
9		磨光机磨片伤人	三级一般	（1）作业时，操作人员应戴防尘口罩、防护眼镜或面罩。 （2）使用与磨光机尺寸匹配的磨片，磨片损耗过大或有破损时要及时更换。 （3）更换磨头、砂轮片或检修时应切断电源。 （4）使用磨光机时严禁朝人，不可用力过大，禁止使用切割片作为磨光片使用	

续表

序号	施工工序		可能导致的事故	风险分级/风险标识	主要防范措施	工作依据
10	高、中低压管道安装	高压管道安装	施工前未交底，无证上岗，易发生人身安全事故	三级一般	（1）组织施工人员学习 DL 5009.1—2014，并经考试合格持证上岗。 （2）项目开工前，技术人员组织施工人员进行安全技术交底，交代施工注意事项，施工人员进行一对一签字。施工暂停 7 天以上或跨月时要重新进行安全技术交底；当施工人员发生变化时要及时组织新人员进行安全技术交底。 （3）施工人员进入施工现场必须戴好安全帽，系牢下颌带，高空作业必须正确使用安全带，做到高挂低用。 （4）在工具房对发放使用的工器具应进行安全检查，对于不合格的工具严禁发放使用。 （5）特种作业人员和特种设备作业人员必须持证上岗	施工方案、《电力建设安全工作规程　第 1 部分：火力发电》（DL 5009.1—2014）
11			使用磨光机、电焊机时易发生触电事故、弧光打眼事故	三级一般	（1）电动工器具应经过季度检验，并有检验标识，使用时应先检查手柄、外壳有无裂纹，保护接地或接零线接线正确、牢固，外壳电源线完好、不漏电，插头完好。 （2）使用无齿锯下料时，应先检查无齿锯的安全性，操作时材料应夹紧，砂轮片固定牢固、无裂纹，	施工方案、《电力建设安全工作规程　第 1 部分：火力发电》（DL 5009.1—2014）

续表

序号	施工工序		可能导致的事故	风险分级/风险标识	主要防范措施	工作依据
11	高压管道组合、安装	高压管道安装	使用磨光机、电焊机时易发生触电事故、弧光打眼事故	三级一般	砂轮片飞转方向不能有人。 （3）使用电火焊时，操作人员应规范穿戴劳保用品。 （4）严禁非电工人员私接电源	施工方案、《电力建设安全工作规程 第1部分：火力发电》（DL 5009.1—2014）
12			高空落物	三级一般	（1）搭设脚手架时作业人员应挂好安全带，递杆、撑杆作业人员应密切配合。使用合格的架杆、爬梯、脚手板，严禁使用弯曲、压扁、有裂纹或已严重锈蚀的材料。 （2）脚手架搭设时，要有防止材料高空坠落的措施，如将扣件放在袋中、高处工器具使用防坠绳、清理脚手架上的活动材料。 （3）作业人员严禁持物攀爬，传递材料时应相互配合，使用绳索或其他工具传递，严禁抛掷。 （4）零星部件不能在设备顶部存放（螺栓、螺母等及时清理回地面存放），设备、零部件摆放整齐，远离基础边缘，杜绝高空落物源。 （5）设备、材料吊装时应绑扎牢固，严禁兜吊。使用的吊索具必须满足负荷要求，钢丝绳安全系数不得小于6。吊装有棱角的构件时，吊索具与棱角接触的地方应加包角或垫方木。	

续表

序号	施工工序		可能导致的事故	风险分级/风险标识	主要防范措施	工作依据
12	高压管道组合、安装	高压管道安装	高空落物	三级一般	（6）吊运直管时要采取增加防滑卡等防滑脱措施。 （7）两台及两台以上的链条葫芦起吊同一重物时，重物的重量应不大于每台链条葫芦的允许起重量	施工方案、《电力建设安全工作规程　第1部分：火力发电》（DL 5009.1—2014）
13			设备倾倒	三级一般	（1）设备运输时所装物体重心与车厢重心一致，并且用葫芦封牢车。运输前，必须对车辆经过的道路进行仔细勘察，确认无影响车辆安全通过的因素。严禁不封车运输构件及超限运输。 （2）管道存放时不得堆放过高，要采取防止管道滚动的措施	
14			高空坠落	三级一般	（1）对于孔洞，应加设盖板，在吊装过程中需要拆除安全设施时，应经安全部门同意，施工完毕后及时恢复。 （2）高处作业应搭设施工平台并经过验收挂牌，使用门式活动脚手架时剪刀撑等各部件应安装完整，设置防倾倒措施。 （3）高处作业时规范使用安全带	

续表

序号	施工工序		可能导致的事故	风险分级/风险标识	主要防范措施	工作依据
15	高压管道组合、安装	高压管道下料及组合、安装	挤伤、砸伤	三级一般	（1）同时搬抬重物时，要动作一致，互相呼应，防止伤人。 （2）拖运及倒绳时，施工人员应带好防护手套，拖拉钢丝绳时相互呼应，协调一致。 （3）管道对口时，要把手放在对口管道的两侧进行调整，严禁将手放在两管口之间进行调整，以防挤伤手指。 （4）使用磁力钻时，磁盘平面应平整、干净，侧转或仰钻时，要有电钻防坠落措施。 （5）及时清理坡口机上的铁屑，严禁任何人员站在坡口机侧面，操作人员必须站在防护网后进行操作方可清理铁屑，使用铁钩清理铁屑，且戴好防护手套。 （6）管道坡口前，检查夹具是否损坏，并确认刀具已上紧，无松动	施工方案、《电力建设安全工作规程　第1部分：火力发电》（DL 5009.1—2014）
16	中低压管道安装		施工前未交底，无证上岗，易发生人身安全事故	三级一般	（1）组织施工人员学习DL 5009.1—2014，并经考试合格，持证上岗。 （2）项目开工前，技术人员组织施工人员进行安全技术交底，交代施工注意事项，施工人员进行一对一签字。施工暂停7天以上或跨月时要重新进行	施工方案、《电力建设安全工作规程　第1部分：火力发电》（DL 5009.1—2014）

续表

序号	施工工序	可能导致的事故	风险分级/风险标识	主要防范措施	工作依据
16	中低压管道安装	施工前未交底，无证上岗，易发生人身安全事故	三级一般	安全技术交底；当施工人员发生变化时要及时组织新人员进行安全技术交底。 （3）施工人员进入施工现场必须戴好安全帽，系牢下颌带，高空作业必须正确使用安全带，做到高挂低用。 （4）在工具房对发放使用的工器具应进行安全检查，对于不合格的工具严禁发放使用。 （5）特种作业人员和特种设备作业人员必须持证上岗	施工方案、《电力建设安全工作规程　第1部分：火力发电》（DL 5009.1—2014）
17		使用磨光机、电焊机时易发生触电事故、弧光打眼事故	三级一般	（1）电动工器具应经过季度检验，并有检验标识，外壳绝缘良好，使用时应先检查手柄、外壳有无裂纹，保护接地或接零线接线正确、牢固，外壳电源线完好、不漏电，插头完好。 （2）使用无齿锯下料时，应先检查无齿锯的安全性，操作时材料应夹紧，砂轮片固定牢固、无裂纹，砂轮片飞转方向不能有人。 （3）使用电火焊时，操作人员应规范穿戴劳保用品。 （4）严禁非电工人员私接电源	

续表

序号	施工工序	可能导致的事故	风险分级/风险标识	主要防范措施	工作依据
18	中低压管道安装	高空落物	三级一般	（1）搭设脚手架时作业人员应挂好安全带，递杆、撑杆作业人员应密切配合。使用合格的架杆、爬梯、脚手板，严禁使用弯曲、压扁、有裂纹或已严重锈蚀的材料。 （2）脚手架搭设时，要有防止材料高空坠落的措施，如将扣件放在袋中、高处工器具使用防坠绳、清理脚手架上的活动材料。 （3）作业人员严禁持物攀爬，传递材料时应相互配合，使用绳索或其他工具传递，严禁抛掷。 （4）零星部件不能在设备顶部存放（螺栓、螺母等及时清理回地面存放），设备、零部件摆放整齐，远离基础边缘，杜绝高空落物源。 （5）设备、材料吊装时应绑扎牢固，严禁兜吊。使用的吊索具必须满足负荷要求，钢丝绳安全系数不得小于6。吊装有棱角的构件时，吊索具与棱角接触的地方应加包角或垫方木。 （6）吊运直管时要采取增加防滑卡等防滑脱措施。 （7）两台及两台以上的链条葫芦起吊同一重物时，重物的重量应不大于每台链条葫芦的允许起重量	施工方案、《电力建设安全工作规程　第1部分：火力发电》（DL 5009.1—2014）

续表

序号	施工工序	可能导致的事故	风险分级/风险标识	主要防范措施	工作依据
19	中低压管道安装	设备倾倒	三级一般	（1）设备运输时所装物体重心与车厢重心一致，并且用葫芦封牢车。运输前，必须对车辆经过的道路进行仔细勘察，确认无影响车辆安全通过的因素。严禁不封车运输构件及超限运输。 （2）管道存放时不得堆放过高，要采取防止管道滚动的措施	施工方案、《电力建设安全工作规程　第1部分：火力发电》（DL 5009.1—2014）
20		高空坠落	三级一般	（1）对于孔洞，应加设盖板，在吊装过程中需要拆除安全设施时，应经安全部门同意，施工完毕后及时恢复。 （2）高处作业应搭设施工平台并经过验收挂牌，使用门式活动脚手架时剪刀撑等各部件应安装完整，设置防倾倒措施。 （3）高处作业时规范使用安全带	
21		挤伤、砸伤	三级一般	（1）同时搬抬重物时，要动作一致，互相呼应，防止伤人。 （2）拖运及倒绳时，施工人员应戴好防护手套，拖拉钢丝绳时相互呼应，协调一致	施工方案、《电力建设安全工作规程　第1部分：火力发电》（DL 5009.1—2014）

续表

序号	施工工序	可能导致的事故	风险分级/风险标识	主要防范措施	工作依据
22	循环水泵房设备管道安装	施工前未交底，无证上岗，易发生人身安全事故	三级一般	（1）组织施工人员学习 DL 5009.1—2014，并经考试合格持证上岗。 （2）项目开工前，技术人员组织施工人员进行安全技术交底，交代施工注意事项，施工人员进行一对一签字。施工暂停 7 天以上或跨月时要重新进行安全技术交底；当施工人员发生变化时要及时组织新人员进行安全技术交底。 （3）施工人员进入施工现场必须戴好安全帽，系牢下颌带，高空作业必须正确使用安全带，做到高挂低用。 （4）在工具房对发放使用的工器具应进行安全检查，对于不合格的工器具严禁发放使用。 （5）特种作业人员和特种设备作业人员必须持证上岗	施工方案、《电力建设安全工作规程　第 1 部分：火力发电》（DL 5009.1—2014）
23		使用磨光机、电焊机时易发生触电事故、弧光打眼事故	三级一般	（1）电动工器具应经过季度检验，并有检验标识，外壳绝缘良好；使用时应先检查手柄、外壳有无裂纹，保护接地或接零线接线正确、牢固，外壳电源线完好、不漏电，插头完好。 （2）使用无齿锯下料时，应先检查无齿锯的安全性，操作时材料应夹紧，砂轮片固定牢固、无裂纹，	

续表

序号	施工工序	可能导致的事故	风险分级/风险标识	主要防范措施	工作依据
23	循环水泵房设备管道安装	使用磨光机、电焊机时易发生触电事故、弧光打眼事故	三级一般	砂轮片飞转方向不能有人。 （3）使用电火焊时，操作人员应规范穿戴劳保用品。 （4）严禁非电工人员私接电源	施工方案、《电力建设安全工作规程　第1部分：火力发电》（DL 5009.1—2014）
24		高空落物	三级一般	（1）搭设脚手架时作业人员应挂好安全带，递杆、撑杆作业人员应密切配合。使用合格的架杆、爬梯、脚手板，严禁使用弯曲、压扁、有裂纹或已严重锈蚀的材料。 （2）脚手架搭设时，要有防止材料高空坠落的措施，如将扣件放在袋中、高处工器具使用防坠绳、清理脚手架上的活动材料。 （3）作业人员严禁持物攀爬，传递材料时应相互配合，使用绳索或其他工具传递，严禁抛掷。 （4）零星部件不能在设备顶部存放（螺栓、螺母等及时清理回地面存放），设备、零部件摆放整齐，远离基础边缘，杜绝高空落物源。 （5）设备、材料吊装时应绑扎牢固，严禁兜吊。使用的吊索具必须满足负荷要求，钢丝绳安全系数不得小于6。吊装有棱角的构件时，吊索具与棱角接触的地方应加包角或垫方木	

续表

序号	施工工序	可能导致的事故	风险分级/风险标识	主要防范措施	工作依据
25	循环水泵房设备管道安装	施工人员易疲劳，易发生人身安全事故	三级一般	（1）施工人员不得坐在孔洞、平台边缘，严禁骑坐在护栏上，不得躺在脚手架或安全网内休息。 （2）禁止施工人员连续超负荷工作，严禁酒后上班	
26		设备倾倒	三级一般	（1）设备运输时所装物体重心与车厢重心一致，并且牢固封车。运输前，必须对车辆经过的道路和环境进行仔细勘察，确认无影响车辆安全通过的因素。严禁不封车运输构件及超限运输。 （2）设备应存放在平整、坚实的地面，不规则设备要做好防倾倒的支垫措施。 （3）管道存放时不得堆放过高，要采取防止管道滚动的措施	施工方案、《电力建设安全工作规程　第1部分：火力发电》（DL 5009.1—2014）
27		高空坠落	三级一般	（1）对于孔洞，应加设盖板，在吊装过程中需要拆除安全设施时，应经安全部门同意，施工完毕后及时恢复。 （2）高处作业应搭设施工平台并经过验收挂牌，使用门式活动脚手架时剪刀撑等各部件应安装完整，设置防倾倒措施。 （3）高处及临边作业时规范使用安全带	

续表

<table>
<tr><th>序号</th><th>施工工序</th><th>可能导致的事故</th><th>风险分级/风险标识</th><th>主要防范措施</th><th>工作依据</th></tr>
<tr><td>28</td><td rowspan="3">循环水泵房设备管道安装</td><td>发生火灾</td><td>三级一般</td><td>（1）电火焊、气割作业办理动火作业票，施工现场配备充足的消防器材，清理周边可燃物，采取防火花飞溅的措施，安排动火监护人。动火作业后要检查确认无异常、无火种留下。
（2）酒精、汽油等危险化学品单独存放，做好密封，远离动火点及其他火源。
（3）施工现场禁止抽烟</td><td rowspan="3">施工方案、《电力建设安全工作规程　第1部分：火力发电》（DL 5009.1—2014）</td></tr>
<tr><td>29</td><td>挤伤、砸伤</td><td>三级一般</td><td>（1）设备、材料开箱应在指定地点进行，废料及时清理运走。开箱过程中开箱板必须集中放置，将板面上的钉子朝下放置。
（2）同时搬抬重物时，要动作一致，互相呼应，防止伤人。
（3）拖运及倒绳时，施工人员应带好防护手套，拖拉钢丝绳时相互呼应，协调一致</td></tr>
<tr><td>30</td><td>磨光机磨片伤人</td><td>三级一般</td><td>（1）作业时，操作人员应戴防尘口罩、防护眼镜或面罩。
（2）使用与磨光机尺寸匹配的磨片，磨片损耗过大或有破损时要及时更换。
（3）更换磨头、砂轮片或检修时应切断电源。
（4）使用磨光机时严禁朝人，不可用力过大，禁止使用切割片作为磨光片使用</td></tr>
</table>

续表

序号	施工工序	可能导致的事故	风险分级/风险标识	主要防范措施	工作依据
31	循环水管道制作安装	施工前未交底，无证上岗，易发生人身安全事故	三级一般	（1）组织施工人员学习 DL 5009.1—2014，并经考试合格，持证上岗。 （2）项目开工前，技术人员组织施工人员进行安全技术交底，交代施工注意事项，施工人员进行一对一签字。施工暂停 7 天以上或跨月时要重新进行安全技术交底；当施工人员发生变化时要及时组织新人员进行安全技术交底。 （3）施工人员进入施工现场必须戴好安全帽，系牢下颌带，高空作业必须正确使用安全带，做到高挂低用。 （4）在工具房对发放使用的工器具应进行安全检查，对于不合格的工具严禁发放使用。 （5）特种作业人员和特种设备作业人员必须持证上岗	施工方案、《电力建设安全工作规程　第 1 部分：火力发电》（DL 5009.1—2014）
32		使用磨光机、电焊机时易发生触电事故、弧光打眼事故	三级一般	（1）电动工器具应经过季度检验，并有检验标识，外壳绝缘良好；使用时应先检查手柄、外壳有无裂纹，保护接地或接零线接线正确、牢固，外壳电源线完好、不漏电，插头完好。	

续表

序号	施工工序	可能导致的事故	风险分级/风险标识	主要防范措施	工作依据
32	循环水管道制作安装	使用磨光机、电焊机时易发生触电事故、弧光打眼事故	三级一般	（2）使用无齿锯下料时，应先检查无齿锯的安全性，操作时材料应夹紧，砂轮片固定牢固、无裂纹，砂轮片飞转方向不能有人。 （3）使用电火焊时，操作人员应规范穿戴劳保用品。 （4）严禁非电工人员私接电源	施工方案、《电力建设安全工作规程　第1部分：火力发电》（DL 5009.1—2014）
33		设备倾倒	三级一般	（1）设备运输时所装物体重心与车厢重心一致，并且用葫芦封牢车。运输前，必须对车辆经过的道路进行仔细勘察，确认无影响车辆安全通过的因素。严禁不封车运输构件及超限运输。 （2）管道设备不得堆放过高，与基坑边坡保持安全距离，要采取防止管道滚动的措施	施工方案、《电力建设安全工作规程　第1部分：火力发电》（DL 5009.1—2014）
34		高空坠落	三级一般	（1）循环水管基坑边应搭设围栏进行防护，设置上下通道，施工过程中需要拆除安全设施时，应经安全部门同意，施工完毕后及时恢复。 （2）高处作业应搭设施工平台并经过验收挂牌，使用门式活动脚手架时剪刀撑等各部件应安装完整，设置防倾倒措施。 （3）高处及临边作业时规范使用安全带	

续表

序号	施工工序	可能导致的事故	风险分级/风险标识	主要防范措施	工作依据
35	循环水管道制作安装	高空落物	三级一般	（1）起吊物下严禁站人，禁止站在起吊的管道上作业。 （2）不得向循环水管道基坑内抛掷物料或倾倒废料	施工方案、《电力建设安全工作规程 第1部分：火力发电》（DL 5009.1—2014）
36		挤伤、砸伤	三级一般	（1）严禁站立在运行的卷板或滚筒上，并保持安全距离。 （2）循环水管放置位置必须平稳，并对易滚动的部件采取可靠的防范措施。 （3）安装前还应检查土建放坡坡度是否符合要求，防止塌方	
37		磨光机磨片伤人	三级一般	（1）作业时，操作人员应戴防尘口罩、防护眼镜或面罩。 （2）使用与磨光机尺寸匹配的磨片，磨片损耗过大或有破损时要及时更换。 （3）更换磨头、砂轮片或检修时应切断电源。 （4）磨光机严禁朝人施工，不可用力过大，禁止使用切割片作为磨光片使用	

续表

序号	施工工序	可能导致的事故	风险分级/风险标识	主要防范措施	工作依据
38	循环水管道制作安装	触电、窒息	三级一般	（1）循环水管道内部施工办理受限空间作业票，氧含量检测合格，出入登记，入口处专人监护，每次下班前清点人员、工器具；设置轴流风机等强制通风措施。 （2）在循环水管内部施工照明使用12V安全电压	施工方案、《电力建设安全工作规程　第1部分：火力发电》（DL 5009.1—2014）
39		损坏机械	三级一般	吊装机械距离管沟边缘不得小于沟深的1.2倍	
40	锅炉补给水设备管道安装	施工前未交底，无证上岗，易发生人身安全事故	三级一般	（1）组织施工人员学习DL 5009.1—2014，并经考试合格持证上岗。 （2）项目开工前，技术人员组织施工人员进行安全技术交底，交代施工注意事项，施工人员进行一对一签字。施工暂停7天以上或跨月时要重新进行安全技术交底；当施工人员发生变化时要及时组织新人员进行安全技术交底。 （3）施工人员进入施工现场必须戴好安全帽，系牢下颌带，高空作业必须正确使用安全带，做到高挂低用。 （4）在工具房对发放使用的工器具应进行安全检查，对于不合格的工器具严禁发放使用。 （5）特种作业人员和特种设备作业必须持证上岗	

续表

序号	施工工序	可能导致的事故	风险分级/风险标识	主要防范措施	工作依据
41	锅炉补给水设备管道安装	使用磨光机、电焊机时易发生触电事故、弧光打眼事故	三级一般	（1）电动工器具应经过季度检验，并有检验标识，外壳绝缘良好；使用时应先检查手柄、外壳有无裂纹，保护接地或接零线接线正确、牢固，外壳电源线完好、不漏电，插头完好。 （2）使用无齿锯下料时，应先检查器具的安全性，操作时材料应夹紧，砂轮片固定牢固，无裂纹，砂轮片飞转方向不能有人。 （3）使用电火焊时，操作人员应规范穿戴劳保用品。 （4）严禁非电工人员私接电源	施工方案、《电力建设安全工作规程　第1部分：火力发电》（DL 5009.1—2014）
42		高空落物	三级一般	（1）搭设脚手架时作业人员应挂好安全带，递杆、撑杆作业人员应密切配合。使用合格的架杆、爬梯、脚手板，严禁使用弯曲、压扁、有裂纹或已严重锈蚀的材料。 （2）脚手架搭设时，要有防止材料高空坠落的措施，如将扣件放在袋中、高处工器具使用防坠绳、清理脚手架上的活动材料。 （3）作业人员严禁持物攀爬，传递材料时应相互配合，使用绳索或其他工具传递，严禁抛掷。 （4）零星部件不能在设备顶部存放（螺栓、螺母	施工方案、《电力建设安全工作规程　第1部分：火力发电》（DL 5009.1—2014）

续表

序号	施工工序	可能导致的事故	风险分级/风险标识	主要防范措施	工作依据
42	锅炉补给水设备管道安装	高空落物	三级一般	等及时清理回地面存放），设备、零部件摆放整齐，远离基础边缘，杜绝高空落物源。 （5）设备、材料吊装时应绑扎牢固，严禁兜吊。使用的吊索具必须满足负荷要求，钢丝绳安全系数不得小于 6。吊装有棱角的构件时，吊索具与棱角接触的地方应加包角或垫方木。 （6）吊装垂直管道时要采取增加防滑卡等防止滑脱的措施	施工方案、《电力建设安全工作规程　第 1 部分：火力发电》（DL 5009.1—2014）
43		设备倾倒	三级一般	（1）设备运输时所装物体重心与车厢重心一致，并且牢固封车。运输前，必须对车辆经过的道路和环境进行仔细勘察，确认无影响车辆安全通过的因素。严禁不封车运输构件及超限运输。 （2）设备应存放在平整坚实的地面，不规则设备要做好防倾倒的支垫措施。 （3）管道设备不得堆放过高，要采取防止管道滚动的措施	
44		高空坠落	三级一般	（1）高处作业应搭设施工平台并经过验收挂牌，使用门式活动脚手架时剪刀撑等各部件应安装完整，与锅炉钢架之间进行拉结，设置防倾倒措施。 （2）高处及临边作业时规范使用安全带	

续表

序号	施工工序	可能导致的事故	风险分级/风险标识	主要防范措施	工作依据
45	锅炉补给水设备管道安装	发生火灾	三级一般	（1）电火焊、气割作业办理动火作业票，施工现场配备充足的消防器材，清理周边可燃物，采取防火花飞溅的措施，安排动火监护人。动火作业后要检查确认无异常、无火种留下。 （2）酒精、汽油、气瓶等危险化学品单独存放，做好密封，远离动火点及其他火源。 （3）施工现场禁止抽烟	施工方案、《电力建设安全工作规程　第1部分：火力发电》（DL 5009.1—2014）
46		扎伤脚	三级一般	设备、材料开箱应在指定地点进行，废料及时清理运走。开箱过程中开箱板必须集中放置，将板面上的钉子朝下放置	
47		磨光机磨片伤人	三级一般	（1）作业时，操作人员应戴防尘口罩、防护眼镜或面罩。 （2）使用与磨光机尺寸匹配的磨片，磨片损耗过大或有破损时要及时更换。 （3）更换磨头、砂轮片或检修时应切断电源。 （4）使用磨光机时严禁朝人，不可用力过大，禁止使用切割片作为磨光片使用	

续表

序号	施工工序	可能导致的事故	风险分级/风险标识	主要防范措施	工作依据
48	凝结水精处理设备管道安装	施工前未交底，无证上岗，易发生人身安全事故	三级一般	（1）组织施工人员学习 DL 5009.1—2014，并经考试合格持证上岗。 （2）项目开工前，技术人员组织施工人员进行安全技术交底，交代施工注意事项，施工人员进行一对一签字。施工暂停 7 天以上或跨月时要重新进行安全技术交底；当施工人员发生变化时要及时组织新人员进行安全技术交底。 （3）施工人员进入施工现场必须戴好安全帽，系牢下颌带，高空作业必须正确使用安全带，做到高挂低用。 （4）在工具房对发放使用的工器具应进行安全检查，对于不合格的工器具严禁发放使用。 （5）特种作业人员和特种设备作业人员必须持证上岗	施工方案、《电力建设安全工作规程　第 1 部分：火力发电》（DL 5009.1—2014）
49		使用磨光机、电焊机时易发生触电事故、弧光打眼事故	三级一般	（1）电动工器具应经过季度检验，并有检验标识，外壳绝缘良好；使用时应先检查手柄、外壳有无裂纹，保护接地或接零线接线正确、牢固，外壳电源线完好、不漏电，插头完好。	

续表

序号	施工工序	可能导致的事故	风险分级/风险标识	主要防范措施	工作依据
49	凝结水精处理设备管道安装	使用磨光机、电焊机时易发生触电事故、弧光打眼事故	三级一般	（2）使用无齿锯下料时，应先检查无齿锯的安全性，操作时材料应夹紧，砂轮片固定牢固、无裂纹，砂轮片飞转方向不能有人。 （3）使用电火焊时，操作人员应规范穿戴劳保用品。 （4）严禁非电工人员私接电源	施工方案、《电力建设安全工作规程　第1部分：火力发电》（DL 5009.1—2014）
50		高空落物	三级一般	（1）搭设脚手架时作业人员应挂好安全带，递杆、撑杆作业人员应密切配合。使用合格的架杆、爬梯、脚手板，严禁使用弯曲、压扁、有裂纹或已严重锈蚀的材料。 （2）脚手架搭设时，要有防止材料高空坠落的措施，如将扣件放在袋中、高处工器具使用防坠绳、清理脚手架上的活动材料。 （3）作业人员严禁持物攀爬，传递材料时应相互配合，使用绳索或其他工具传递，严禁抛掷。 （4）零星部件不能在设备顶部存放（螺栓、螺母等及时清理回地面存放），设备、零部件摆放整齐，远离基础边缘，杜绝高空落物源。 （5）设备、材料吊装时应绑扎牢固，严禁兜吊。使用的吊索具必须满足负荷要求，钢丝绳安全系数	

续表

序号	施工工序	可能导致的事故	风险分级/风险标识	主要防范措施	工作依据
50	凝结水精处理设备管道安装	高空落物	三级一般	不得小于6。吊装有棱角的构件时，吊索具与棱角接触的地方应加包角或垫方木。 （6）吊装垂直管道时要采取增加防滑卡等防止滑脱的措施	施工方案、《电力建设安全工作规程　第1部分：火力发电》（DL 5009.1—2014）
51		设备倾倒	三级一般	（1）设备运输时所装物体重心与车厢重心一致，并且牢固封车。运输前，必须对车辆经过的道路和环境进行仔细勘察，确认无影响车辆安全通过的因素。严禁不封车运输构件及超限运输。 （2）设备应存放在平整、坚实的地面，不规则设备要做好防倾倒的支垫措施。 （3）管道设备不得堆放过高，要采取防止管道滚动的措施	
52		起重事故	三级一般	（1）起吊作业区域四周要拉设警戒线，设专人监护，禁止无关人员进入。 （2）吊装机械安全装置齐全、完好，要停放在平坦、坚实的地面上，支腿下要用道木垫平、垫实。 （3）根据起吊设备的重量选择适当的钢丝绳，保留8倍安全系数。 （4）钢丝绳与设备棱角接触的地方必须加包角防护	

续表

序号	施工工序	可能导致的事故	风险分级/风险标识	主要防范措施	工作依据
53	凝结水精处理设备管道安装	人身伤害	三级一般	（1）设备就位过程中，禁止将手放到钢丝绳与设备之间，禁止不戴手套直接接触钢丝绳。 （2）设备就位过程中，身体的任何部位不得放到设备与基础之间，不得用手、脚去扶垫铁。 （3）使用大锤时，不准戴手套，锤头运行的方向严禁站人	施工方案、《电力建设安全工作规程 第1部分：火力发电》（DL 5009.1—2014）
54		高空坠落	三级一般	（1）高处作业应搭设施工平台并经过验收挂牌，使用门式活动脚手架时剪刀撑等各部件应安装完整，设置防倾倒措施。 （2）高处及临边作业时规范使用安全带，做到高挂低用，且拴挂点必须牢固可靠	
55		气瓶爆炸、火灾	三级一般	（1）气瓶存放应远离热源，采取防倾倒措施。 （2）氧气瓶、乙炔瓶间距不小于5m，且离明火10m以上	

第四节　汽轮机油系统循环冲洗

汽轮机油系统循环冲洗的安全危险因素及控制见表3-4。

表 3-4　　汽轮机油系统循环冲洗的安全危险因素及控制

序号	施工工序	可能导致的事故	风险分级/风险标识	主要防范措施	工作依据
1	油循环冲洗	施工前未交底，无证上岗，易发生人身安全事故	三级一般	（1）组织施工人员学习 DL 5009.1—2014，并经考试合格，持证上岗。 （2）油循环应编制专项施工方案，技术人员组织施工人员进行安全技术交底，交代施工注意事项，施工人员进行一对一签字。施工暂停 7 天以上或跨月时要重新进行安全技术交底；当施工人员发生变化时要及时组织新人员进行安全技术交底。 （3）施工人员进入施工现场必须戴好安全帽，系牢下颌带，高空作业必须正确使用安全带，做到高挂低用。 （4）在工具房对发放使用的工器具应进行安全检查，对于不合格的工器具严禁发放使用。 （5）特种作业人员和特种设备作业人员必须持证上岗	施工方案、《电力建设安全工作规程　第 1 部分：火力发电》（DL 5009.1—2014）
2		使用磨光机、电焊机时易发生触电事故、弧光打眼事故	三级一般	（1）电动工器具应经过季度检验，并有检验标识，外壳绝缘良好；使用时应先检查手柄、外壳有无裂纹，保护接地或接零线接线正确、牢固，外壳电源线完好、不漏电，插头完好。	

续表

序号	施工工序	可能导致的事故	风险分级/风险标识	主要防范措施	工作依据
2	油循环冲洗	使用磨光机、电焊机时易发生触电事故、弧光打眼事故	三级一般	（2）使用无齿锯下料时，应先检查无齿锯的安全性，操作时材料应夹紧，砂轮片固定牢固、无裂纹，砂轮片飞转方向不能有人。 （3）使用电火焊时，操作人员应规范穿戴劳保用品。 （4）严禁非电工人员私接电源	施工方案、《电力建设安全工作规程　第1部分：火力发电》（DL 5009.1—2014）
3		高空落物	三级一般	（1）搭设脚手架时作业人员应挂好安全带，递杆、撑杆作业人员应密切配合。使用合格的架杆、爬梯、脚手板，严禁使用弯曲、压扁、有裂纹或已严重锈蚀的材料。 （2）脚手架搭设时，要有防止材料高空坠落的措施，如将扣件放在袋中、高处工器具使用防坠绳、清理脚手架上的活动材料。 （3）作业人员严禁持物攀爬，传递材料时应相互配合，使用绳索或其他工具传递，严禁抛掷。 （4）零星部件不能在设备顶部存放（螺栓、螺母等及时清理回地面存放），设备、零部件摆放整齐，远离基础边缘，杜绝高空落物源	

续表

序号	施工工序	可能导致的事故	风险分级/风险标识	主要防范措施	工作依据
4	油循环冲洗	火灾、油泄漏	二级较大	（1）滤油机及油系统的金属管道应采取防静电接地措施。滤油机应远离火源及烤箱，并有相应的防火措施。 （2）进油前，应对系统进行严密性试验和吹扫，采取隔离措施，配备充足的消防器材，清除系统周围易燃物。 （3）划定危险区并挂“严禁烟火”的警示牌，用过的废油、破布定点放置，统一处理。 （4）设备及管道清理区域远离火源，运行现场严禁烟火。 （5）在系统中各主要阀门上挂上“严禁操作”的警示牌，防止误操作或无关人员乱操作引起的油品泄漏。 （6）运行中对系统不停地巡回检查，发现渗漏等问题及时处理。 （7）在油系统设备、管道附近进行动火作业，如确需动火作业，应根据相关规定办理动火工作票，并采取可靠的防火防爆措施。严禁在充油设备、管道上动火作业。	施工方案、《电力建设安全工作规程　第1部分：火力发电》（DL 5009.1—2014）

续表

序号	施工工序	可能导致的事故	风险分级/风险标识	主要防范措施	工作依据
4	油循环冲洗	火灾、油泄漏	二级较大	（8）汽机房主油箱附近、密封油装置附近、净-污油箱附近、发电机定子下层、汽轮机前箱和发电机附近分别放置干粉灭火器和消防沙桶等消防器材，并安排有关人员值班。 （9）严格遵守值班纪律，严禁睡岗、脱岗和串岗；严禁在进油的设备和管道上动用电、火焊。 （10）清理滤油机、检修油泵前必须先关闭进出口阀门并放净设备里面的存油。 （11）拆除临时管道需要动火作业必须办理动火作业票，并按照作业票要求采取有效的隔离措施，避免火星飞溅。 （12）临时管道拆除前所有转动设备必须停电，在通过管道上安装的放油门放净管道内的存油后方可拆除	施工方案、《电力建设安全工作规程　第1部分：火力发电》（DL 5009.1—2014）

第五节　空冷岛安装

空冷岛安装的危险因素及控制见表3-5。

表 3-5　　空冷岛安装的危险因素及控制

序号	施工工序	可能导致的事故	风险分级/风险标识	主要防范措施	工作依据
1	空冷岛安装	施工前未交底，无证上岗，易发生人身安全事故	三级一般	（1）组织施工人员学习 DL 5009.1—2014，并经考试合格，持证上岗。 （2）项目开工前，技术人员组织施工人员进行安全技术交底，交代施工注意事项，施工人员进行一对一签字。施工暂停 7 天以上或跨月时要重新进行安全技术交底；当施工人员发生变化时要及时组织新人员进行安全技术交底。 （3）施工人员进入施工现场必须戴好安全帽，系牢下颌带，高空作业必须正确使用安全带，做到高挂低用。 （4）在工具房对发放使用的工器具应进行安全检查，对于不合格的工具严禁发放使用。 （5）特种作业人员和特种设备作业人员必须持证上岗	施工方案、《电力建设安全工作规程　第 1 部分：火力发电》（DL 5009.1—2014）
2		使用磨光机、电焊机时易发生触电事故、弧光打眼事故	三级一般	（1）电动工器具应经过季度检验，并有检验标识，外壳绝缘良好；使用时应先检查手柄、外壳有无裂纹，保护接地或接零线接线正确、牢固，外壳电源线完好、不漏电，插头完好。	

续表

序号	施工工序	可能导致的事故	风险分级/风险标识	主要防范措施	工作依据
2	空冷岛安装	使用磨光机、电焊机时易发生触电事故、弧光打眼事故	三级一般	（2）使用无齿锯下料时，应先检查器具的安全性，操作时材料应夹紧，砂轮片固定牢固、无裂纹，砂轮片飞转方向不能有人。 （3）使用电火焊时，操作人员应规范穿戴劳保用品。 （4）严禁非电工人员私接电源	
3		高空落物	三级一般	（1）搭设脚手架时作业人员应挂好安全带，递杆、撑杆作业人员应密切配合。使用合格的架杆、爬梯、脚手板，严禁使用弯曲、压扁、有裂纹或已严重锈蚀的材料。 （2）脚手架搭设时，要有防止材料高空坠落的措施，如将扣件放在袋中、高处工器具使用防坠绳、清理脚手架上的活动材料。 （3）作业人员严禁持物攀爬，传递材料时应相互配合，使用绳索或其他工具传递，严禁抛掷。 （4）零星部件不能在设备顶部存放（螺栓、螺母等及时清理回地面存放），设备、零部件摆放整齐，远离基础边缘，杜绝高空落物源。 （5）设备、材料吊装时应绑扎牢固，严禁兜吊。使用的吊索具必须满足负荷要求，钢丝绳安全系数	施工方案、《电力建设安全工作规程　第1部分：火力发电》（DL 5009.1—2014）

续表

序号	施工工序	可能导致的事故	风险分级/风险标识	主要防范措施	工作依据
3	空冷岛安装	高空落物	三级一般	不得小于6。吊装有棱角的构件时，吊索具与棱角接触的地方应加包角或垫方木。起吊钢结构时，应在四周拉设好警戒绳，并悬挂“正在施工，严禁入内”警示牌，派专人看护，严禁人员入内	施工方案、《电力建设安全工作规程　第1部分：火力发电》（DL 5009.1—2014）
4		施工人员易疲劳，易发生人身安全事故	三级一般	（1）施工人员不得坐在孔洞、平台边缘，严禁倚靠或骑坐在护栏上，不得躺在脚手架或安全网内休息。 （2）禁止施工人员连续超负荷工作，严禁酒后上班	
5	空冷岛设备运输	设备倾倒	三级一般	（1）设备运输时所装物体重心与车厢重心一致，并且牢固封车。运输前，必须对车辆经过的道路和环境进行仔细勘察，确认无影响车辆安全通过的因素。严禁不封车运输构件及超限运输。 （2）设备应存放在平整、坚实的地面，不规则设备要做好防倾倒的支垫措施	
6	空冷岛安装	高空坠落	三级一般	（1）对于孔洞，应加设盖板，在吊装过程中需要拆除安全设施时，应经安全部门同意，施工完毕后及时恢复。	

续表

序号	施工工序	可能导致的事故	风险分级/风险标识	主要防范措施	工作依据
6	空冷岛安装	高空坠落	三级一般	（2）高处作业应搭设施工平台并经过验收挂牌，使用门式活动脚手架时剪刀撑等各部件应安装完整，设置防倾倒措施。 （3）高处及临边作业时规范使用安全带	施工方案、《电力建设安全工作规程　第1部分：火力发电》（DL 5009.1—2014）
7		发生火灾	三级一般	（1）电火焊、气割作业办理动火作业票，施工现场配备充足的消防器材，清理周边可燃物，采取防火花飞溅的措施，安排动火监护人。动火作业后要检查确认无异常、无火种留下。 （2）危险化学品单独存放，做好密封，远离动火点及其他火源。 （3）施工现场禁止抽烟	
8		挤伤、砸伤	三级一般	（1）同时搬抬重物时，要动作一致，互相呼应，防止伤人。 （2）拖运及倒绳时，施工人员应带好防护手套，拖拉钢丝绳时相互呼应，协调一致。 （3）在钢结构安装时，应先稳住钢结构。待其不晃动后，用麻绳将其临时固定，先穿入定位销，再穿装螺栓，以防挤伤	

续表

序号	施工工序	可能导致的事故	风险分级/风险标识	主要防范措施	工作依据
9	空冷岛安装	磨光机磨片伤人	三级一般	（1）作业时，操作人员应戴防尘口罩、防护眼镜或面罩。 （2）使用与磨光机尺寸匹配的磨片，磨片损耗过大或有破损时要及时更换。 （3）更换磨头、砂轮片或检修时应切断电源。 （4）使用磨光机时严禁朝人，不可用力过大，禁止使用切割片作为磨光片使用	施工方案、《电力建设安全工作规程　第1部分：火力发电》（DL 5009.1—2014）
10		设备损坏	三级一般	（1）吊车停放位置地基进行填埋、夯实处理；且在2m内不得有较深沟道或深坑等。 （2）钢结构按措施要求拴好缆风绳，并穿装好连接螺栓后，吊车方可松钩。 （3）钢结构吊装就位时，指挥人员应在附近指挥操作，并在吊件两端拴好溜绳，以防钢结构吊装时摇摆而相互发生碰撞。 （4）根据设备的重量及吊车的性能表，选择好吊车的起吊半径，并将起吊场地平整、压实	

第六节　炉前系统化学清洗

炉前系统化学清洗的危险因素及控制见表3-6。

表 3-6　　　　　　　　　　　　炉前系统化学清洗的危险因素及控制

序号	施工工序	可能导致的事故	风险分级/风险标识	主要防范措施	工作依据
1	碱洗	施工前未交底，无证上岗	三级一般	（1）组织施工人员学习 DL 5009.1—2014，并经考试合格，持证上岗。 （2）化学清洗作业应编制专项施工方案，技术人员组织施工人员进行安全技术交底，交代施工注意事项，施工人员进行一对一签字。施工暂停 7 天以上或跨月时要重新进行安全技术交底；当施工人员发生变化时要及时组织新人员进行安全技术交底。 （3）施工人员进入施工现场必须戴好安全帽，系牢下颌带，高空作业必须正确使用安全带，做到高挂低用。 （4）在工具房对发放使用的工器具应进行安全检查，对于不合格的工器具严禁发放使用。 （5）特种作业人员和特种设备作业人员必须持证上岗	施工方案、《电力建设安全工作规程　第 1 部分：火力发电》（DL 5009.1—2014）
2		误操作	三级一般	在系统中各主要阀门上挂上“严禁操作”的警示牌，防止误操作或无关人员乱操作引起碱液泄漏	

续表

序号	施工工序	可能导致的事故	风险分级/风险标识	主要防范措施	工作依据
3	碱洗	碱液泄漏/火灾	三级一般	（1）运行中对系统不停地巡回检查，发现问题及时处理。 （2）严格遵守值班纪律，严禁睡岗、脱岗和串岗；严禁在进油的设备和管道上动用电焊、火焊。 （3）启停电动机必须办理停送电手续。 （4）清洗区域应设置警示标识，无关人员不得进入。 （5）临时管道应用无缝钢管，系统应经水压试验合格。 （6）加药区域应储备清水	施工方案、《电力建设安全工作规程 第1部分：火力发电》（DL 5009.1—2014）

第七节　汽机房桥式起重机安装

汽机房桥式起重机安装的危险因素及控制见表3-7。

表 3-7　　　　　　　　**汽机房桥式起重机安装的危险因素及控制**

序号	施工工序	可能导致的事故	风险分级/风险标识	主要防范措施	工作依据
1	行车安装	施工前未交底，无证上岗，易发生人身事故	三级一般	（1）组织施工人员学习 DL 5009.1—2014，并经考试合格，持证上岗。 （2）项目开工前，技术人员组织施工人员进行安全技术交底，交代施工注意事项，施工人员进行一对一签字。施工暂停 7 天以上或跨月时要重新进行安全技术交底；当施工人员发生变化时要及时组织新人员进行安全技术交底。 （3）施工人员进入施工现场必须戴好安全帽，系牢下颌带，高空作业必须正确使用安全带，做到高挂低用。 （4）在工具房对发放使用的工器具应进行安全检查，对于不合格的工器具严禁发放使用。 （5）特种作业人员和特种设备作业人员必须持证上岗	施工方案、《电力建设安全工作规程　第 1 部分：火力发电》（DL 5009.1—2014）
2		使用磨光机、电焊机时易发生触电事故、弧光打眼事故	三级一般	（1）电动工器具应经过季度检验，并有检验标识，外壳绝缘良好；使用时应先检查手柄、外壳有无裂纹，保护接地或接零线接线正确、牢固，外壳电源线完好、不漏电，插头完好。	

续表

序号	施工工序	可能导致的事故	风险分级/风险标识	主要防范措施	工作依据
2	行车安装	使用磨光机、电焊机时易发生触电事故、弧光打眼事故	三级一般	（2）使用无齿锯下料时，应先检查无齿锯的安全性，操作时材料应夹紧，砂轮片固定牢固、无裂纹，砂轮片飞转方向不能有人。 （3）使用电火焊时，操作人员应规范穿戴劳保用品。 （4）严禁非电工人员私接电源	施工方案、《电力建设安全工作规程　第1部分：火力发电》（DL 5009.1—2014）
3		高空落物	三级一般	（1）搭设脚手架时作业人员应挂好安全带，递杆、撑杆作业人员应密切配合。使用合格的架杆、爬梯、脚手板，严禁使用弯曲、压扁、有裂纹或已严重锈蚀的材料。 （2）脚手架搭设时，要有防止材料高空坠落的措施，如将扣件放在袋中、高处工器具使用防坠绳、清理脚手架上的活动材料。 （3）作业人员严禁持物攀爬，传递材料时应相互配合，使用绳索或其他工具传递，严禁抛掷。 （4）零星部件不能在设备顶部存放（螺栓、螺母等及时清理回地面存放），设备、零部件摆放整齐，远离基础边缘，杜绝高空落物源。	

续表

序号	施工工序	可能导致的事故	风险分级/风险标识	主要防范措施	工作依据
3	行车安装	高空落物	三级一般	（5）设备、材料吊装时应绑扎牢固，严禁兜吊。使用的吊索具必须满足负荷要求，钢丝绳安全系数不得小于6。吊装有棱角的构件时，吊索具与棱角接触的地方应加包角或垫方木。 （6）大件起吊时，严禁在重物下逗留或从重物下通过	施工方案、《电力建设安全工作规程　第1部分：火力发电》（DL 5009.1—2014）
4		施工人员易疲劳，易发生人身安全事故	三级一般	施工人员高空作业不得坐在孔洞、平台边缘，严禁骑坐在护栏上，不得躺在脚手架或安全网内休息	
5	行车运输	设备倾倒	三级一般	（1）设备运输时所装物体重心与车厢重心一致，并且牢固封车。运输前，必须对车辆经过的道路和环境进行仔细勘察，确认无影响车辆安全通过的因素。严禁不封车运输构件及超限运输。 （2）设备应存放在平整、坚实的地面，不规则设备要做好防倾倒的支垫措施。 （3）就位部件应及时连接稳固，否则要采取加固措施	

续表

序号	施工工序	可能导致的事故	风险分级/风险标识	主要防范措施	工作依据
6	行车安装	高空坠落	三级一般	（1）高处作业应搭设施工平台并经过验收挂牌，使用门式活动脚手架时剪刀撑等各部件应安装完整，设置防倾倒措施。 （2）高处及临边作业时规范使用安全带。 （3）在行车轨道梁上作业时要拉设安全水平绳	施工方案、《电力建设安全工作规程　第1部分：火力发电》（DL 5009.1—2014）

第四章

电气与热控设备安装

第一节 盘 柜 安 装

盘柜安装的危险因素及控制见表 4-1。

表 4-1　　盘柜安装的安全危险因素及控制

序号	施工工序	可能导致的事故	风险分级/风险标识	主要防范措施	工作依据
1	盘底座制作安装	人身伤害、设备损坏	三级一般	（1）驾驶员必须持证上岗，尽量避免雨天运输。 （2）严禁人、货同车。 （3）运输前检查封车是否牢固，并经安全人员检查合格后方可运输。 （4）电动工器具使用前要检查并贴合格标识。 （5）电动工器具使用要经过漏电保护器。 （6）电动工器具使用前应检查电源线路。 （7）无齿锯片使用前检查是否有裂纹。 （8）电焊作业时要戴防护眼镜。 （9）氧气瓶、乙炔瓶严禁混装，并保持一定距离。 （10）割炬使用方法要正确。 （11）对工人进行培训后上岗。 （12）正确佩戴防护用具	施工方案、《电力建设安全工作规程　第 1 部分：火力发电》（DL 5009.1—2014）

续表

序号	施工工序	可能导致的事故	风险分级/风险标识	主要防范措施	工作依据
2	盘柜柜体安装	人身伤害、设备损坏	三级一般	（1）驾驶员必须持证上岗，尽量避免雨天运输。 （2）运输前检查封车是否牢固，并经安全人员检查合格后方可运输。 （3）吊装时选好起重点，拉好拦腰绳，吊装区域拉好警戒线。 （4）施工区域照明充足。 （5）正确佩戴劳保用品，穿硬底劳保鞋。 （6）施工前加强安全教育，加强团队协作。 （7）施工前要观察周围环境。 （8）盘柜要进行防护，张贴警示标识	施工方案、《电力建设安全工作规程　第1部分：火力发电》（DL 5009.1—2014）

第二节　电　缆　安　装

电缆安装的危险因素及控制见表4-2。

表 4-2　　电缆安装的安全危险因素及控制

序号	施工工序	可能导致的事故	风险分级/风险标识	主要防范措施	工作依据
1	桥架、保护管安装	人身伤害、设备损坏	三级一般	（1）脚手架的实际承重量严禁超过设计承重量。 （2）脚手架搭设作业人员必须严格按施工方案（作业指导书）的要求搭设。 （3）脚手架的基础必须经过硬化处理满足承载力要求，做到不积水、不沉陷。 （4）大型脚手架搭设需要进行受力计算。 （5）架子工要持证上岗。 （6）搭设过程中划出工作标志区，禁止行人进入。 （7）脚手架搭设必须配合施工进度。 （8）遇到大风、暴雨等恶劣天气要停止室外施工。 （9）编制施工作业交底文件，施工前进行统一技术交底签字。 （10）施工前进行安全、技术要求交底签字。 （11）转动工具使用前要进行操作培训。 （12）起吊时由专人指挥，捆绑牢固，防止散落伤人及设备。 （13）起吊周围做好隔离警戒。	施工方案、《电力建设安全工作规程　第1部分：火力发电》（DL 5009.1—2014）

续表

序号	施工工序	可能导致的事故	风险分级/风险标识	主要防范措施	工作依据
1	桥架、保护管安装	人身伤害、设备损坏	三级一般	（14）所有电动工器具使用前要做检查并贴有合格标识才能使用，定期对电动工器具进行检查。 （15）无齿锯片使用前检查是否有裂纹。 （16）尽量避免交叉作业，如果无法避免时需要搭设硬隔离层，下方拉设警戒线。 （17）高空作业佩戴工具包，小型工具严禁抛掷	施工方案、《电力建设安全工作规程　第1部分：火力发电》（DL 5009.1—2014）
2	电缆敷设	人身伤害、设备损坏	三级一般	（1）封车牢固，禁止人货同车；电缆捆绑牢固，防止散落伤人及设备；机动车驾驶员要持证上岗。 （2）明确装用的电缆型号、数量。 （3）脚手架的基础必须经过硬化处理满足承载力要求，做到不积水、不沉陷。 （4）大型脚手架搭设需要进行受力计算。 （5）架子工要持证上岗。 （6）搭设过程中划出工作标志区，禁止行人进入。 （7）脚手架搭设必须配合施工进度。 （8）遇到大风、暴雨等恶劣天气要停止室外施工。 （9）选择合理的电缆敷设场地。 （10）选用合格的电缆敷设架，架盘时口令要一致，防止挤伤、碰伤。	

续表

序号	施工工序	可能导致的事故	风险分级/风险标识	主要防范措施	工作依据
2	电缆敷设	人身伤害、设备损坏	三级一般	（11）人员站在拐弯的外侧，防止被电缆拽到。 （12）电缆敷设前提前检查敷设路径，照明不足之处及时增加照明灯具。 （13）起吊时要由专人指挥。 （14）起吊前做好包角，起吊周围做好隔离警戒。 （15）架盘上方不能交叉作业，如有交叉作业需要做好硬隔离层。 （16）高空作业佩戴工具包，小型工具严禁抛掷。 （17）在带电区域敷设电缆时，办理工作票。 （18）对施工人员进行上岗前培训，进行安全技术交底	施工方案、《电力建设安全工作规程　第1部分：火力发电》（DL 5009.1—2014）
3	电缆接线	人身伤害、设备损坏	三级一般	（1）施工前进行安全、技术交底并签字。 （2）根据电缆清册型号进行整理。 （3）电缆整理弯头处留好足够的弯曲半径。 （4）电缆整理前提前检查敷设路径，照明不足的地方及时增加照明灯具。 （5）电缆开头时及时用电笔验电。 （6）电缆接线要避免交叉作业。 （7）在带电区域电缆施工时，办理工作票。 （8）对施工人员进行上岗前培训	施工方案、《电力建设安全工作规程　第1部分：火力发电》（DL 5009.1—2014）

第三节 仪 表 安 装

仪表安装的危险因素及控制见表 4-3。

表 4-3　　仪表安装的安全危险因素及控制

序号	施工工序	可能导致的事故	风险分级/风险标识	主要防范措施	工作依据
1	取源部件安装	人身伤害、设备损坏	三级一般	（1）标识介质流向，流量、节流装置按介质流向安装。 （2）工器具校验合格，粘贴标识后使用。 （3）对施工人员进行上岗前培训。 （4）做好安全、技术交底	施工方案、《电力建设安全工作规程　第1部分：火力发电》（DL 5009.1—2014）
2	仪表安装	人身伤害、设备损坏	三级一般	（1）标识仪表型号。 （2）工器具校验合格，并粘贴合格标识后使用。 （3）对施工人员进行上岗前培训。 （4）做好安全、技术交底	
3	管路连接	人身伤害、设备损坏	三级一般	（1）水压试验：初步检查无漏水现象后再升压，当升到 0.05MPa 时应进行一次检查；当水压上升到额定工作压力时暂停升压，检查各部分应无漏水、变形等现象发生。	

续表

序号	施工工序	可能导致的事故	风险分级/风险标识	主要防范措施	工作依据
3	管路连接	人身伤害、设备损坏	三级一般	（2）水压区域设置警戒区。 （3）对施工人员进行上岗前培训。 （4）做好安全、技术交底	施工方案、《电力建设安全工作规程　第1部分：火力发电》（DL 5009.1—2014）

第四节　蓄 电 池 安 装

蓄电池安装的危险因素及控制见表4-4。

表4-4　　蓄电池安装的安全危险因素及控制

序号	施工工序	可能导致的事故	风险分级/风险标识	主要防范措施	工作依据
1	搬运	人身伤害、设备损坏	三级一般	（1）运输时封车要牢固，行车时应缓慢，前方应有专人指挥。 （2）蓄电池搬运人力足够，且轻抬轻放，施工人员戴好防护手套；现场准备碳酸氢钠溶液或清水，以便于稀释处理溢出的酸液。 （3）对施工人员进行上岗前培训。 （4）做好安全、技术交底	施工方案、《电力建设安全工作规程　第1部分：火力发电》（DL 5009.1—2014）

续表

序号	施工工序	可能导致的事故	风险分级/风险标识	主要防范措施	工作依据
2	安装及充放电	人身伤害、设备损坏	三级一般	（1）连接用的工具手柄要包上绝缘带，防止发生蓄电池两极短路，造成人员触电。 （2）作业后蓄电池要做好防护，防止蓄电池的两极被外物短路。 （3）施工人员在蓄电池室内工作时，应将蓄电池室的通风设备打开，保持室内空气通畅。 （4）制定蓄电池施工的安全管理制度和安全操作规程，并监督施工人员执行。 （5）对施工人员进行上岗前培训。 （6）做好安全、技术交底	施工方案、操作规程、安全管理制度、《电力建设安全工作规程　第1部分：火力发电》（DL 5009.1—2014）

第五节　发电机出线设备安装

发电机出线设备安装的危险因素及控制见表4-5。

表 4-5　　　　　　　　发电机出线设备安装的安全危险因素及控制

序号	施工工序	可能导致的事故	风险分级/风险标识	主要防范措施	工作依据
1	倒运（运输、吊装）	挤压伤害、物体打击	三级一般	（1）用钢丝绳、尼龙吊带、封车带及手拉葫芦封车时应牢固，行车要慢，前方需要有专人指挥。 （2）所有使用的起吊索具应经检验合格，吊物捆绑牢固。 （3）进行受力分析，吊物捆绑选择科学合理的捆绑方式，且捆绑牢固。 （4）吊装由专业起重工指挥，起重工应持证上岗。 （5）起重机械操作人员应持证上岗。 （6）起重工作应有统一的指挥和信号，指挥应用旗和口哨进行，不宜单独使用对讲机指挥联络。 （7）起吊区域应拉设警戒绳，严禁无关人员通过或者逗留。 （8）制定起重吊装安全管理制度和安全操作规程。 （9）作业过程全程设专人监护。 （10）对施工人员进行安全技术交底，开展安全技术培训。 （11）开展站班会，每周安全活动。 （12）施工人员佩戴安全带、安全帽等劳动保护用品	施工方案、操作规程、安全管理制度、《电力建设安全工作规程　第1部分：火力发电》（DL 5009.1—2014）

续表

序号	施工工序	可能导致的事故	风险分级/风险标识	主要防范措施	工作依据
2	设备安装	高处坠落	三级一般	（1）高空作业时应精力集中，严禁酒后上班，严禁高空大闹、嬉戏。 （2）高空作业时必须系好安全带，安全带挂在上方牢固可靠处。 （3）作业过程全程设专人监护。 （4）对施工人员进行安全技术交底，开展安全技术培训	施工方案、操作规程、安全管理制度、《电力建设安全工作规程 第1部分：火力发电》（DL 5009.1—2014）
3	封闭铝母线焊接	职业危害火灾	三级一般	（1）用钢丝绳、尼龙吊带、封车带及手拉葫芦封车时应牢固，行车要慢，前方需要有专人指挥。 （2）所有使用的起吊索具应经检验合格，吊物捆绑牢固。 （3）进行受力分析，吊物捆绑选择科学合理的捆绑方式，且捆绑牢固。 （4）吊装由专业起重工指挥，起重工应持证上岗。 （5）起重机械操作人员应持证上岗。 （6）起重工作应有统一的指挥和信号，指挥应用旗和口哨进行，不宜单独使用对讲机指挥联络。 （7）起吊区域应拉设警戒绳，严禁无关人员通过或者逗留。	

续表

序号	施工工序	可能导致的事故	风险分级/风险标识	主要防范措施	工作依据
3	封闭铝母线焊接	职业危害火灾	三级一般	（8）制定起重吊装安全管理制度和安全操作规程。 （9）作业过程全程设专人监护。 （10）对施工人员进行安全技术交底，开展安全技术培训。 （11）开展站班会，每周安全活动。 （12）施工人员佩戴安全带、安全帽等劳动保护用品	施工方案、操作规程、安全管理制度、《电力建设安全工作规程　第1部分：火力发电》（DL 5009.1—2014）

第五章

起重机械安装与拆除

第一节　附着塔式起重机安装

附着塔式起重机安装的安全危险因素及控制见表 5-1。

表 5-1　　附着塔式起重机安装的安全危险因素及控制

序号	施工工序	可能导致的事故	风险分级/风险标识	主要防范措施	工作依据
1	底架安装	部件歪倒伤人	三级一般	进行组装时，单件设备下必须有两个及以上支撑点，以防部件歪倒伤人	施工方案、《电力建设安全工作规程　第1部分：火力发电》（DL 5009.1—2014）
2		施工人员挤伤	三级一般	进行对接作业时，施工人员应避开部件的移动方向及死角，以防被挤伤	
3		施工人员伤害	三级一般	螺栓孔就位时，严禁用手进行触摸，以防止挤手；用冲头进行就位时，必须有两个螺栓上好螺帽后方可打出冲头及打入其他螺栓，防止连接板坠落伤人	
4		漏电伤人	三级一般	使用电动扳手时，必须由专业电工进行接线，且必须经漏电保护器	

续表

序号	施工工序	可能导致的事故	风险分级/风险标识	主要防范措施	工作依据
5	塔身、套架、承座及液压顶升系统、登机电梯的安装	套架损坏	三级一般	（1）顶升套架在套装过程中，必须专人监护套架的滚轮和起吊绳的受力情况，一旦发现滚轮卡住或起吊绳不受力时，立即停止落钩，调整后方可继续落钩，以防套架歪倒。 （2）起吊前必须在套架上拴挂溜绳，防止就位时因受风力作业与基础节发生碰撞，损坏设备	施工方案、《电力建设安全工作规程　第1部分：火力发电》（DL 5009.1—2014）
6		施工人员伤害	三级一般	（1）钢丝绳在承座上的固定应牢固、可靠，从承座上下放钢丝绳时，必须使用溜绳缓慢下方，严防钢丝绳因自由坠落而抽绳伤人。 （2）高空作业人员应正确拴好安全带，做到高挂低用，严防人身高空坠落。抱瓦、螺栓等应放置可靠，进行安装时，采取 有效的防范措施防止高空落物伤人	
7	前、后机台安装	起吊机械机械超负荷	二级较大	吊物离开地面后，校验 M2250 履带式起重机负荷量，严禁超负荷作业，严禁带载超过 2/3（额定负荷量小于 50t 时）时进行跑车	

续表

序号	施工工序	可能导致的事故	风险分级/风险标识	主要防范措施	工作依据
8	人字架安装	高空坠落及高空落物	二级较大	（1）高空作业人员必须正确使用安全带，做到高挂低用，严防高空坠落。 （2）轴销、卡环等物品可靠放置，严防高空落物伤人	施工方案、《电力建设安全工作规程　第1部分：火力发电》（DL 5009.1—2014）
9	吊装操作室、电气柜、副起升机构、主起升机构、变幅机构	损坏机台及其他部位钢结构	二级较大	装好起重臂后，平衡臂上未装够足够平衡重前，严禁起重臂掉载，否则可能造成钢结构损害	施工方案、《电力建设安全工作规程　第1部分：火力发电》（DL 5009.1—2014）
10	起重臂组装、吊装	起重臂变形	二级较大	（1）为防止起重臂在组装过程中产生变形或起重臂坍塌，道木垛子尽可能搭设6道，垫支位置在接头处主旋杆下方。 （2）吊钩绳在起重臂上的锁定必须可靠牢固，防止吊钩绳自由坠落	
11		起吊时钢丝绳受力不均	二级较大	必须严格验证起吊索具的使用，进行起吊时，两侧吊点必须单独用绳防止串绳，在就位根部轴销时，必须考虑钢丝绳受力的转移（靠近根部侧钢丝绳承受起吊力量）	

续表

序号	施工工序	可能导致的事故	风险分级/风险标识	主要防范措施	工作依据
12	起重臂组装、吊装	损伤斜撑或在吊装中发生滑绳现象	二级较大	起吊绳必须绕过人字斜撑的外侧进行兜吊，严禁绕过人字斜撑中间或内侧，否则会损伤斜撑或在吊装中发生滑绳现象	施工方案、《电力建设安全工作规程　第1部分：火力发电》（DL 5009.1—2014）
13		恶劣天气施工	二级较大	当风力到达五级及以上时，当遇有恶劣天气时，严禁进行起重臂的吊装作业。严禁夜间进行起重臂的吊装工作，确保起重臂吊装与变幅绳穿绕工作的连贯性	
14		起重臂损坏及人员伤害	二级较大	起重臂与回转塔身轴销连接前，严禁施工人员站到起重臂上进行轴销的穿装，以免起重臂因重心偏移撞击塔身而造成设备损坏或施工人员高空坠落	
15		起吊机械故障	二级较大	起重臂离开地面20cm后，必须对重心位置及M2250的起吊性能进行验证，检查地基及路况情况，确保无误后方可继续起吊	
16	变幅绳的穿绕	钢丝绳在穿过滑轮组时卡滞	二级较大	（1）要求细钢丝绳的插进长度不少于0.5m，接头的出头用细铁丝绑好，再用黑胶布缠好，确保连接牢固、平滑，以免通过滑轮时卡住或抽绳伤人。 （2）高空施工及监护人员应避开钢丝绳接头的正下方	

续表

序号	施工工序	可能导致的事故	风险分级/风险标识	主要防范措施	工作依据
17	变幅绳的穿绕	钢丝绳在穿过滑轮组时人员监护不到位	二级较大	在钢丝绳的每一个拐角处、在每一个滑轮（组）处、在卷扬机处、在盘钢丝绳处都必须有人监护，发现问题立即停止，处理后方可继续穿绳	施工方案、《电力建设安全工作规程　第1部分：火力发电》（DL 5009.1—2014）
18	塔身顶升安装作业	顶升过程中塔式起重机误动作	三级一般	检查调整套架支撑滚轮、滑块间隙在2～3mm。顶升期间严禁回转、变幅动作	
19		顶升过程中操作失误	二级较大	顶升过程中，应设专人操作液压站，专人监护顶升横梁及支撑杆的卡入情况，专人监护滚轮间隙，每次操纵液压站前，必须确保无误	
20		起升卷扬机故障	二级较大	（1）顶升标准节前整好小跑车行程限位开关。对提升用的10t卷扬机进行负荷试验，调试刹车。 （2）试验合格后方可进行顶升工作，顶升过程严禁因小跑车与吊具顶死而导致卷扬机过载	
21	塔式起重机自立高度试吊	试吊时，选取重物误差过大造成试吊机械过负荷	二级较大	试吊物重量误差不得大于3%，工作半径应用卷尺进行校核。严格按照起重性能图表进行试吊，试吊前办理安全施工作业票	

续表

序号	施工工序	可能导致的事故	风险分级/风险标识	主要防范措施	工作依据
22	塔式起重机自立高度试吊	试吊工器具不合格	二级较大	试吊用的千斤绳、卡环必须经检验合格，千斤绳与棱角接触处必须垫包角	施工方案、《电力建设安全工作规程 第1部分：火力发电》（DL 5009.1—2014）
23		试吊时，试吊机械各机构监督不到位，容易发生事故	二级较大	必须在地面1m内反复实验后方可提升试吊高度。试吊时应设专人监护地基、专人监护刹车、专人监护变幅及吊钩钢丝绳，发现任何异常应立即停止试吊，排除异常后方可试吊	
24		试吊时，操作人员误动作	二级较大	操作人员、起重人员明确对象，确保信号明确后方可进行作业	
25		无关人员进入试吊区域	二级较大	试吊物下方严禁站人，试吊物回转时其区域设安全监护人，严防任何人员进入	
26	附着撑的安装	无关人员进入施工区域	二级较大	地面设安全监护人，严防与施工无关的人员进入施工区域，严防进行交叉作业	施工方案、《电力建设安全工作规程 第1部分：火力发电》（DL 5009.1—2014）
27		附着梁下滑	二级较大	附着梁安装到锅炉立柱以后，必须加做立撑，以防止附着梁下滑	

第二节　附着塔式起重机拆除

附着塔式起重机拆除的安全危险因素及控制见表 5-2。

表 5-2　附着塔式起重机拆除的安全危险因素及控制

序号	施工工序	可能导致的事故	风险分级/风险标识	主要防范措施	工作依据
1	塔身顶升作业	液压顶升系统误操作	二级较大	顶升系统由专人操作。作业时，设专人指挥，指挥信号清晰、明确，操作人员要精力集中，准确操作，听不清指挥信号时严禁操作，监护人员要严密观察，发现异常立即报告，及时停止作业	施工方案、《电力建设安全工作规程　第 1 部分：火力发电》（DL 5009.1—2014）
2		指挥信号不规范或不清晰、明确，无专人进行指挥	二级较大	指挥信号严格按照 GB/T 5082 指挥；指挥信号清晰明确，听不清指挥信号或指挥信号不明时，严禁操作；设专人进行指挥	
3		拆除抱瓦或螺栓时，把手伸进螺栓孔内	三级一般	要使用撬棒进行配合拆除，严禁把手伸进螺栓孔内，严防挤伤	

续表

序号	施工工序	可能导致的事故	风险分级/风险标识	主要防范措施	工作依据
4	拆除附着装置，在塔式起重机独立最低工况下拆除主机各部分	塔式起重机下降拆除过程中出现意外事故损坏	二级较大	（1）塔身下降拆除作业期间，严禁塔式起重机回转、变幅。 （2）顶升横梁端轴、支撑杆均要可靠卡入顶升踏步支座孔内。顶升套架上滚轮、滑块禁止超越标准节上连接件滑道部分，即防止顶升冒顶。 （3）在顶升或下降时，应随时调整标准节引入装置吊具高度，使钢丝绳始终处于松弛状态。在吊装塔身或拆装小跑车、吊具间销轴时，严禁小跑车与吊具顶死，导致卷扬机过载。 （4）塔式起重机下降拆除作业时，在套架四角每个滑块及滚轮处设专人监护升、降情况。在两个顶升油缸上分别放置钢板尺，测量油缸伸缩是否同步，专人监测。 （5）附着装置拆除后，当天要将塔身下降拆卸到下一层附着工况。不能下降到下一层附着工况时，必须将塔式起重机可靠制动。 （6）拆下的塔式起重机部件必须放置平稳、牢靠，严防倾倒。 （7）塔身下降拆卸，每天作业完毕，必须将标准节或附着节与下承座临时抱瓦连接紧固，液压顶升系统操纵手柄回零，并将塔式起重机可靠制动才可收工	施工方案、《电力建设安全工作规程　第1部分：火力发电》（DL 5009.1—2014）

续表

序号	施工工序	可能导致的事故	风险分级/风险标识	主要防范措施	工作依据
5	拆除附着装置，在塔式起重机独立最低工况下拆除主机各部分	大风或恶劣天气，夜间照明不足时施工	二级较大	进行下降拆除作业时，风力大于四级时严禁进行下降作业；其他恶劣天气或夜间照明不足时严禁施工	施工方案、《电力建设安全工作规程　第1部分：火力发电》（DL 5009.1—2014）
6		顶升过程中塔式起重机误动作	二级较大	检查调整套架支撑滚轮、滑块间隙在2～3mm。顶升期间严禁回转、变幅动作	
7		起升卷扬机故障	二级较大	（1）升前调整好标准节引入小跑车行程限位开关。 （2）对提升用的10t卷扬机进行负荷试验，调试刹车。 （3）试验合格后方可进行顶升工作，顶升过程严禁因小跑车与吊具顶死而导致卷扬机过载	
8		履带式起重机作业场地不平整、坚实，或两侧履带板高度偏差过大，带载超过额定负荷2/3行走，超负荷起吊	二级较大	履带式起重机作业场地必须平整、坚实，并铺设专用垫板；两侧履带板偏差不得大于3°；负荷超过2/3时，严禁行走；严格按照起吊性能表作业，严禁超负荷起吊	

续表

序号	施工工序	可能导致的事故	风险分级/风险标识	主要防范措施	工作依据
9	拆除附着装置，在塔式起重机独立最低工况下拆除主机各部分	施工人员伤害	二级较大	（1）高空作业人员应正确拴好安全带，做到高挂低用，严防人身高空坠落。 （2）抱瓦、螺栓等应放置可靠，进行安装时，采取有效的防范措施防止高空落物伤人	施工方案、《电力建设安全工作规程　第1部分：火力发电》（DL 5009.1—2014）
10		高空坠落及高空落物	二级较大	（1）高空作业人员必须正确使用安全带，做到高挂低用，严防高空坠落。 （2）轴销、卡环等物品可靠放置，严防高空落物伤人	
11		起吊索具、卸扣等有缺陷或损坏	二级较大	（1）所有起吊索具、卸扣、葫芦等使用前必须进行严格检查，确保完好后方可使用，使用过程中专人进行监护。 （2）起吊绳安全系数要大于8倍。 （3）棱角处必须垫包角。 （4）起吊时夹角不应大于90°	施工方案、《电力建设安全工作规程　第1部分：火力发电》（DL 5009.1—2014）
12		附着梁下滑	二级较大	附着梁安装到锅炉立柱以后，必须加做立撑，以防止附着梁下滑	

续表

序号	施工工序	可能导致的事故	风险分级/风险标识	主要防范措施	工作依据
13	拆除附着装置，在塔式起重机独立最低工况下拆除主机各部分	起重臂变形	二级较大	（1）为防止起重臂在组装过程中产生变形或起重臂坍塌，道木垛子尽可能搭设6道，垫支位置在接头处主旋杆下方。 （2）吊钩绳在起重臂上的锁定必须可靠、牢固，防止吊钩绳自由坠落	施工方案、《电力建设安全工作规程　第1部分：火力发电》（DL 5009.1—2014）
14		起吊时钢丝绳受力不均	二级较大	必须严格验证起吊索具的使用，进行起吊时，两侧吊点必须单独用绳，防止串绳，在就位根部轴销时，必须考虑钢丝绳受力的转移（靠近根部侧钢丝绳承受起吊力量）	
15		损伤斜撑或在吊装中发生滑绳现象	二级较大	起吊绳必须绕过人字斜撑的外侧进行兜吊，严禁绕过人字斜撑中间或内侧，否则会损伤斜撑或在吊装中发生滑绳现象	
16		恶劣天气施工	二级较大	当风力到达五级及以上时，当遇有恶劣天气时，严禁进行起重臂的吊装作业。严禁夜间进行起重臂的吊装工作，确保起重臂吊装与变幅绳拆除工作的连贯性	
17		起重臂损坏及人员伤害	二级较大	起重臂与回转塔身轴销连接前，严禁施工人员站到起重臂上进行轴销的穿装，以免起重臂因重心偏移撞击塔身而造成设备损坏或施工人员高空坠落	

续表

序号	施工工序	可能导致的事故	风险分级/风险标识	主要防范措施	工作依据
18	拆除附着装置，在塔式起重机独立最低工况下拆除主机各部分	起吊机械故障	二级较大	起重臂离开地面 20cm 后，必须对重心位置及M2250 等的起吊性能进行验证，检查地基及路况情况，确保无误后方可继续起吊	施工方案、《电力建设安全工作规程 第1部分：火力发电》（DL 5009.1—2014）
19		钢丝绳在穿过滑轮组时卡滞	二级较大	要求细钢丝绳的插进长度不少于 0.5m，接头的出头用细铁丝绑好，再用黑胶布缠好，确保连接牢固、平滑，以免通过滑轮时卡住或抽绳伤人。高空施工及监护人员应避开钢丝绳接头的正下方	
20		钢丝绳在穿过滑轮组时人员监护不到位	二级较大	在钢丝绳的每一个拐角处、在每一个滑轮（组）处、在卷扬机处、在盘钢丝绳处都必须有人监护，发现问题立即停止，处理后方可继续穿绳	
21		试吊时，试吊机械各机构监督不到位	二级较大	（1）必须在地面 1m 内反复实验后方可提升试吊高度。 （2）试吊时应设专人监护地基，专人监护刹车，专人监护变幅及吊钩钢丝绳，发现任何异常应立即停止试吊，排除异常后方可试吊	

续表

序号	施工工序	可能导致的事故	风险分级/风险标识	主要防范措施	工作依据
22	拆除附着装置，在塔式起重机独立最低工况下拆除主机各部分	试吊时，操作人员误动作	二级较大	操作人员、起重人员明确对象，确保信号明确后方可进行作业动作	施工方案、《电力建设安全工作规程　第1部分：火力发电》（DL 5009.1—2014）
23		无关人员进入试吊区域	二级较大	试吊物下方严禁站人，试吊物回转时其区域设安全监护人，严防任何人员进入	

第三节　桥门式起重机安装

桥门式起重机安装（以60t/41m龙门式起重机为例）的安全危险因素及控制见表5-3。

表5-3　　桥门式起重机安装的安全危险因素及控制

序号	施工工序	可能导致的事故	风险分级/风险标识	主要防范措施	工作依据
1	施工准备	施工前未交底，无证上岗，容易发生人身安全事故	三级一般	（1）组织施工人员学习DL 5009.1—2014，并经考试合格持证上岗。 （2）项目开工前，技术人员组织施工人员进行安全技术交底，讲明施工注意事项，施工人员进行一对一签字。施工跨月时要进行跨月交底，并根据前	施工技术管理及安全管理规章制度

续表

序号	施工工序	可能导致的事故	风险分级/风险标识	主要防范措施	工作依据
1	施工准备	施工前未交底，无证上岗，容易发生人身安全事故	三级一般	阶段施工重新进行针对性交底，当施工人员发生变化时要及时组织新人员进行安全技术交底。 （3）施工人员进入施工现场必须戴好安全帽，系牢下颌带，高空作业必须正确系好安全带，严禁低挂高用。 （4）在工具房对发放使用的工器具应进行安全检查，对于不合格的工器具严禁发放使用	施工技术管理及安全管理规章制度
2		作业区未拉设安全警戒绳、警示标志	三级一般	作业区周围设警戒线，专人负责，严禁无关人员进入作业区	施工方案、《电力建设安全工作规程　第1部分：火力发电》（DL 5009.1—2014）
3		配合机械安全装置有缺陷	二级较大	对配合吊车的安全装置、力矩显示器以及刹车系统进行检验，合格后再使用	
4	行走台车就位	起重索具、吊具损坏	二级较大	所用索具、吊具等在使用前经检查完好、无损。千斤绳的安全系数要大于8倍，无断丝，磨损不超标，起吊时夹角不大于90°，棱角处垫包角	

续表

序号	施工工序	可能导致的事故	风险分级/风险标识	主要防范措施	工作依据
5	行走台车就位	行走台车支垫不牢固	二级较大	行走台车必须用枕木、薄木片、木楔等支垫牢固，防止倾翻	施工方案、《电力建设安全工作规程　第1部分：火力发电》（DL 5009.1—2014）
6		起重机械倾翻、折臂等事故	二级较大	（1）起吊作业严格按《起重机　手势信号》（GB/T 5082）和吊机性能表指挥，严禁超负荷使用，严禁违章操作、指挥。 （2）配合施工的50t汽车吊和履带式起重机停车位置必须平整、坚实，汽车吊每个支腿下必须铺设2根标准道木，履带式起重机吊重物必须在履带下垫上专用垫板。 （3）严格执行施工方案（作业指导书）制定的起吊方案	
7		恶劣天气施工，易发生事故	二级较大	遇有雨雪、大雾、6级及以上大风等恶劣天气时，应停止作业	
8	支腿和桥架组合	作业人员被吊物挤伤等意外伤害	三级一般	（1）作业人员要正确使用安全防护用品，作业前观察好作业环境，作业时协调一致，做好“一对一”安全监护，防止意外伤害。 （2）所有作业人员必须严格遵守现场安全纪律，进入施工现场戴好安全帽，系牢下颌带。 （3）施工人员站位时避开吊物移动的方向	

续表

序号	施工工序	可能导致的事故	风险分级/风险标识	主要防范措施	工作依据
9	地锚布置拉设揽风	组合时支垫不稳	三级一般	桥架组合时必须用道木支垫平稳、牢固，严防倾倒损坏	施工方案、《电力建设安全工作规程　第1部分：火力发电》（DL 5009.1—2014）
10		缆风绳与地面的夹角过大，易发生事故	二级较大	缆风绳与地面的夹角不得大于45°	
11		缆风绳与地锚连接不牢固，易发生事故	二级较大	缆风绳与地锚应牢固连接，缆风绳端部绳卡的数量不得少于3个	施工方案、《电力建设安全工作规程　第1部分：火力发电》（DL 5009.1—2014）
12		缆风绳越过公路或街道时，架空高度太小，易发生事故	二级较大	缆风绳越过公路或街道时，架空高度不应小于7m	
13		高处人身坠落	二级较大	（1）上下支腿时正确使用防坠器，穿防滑鞋。 （2）支腿上正确拴挂软爬梯，施工人员上下支腿通过软爬梯	

续表

序号	施工工序	可能导致的事故	风险分级/风险标识	主要防范措施	工作依据
14	地锚布置拉设揽风	施工人员未正确使用手拉葫芦，易发生事故	三级一般	（1）手拉葫芦刹车片严禁沾染油脂。 （2）不得超负荷使用，起重能力在5t以下的允许1人拉链，起重能力在5t以上的允许两人拉链，不得随意增加人数，猛拉操作时，人不得站在链条葫芦的正下方。 （3）吊起的重物需在空中停留较长时间时，应将拉链拴在起重链上，并在重物上加设保险绳	施工方案、《电力建设安全工作规程　第1部分：火力发电》（DL 5009.1—2014）
15	安装支腿	作业人员打大锤时戴手套。打大锤时挥出方向有人，易发生人身伤害事故	二级较大	打大锤时挥出方向严禁站人，螺栓弹出方向严禁站人。作业人员打大锤时严禁戴手套	
16		支腿缆风绳拉设不规范，易发生事故	二级较大	（1）用缆风绳拉设固定牢靠，每支腿内、外两侧各设最少2根，缆风绳生根处挂3t和5t的手拉葫芦，以备收紧缆风绳。 （2）应特别注意缆风绳不应影响桥架拆除起吊，缆风绳与地面的夹角应控制在30°～45°	

续表

<table>
<tr><th>序号</th><th>施工工序</th><th>可能导致的事故</th><th>风险分级/风险标识</th><th>主要防范措施</th><th>工作依据</th></tr>
<tr><td>17</td><td>安装支腿</td><td>作业人员将手或手指伸入销轴或螺栓孔内，易发生事故</td><td>三级一般</td><td>在穿绳或销轴、螺栓安装时，作业人员严禁将手或手指伸入滑轮饼、销轴或螺栓孔内</td><td>施工方案、《电力建设安全工作规程　第1部分：火力发电》（DL 5009.1—2014）</td></tr>
<tr><td>18</td><td rowspan="4">桥架安装</td><td>吊点、吊具选择错误，易发生事故</td><td>二级较大</td><td>桥架起吊应严格按《施工方案/作业指导书》选定的吊点、吊具进行</td><td rowspan="4">施工方案、《电力建设安全工作规程　第1部分：火力发电》（DL 5009.1—2014）</td></tr>
<tr><td>19</td><td>人身高空坠落</td><td>二级较大</td><td>（1）安装过程中正确使用安全带，穿防滑鞋。
（2）按规范铺设脚手板，绑扎固定牢固。
（3）桥架拉设水平安全绳</td></tr>
<tr><td>20</td><td>高空落物伤人</td><td>三级一般</td><td>高处作业人员佩带工具袋，大的零部件、工器具拴挂安全绳</td></tr>
<tr><td>21</td><td>高空人身坠落</td><td>二级较大</td><td>（1）桥架上方和桥架中间均需拉设水平安全绳，作业人员行走时必须将安全带挂在水平安全绳上。
（2）拆除过程中正确使用安全带，穿防滑鞋。
（3）按规范搭设脚手板，绑扎固定牢固，验收合格</td></tr>
</table>

续表

序号	施工工序	可能导致的事故	风险分级/风险标识	主要防范措施	工作依据
22	桥架安装	电动工具未经漏电保护器，易发生事故	三级一般	所用的电动工具必须经试验合格，并经可靠的漏电保护器	施工方案、《电力建设安全工作规程　第1部分：火力发电》（DL 5009.1—2014）
23		吊车超负荷使用，易发生事故	二级较大	严禁超负荷使用吊车，每台吊车所承受负荷严格按照施工方案（作业指导书）的规定执行	
24		桥架起吊时，未拴溜绳，易发生事故	三级一般	在桥架两端分别拴溜绳，防止在起吊过程中桥架转动	
25		千斤绳安全系数小于8倍。棱角处不垫包角，易发生事故	二级较大	起吊索具安全系数不得小于8倍，棱角处必须加垫包角	
26		桥架起吊时未设专人指挥，易发生事故	二级较大	桥架起吊时应设专人统一指挥，桥架离地100mm时检验刹车性能	

续表

序号	施工工序	可能导致的事故	风险分级/风险标识	主要防范措施	工作依据
27	桥架安装	双机抬吊作业未办理安全施工作业票，易发生事故	三级一般	双机抬吊作业开工前两天办理安全施工作业票。安全施工作业票必须进行现场交底，在交底的 4h 内开始施工，否则必须重新交底	施工方案、《电力建设安全工作规程　第 1 部分：火力发电》（DL 5009.1—2014）
28		挤伤手脚或被障碍物绊倒	三级一般	施工过程中要集中注意力，观察好周围环境，做好安全“一对一”监护	
29	电气系统接线	非电工人员接线，易发生事故	三级一般	严禁非电工接线	
30		带电作业，易发生事故	二级较大	严禁带电作业	施工方案、《电力建设安全工作规程　第 1 部分：火力发电》（DL 5009.1—2014）
31	试吊检验	吊物下方站人，易发生事故	二级较大	起吊物下严禁站人，作业人员严格执行“一对一”结伴监护，作业时互相提醒，互相监督	
32		试吊检验时试吊物滑脱，发生事故	二级较大	试吊物必须摆放整齐，起吊前检查试吊物捆绑牢靠	
33		试吊过程中制动器失灵，发生事故	二级较大	试吊作业时，设专人监护各卷扬机制动装置	

续表

序号	施工工序	可能导致的事故	风险分级/风险标识	主要防范措施	工作依据
34	试吊检验	未办理安全施工作业票，易发生事故	三级一般	试吊作业开工前两天办理安全施工作业票。安全施工作业票必须进行现场交底，在交底的4h内开始施工，否则必须重新交底	施工方案、《电力建设安全工作规程 第1部分：火力发电》（DL 5009.1—2014）

第四节 桥门式起重机拆除

桥门式起重机（以60t/41m龙门式起重机为例）拆除的安全危险因素及控制见表5-4。

表5-4　桥门式起重机拆除安全危险因素及控制

序号	施工工序	可能导致的事故	风险分级/风险标识	主要防范措施	工作依据
1	施工准备	施工前未交底，无证上岗，易发生事故	三级一般	（1）组织施工人员学习DL 5009.1—2014，并经考试合格，持证上岗。 （2）项目开工前，技术人员组织施工人员进行安全技术交底，讲明施工注意事项，施工人员进行一对一签字。施工跨月时要进行跨月交底，并根据前	施工技术管理及安全管理规章制度

续表

序号	施工工序	可能导致的事故	风险分级/风险标识	主要防范措施	工作依据
1	施工准备	施工前未交底，无证上岗，易发生事故	三级一般	阶段施工重新进行针对性交底，当施工人员发生变化时要及时组织新人员进行安全技术交底。 （3）施工人员进入施工现场必须戴好安全帽，系牢下颌带，高空作业必须正确系好安全带，严禁低挂高用。 （4）在工具房对发放使用的工器具应进行安全检查，对于不合格的工器具严禁发放使用	施工技术管理及安全管理规章制度
2	拆除电动葫芦、主钩、小跑车	高空落物伤人	三级一般	（1）使用的榔头、扳手等工具要用安全绳拴挂牢靠。 （2）不用的工具，拆下的销钉、螺栓等零部件要放在工具包内，及时运往地面。 （3）作业区下方拉设安全警戒绳，并设专人监护，严禁无关人员进入	施工方案、《电力建设安全工作规程 第1部分：火力发电》（DL 5009.1—2014）
3		高处人身坠落	二级较大	（1）作业人员必须正确挂牢安全带，穿防滑鞋。 （2）桥架上方和桥架中间均需拉设水平安全绳，作业人员行走时必须将安全带挂在水平安全绳上。 （3）按规范铺设脚手板，绑扎固定牢固	

续表

序号	施工工序	可能导致的事故	风险分级/风险标识	主要防范措施	工作依据
4	拆除电动葫芦、主钩、小跑车	起重索具、吊具损坏，易发生事故	二级较大	所用索具、吊具等在使用前经检查完好无损。千斤绳的安全系数要大于8倍，无断丝，磨损不超标，起吊时夹角不大于90°，棱角处垫包角	施工方案、《电力建设安全工作规程　第1部分：火力发电》（DL 5009.1—2014）
5		配合拆卸的起重机械意外事故损坏	二级较大	（1）作业用起重机械性能良好，安全装置灵敏可靠。停车位置必须平整坚实。严禁超负荷作业。 （2）操作人员必须按指挥信号精心操作，严格遵守安全操作规程，严禁违章作业。 （3）起重指挥必须严格按照《起重机　手势信号》（GB/T 5082）规定的指挥信号指挥，严禁违章指挥	
6		主钩、牵引跑车抽绳过程无监护，易发生事故	三级一般	抽绳过程设专人监护绳端及过滑轮情况，绳端用溜绳进行溜放	
7		作业人员意外伤害	三级一般	（1）作业人员要正确使用安全防护用品，作业前观察好作业环境，作业时协调一致，做好“一对一”安全监护，防止意外伤害。 （2）在主钩横梁上铺设脚手板，以方便拆除电动葫芦时施工人员站立和电动葫芦的放置	

续表

序号	施工工序	可能导致的事故	风险分级/风险标识	主要防范措施	工作依据
8	拆除电动葫芦、主钩、小跑车	电动葫芦捆绑不牢固，易发生事故	二级较大	用 2 只 2t 手拉葫芦将电动葫芦吊挂在桥架上，并拉紧，使电动葫芦稍稍离开电动葫芦梁，拆除大螺栓和垫圈，放松手拉葫芦，将电动葫芦放到主钩横梁上，用手拉葫芦封好后，将主钩落到地面上	施工方案、《电力建设安全工作规程　第 1 部分：火力发电》（DL 5009.1—2014）
9		特殊工种作业人员，未持证上岗，易发生事故	三级一般	对特殊工种作业人员和特种设备作业人员必须经过有关主管部门培训取证后，方可上岗工作	
10		起重机械未办理“准用证”，存在安全隐患	三级一般	（1）新增特种设备，在投入使用前，使用单位必须持监督检验机构出具的验收检验报告和安全检验合格标志，到所在地区的地、市级以上特种设备安全监察机构注册登记。 （2）将安全检验合格标志固定在特种设备显著位置上后，方可以投入正式使用	施工方案、《电力建设安全工作规程　第 1 部分：火力发电》（DL 5009.1—2014）
11	拆除电源线	非电工人员进行电气作业，易发生事故	三级一般	非电工人员严禁进行电气作业	
12	拆除卷扬机	起重机械超过额定负荷使用，易发生事故	二级较大	起重机械严禁超负荷作业，重量达到起重机械额定负荷 90%及以上，两台及两台以上起重机械抬吊同一物件时，必须办理安全施工作业票，总指挥、副总指挥应在场指导	

续表

序号	施工工序	可能导致的事故	风险分级/风险标识	主要防范措施	工作依据
13	拆除卷扬机	高处人身坠落	三级一般	作业人员必须正确挂牢安全带，穿防滑鞋	施工方案、《电力建设安全工作规程　第1部分：火力发电》（DL 5009.1—2014）
14		使用电焊、火焊易发生火灾	三级一般	在使用电焊、火焊时，要报请总指挥批准，采取可靠的防护措施，防止意外伤害事故的发生	
15	拉设支腿揽风绳	行走台车支垫不牢固，易发生事故	二级较大	（1）两侧行走台车必须用枕木、薄木片、木楔等支垫牢固。 （2）台车行走轮应使用木楔或铁鞋塞紧，防止行走台车沿行走方向移动	
16		支腿缆风绳拉设不规范，易发生事故	二级较大	（1）用缆风绳拉设固定牢靠，每支腿内、外两侧各设最少2根，缆风绳生根处挂3t和5t的手拉葫芦以备收紧缆风绳。 （2）应特别注意缆风绳不应影响桥架拆除起吊，缆风绳与地面的夹角应控制在30°～45°	
17		地锚布置、选用、埋设不合适，易发生事故	二级较大	不能用散件做地锚，要使用整体件，重心要集中，与地面要有足够的接触面积，要有增大摩擦系数的措施，地锚重量较轻时要进行地埋	

续表

序号	施工工序	可能导致的事故	风险分级/风险标识	主要防范措施	工作依据
18	桥架拆除	吊点、吊具选择错误，易发生事故	二级较大	桥架拆除起吊应严格按《施工方案/作业指导书》选定的吊点、吊具进行	施工方案、《电力建设安全工作规程　第1部分：火力发电》（DL 5009.1—2014）
19		损坏设备和人身安全事故	二级较大	桥架拆除起吊前仔细检查，确保桥架与各支腿连接螺栓拆除干净，不存在焊点及其他连接	
20		损坏设备及发生人身安全事故	二级较大	桥架拆除起吊时，起吊机械应采取逐步增加负荷，随时落实吊车负荷情况，直到桥架与支腿分离，支腿分离前，如果吊车起重量超过桥架实际重量，应暂停起吊，检查桥架是否存在与支腿连接情况，排除后起吊	
21		高空人身坠落	二级较大	（1）桥架上方和桥架中间均需拉设水平安全绳，作业人员行走时必须将安全带挂在水平安全绳上。 （2）拆除过程中正确使用安全带，穿防滑鞋。 （3）按规范搭设脚手板，绑扎固定牢固，验收合格	
22		触电	二级较大	所用的电动工具必须经试验合格，并经可靠的漏电保护器	

续表

序号	施工工序	可能导致的事故	风险分级/风险标识	主要防范措施	工作依据
23	桥架拆除	吊物坠落	二级较大	严禁超负荷使用吊车	施工方案、《电力建设安全工作规程　第1部分：火力发电》（DL 5009.1—2014）
24		设备损坏和人身安全事故	二级较大	（1）桥架起吊时，仔细检查，确保桥架与各支腿连接螺栓拆除干净，不存在焊点及其他连接。 （2）检查完毕后，所有人员全部撤离到地面安全位置后，再起吊桥架，随时观察支腿缆风绳的拉设情况，防止支腿倾倒	
25	拆除支腿		二级较大	起吊索具安全系数不得小于8倍，棱角处必须加垫包角	
26		人身伤害	三级一般	打大锤时挥出方向严禁站人，过冲、螺栓弹出方向严禁站人	
27			三级一般	打大锤时严禁戴手套	
28	拆除行走台车		三级一般	施工过程中要集中注意力，观察好周围环境，做好安全，“一对一”监护	
29	桥架和支腿解体		三级一般	打大锤时挥出方向严禁站人，并禁止戴手套，螺栓弹出方向严禁站人	

第五节　履带式起重机安装

履带式起重机（以 M250 履带式起重机为例）安装的安全危险因素及控制见表 5-5。

表 5-5　　履带式起重机安装的安全危险因素及控制

序号	施工工序	可能导致的事故	风险分级/风险标识	主要防范措施	工作依据
1	主机的卸车、车体配重及履带安装	易发生安全事故	三级一般	（1）在工程项目开工前，组织参加施工的所有人员接受安全技术交底并签字。对未签字的人员，不得安排参加该项目的施工。 （2）对从事电气、起重、架子工、厂内机动车驾驶人员、机械操作工作等特殊工种作业人员，必须经过有关主管部门培训取证后，方可上岗工作	安全管理规章制度
2				新增特种设备，在投入使用前，使用单位必须持监督检验机构出具的验收检验报告和安全检验合格标志，到所在地区的地、市级以上特种设备安全监察机构注册登记。将安全检验合格标志固定在特种设备显著位置上后，方可以投入正式使用	特种设备安全法

续表

序号	施工工序	可能导致的事故	风险分级/风险标识	主要防范措施	工作依据
3	主机的卸车、车体配重及履带安装	作业用工器具损坏	三级一般	（1）起吊用千斤绳、卸扣等起重工器具在使用前经过检查完好、无损，符合安全要求。 （2）千斤绳安全系数不小于 8 倍。 （3）棱角处必须垫包角	施工方案、《电力建设安全工作规程　第 1 部分：火力发电》（DL 5009.1—2014）
4		机械设备意外损坏	三级一般	（1）作业用起重机械性能良好，安全装置灵敏、可靠。停车位置必须平整、坚实，严禁超负荷作业。 （2）操作人员必须按指挥信号精心操作，严格遵守安全操作规程，严禁违章作业。 （3）起重指挥必须严格按照《起重机　手势信号》（GB/T 5082）规定的指挥信号指挥，严禁违章指挥	
5		作业人员意外伤害	三级一般	作业前观察好作业环境，作业时协调一致，做好“一对一”安全监护，防止意外伤害	
6		人身伤害	二级较大	（1）主机安装区域必须经过夯实、垫平，在支腿铁鞋下面必须垫上自制钢垫板。 （2）在主机下落时要安排专人监护，保证四个油缸同步上升和下落	
7			三级一般	（1）作业人员使用大锤时严禁戴手套。 （2）在安装履带前必须先安装车体配重	

续表

序号	施工工序	可能导致的事故	风险分级/风险标识	主要防范措施	工作依据
8	安装人字杆、主臂根节和后配重塔式工况的安装	人身伤害	二级较大	主机安装区域必须经过夯实垫平，在两条履带下面必须垫上钢垫板	施工方案、《电力建设安全工作规程　第1部分：火力发电》（DL 5009.1—2014）
9		高空坠落	三级一般	高处使用撬杠时严禁双手施压，以防身体失去平衡高空坠落	
10		高空落物	三级一般	所用工器具及销钉、销轴等零部件不得随意往下抛掷	
11		人身伤害	三级一般	（1）在臂杆扳起前对照施工方案/作业指导书或操作手册进行复核检查。 （2）在销轴或螺栓安装时，作业人员严禁将手或手指伸入销轴或螺栓孔内	
12					
13		挤伤作业人员	三级一般	臂杆组装时，作业人员应站在固定的臂杆一侧，严禁站在非固定的臂杆一侧或同时站在两侧，以防臂杆挤伤作业人员	
14		人身伤害	三级一般	（1）扳起前必须对全车进行检查，达到准扳起条件：销子开口销按要求穿好；电气系统完善；臂架上无杂物，拉臂绳连接正确。 （2）大雪、大雾、大风（风力达到六级及以上）等恶劣气候时必须停止组装作业	

续表

序号	施工工序	可能导致的事故	风险分级/风险标识	主要防范措施	工作依据
15	安装人字杆、主臂根节和后配重塔式工况的安装	触电事故	三级一般	严禁非电工接线	施工方案、《电力建设安全工作规程　第1部分：火力发电》（DL 5009.1—2014）
16		人身伤害	三级一般	扳起过程中要缓慢连续进行，避免突然启动或停止	
				确保地面坚实和水平，不影响副臂滚轮移动，如果地面不平或不坚实要在滚轮的位置铺设铁板	
				在起重臂上每隔 10m 绑扎一根方子木，防止拉臂绳从起重臂上滑下	
17	试吊检验	人身伤害	三级一般	按要求办理安全施工作业票并进行安全技术交底	
18			二级较大	（1）试吊作业由专人指挥，操作人员必须按照指挥信号精心操作。 （2）试吊作业时设专人监护起升机构制动装置。 （3）起吊前核实作业半径，起吊离开地面约 100mm 时停车核实起吊重量	

第六节　履带式起重机拆除

履带式起重机（以 M250 履带式起重机为例）拆除的安全危险因素及控制见表 5-6。

表 5-6　　履带式起重机拆除安全危险因素及控制

<table>
<tr><th>序号</th><th>施工工序</th><th>可能导致的事故</th><th>风险分级/风险标识</th><th>主要防范措施</th><th>工作依据</th></tr>
<tr><td>1</td><td rowspan="4">施工准备</td><td>易发生安全事故</td><td>三级一般</td><td>（1）施工方案/作业指导书按规定编、审、批。
（2）作业前由技术员对施工人员进行安全、技术交底，施工人员必须履行在交底记录上签字</td><td>施工技术管理规章制度</td></tr>
<tr><td>2</td><td rowspan="3">人身伤害</td><td>三级一般</td><td>起重索具、吊具、各工器具及劳动防护用品使用前认真检查，确保状态良好，标识清楚</td><td>设备物资管理制度</td></tr>
<tr><td>3</td><td>三级一般</td><td>所有人员必须熟练掌握本工种技术，并经过专业技术培训考试合格，取得有关部门颁发的合格证件，如特种作业人员操作证，做到持证上岗</td><td rowspan="2">施工方案、《电力建设安全工作规程　第 1 部分：火力发电》（DL 5009.1—2014）</td></tr>
<tr><td>4</td><td>三级一般</td><td>作业区周围设警戒线，专人监护，严禁无关人员进入作业区</td></tr>
</table>

续表

序号	施工工序	可能导致的事故	风险分级/风险标识	主要防范措施	工作依据
5	施工准备	作业人员意外伤害	三级一般	作业前观察好作业环境，作业时协调一致，做好“一对一”安全监护，防止意外伤害	施工方案、《电力建设安全工作规程　第1部分：火力发电》（DL 5009.1—2014）
6		人身伤害	三级一般	整平场地，清除施工区域内障碍物	
7			二级较大	对配合吊车的安全装置、力矩显示器以及刹车系统进行检验，合格后再使用	
8	拆除主臂	人身伤害	三级一般	作业人员使用大锤时严禁戴手套，打大锤时，大锤挥出方向严禁站人，施工人员要互相监督，互相提醒	
9			三级一般	在销轴或螺栓安装时，作业人员严禁将手或手指伸入销轴或螺栓孔内	
10	拆除主臂根节，拆除车体压重	高空坠落	二级较大	高处使用撬杠时严禁双手施压，以防身体失去平衡，高空坠落	
11		高空落物伤人	三级一般	所用工器具及销钉、销轴等零部件不得随意往下抛掷	
12		人身伤害	二级较大	钢丝绳导向滑轮组和吊钩滑轮组处设专人监护钢丝绳走行情况，防止钢丝绳出槽或挤住，出现问题及时用信号联系	

续表

序号	施工工序	可能导致的事故	风险分级/风险标识	主要防范措施	工作依据
13	拆除主臂根节，拆除车体压重	人身伤害	二级较大	重物起吊时应设专人统一指挥	施工方案、《电力建设安全工作规程　第1部分：火力发电》（DL 5009.1—2014）
14			二级较大	（1）起吊索具安全系数不得小于8倍。 （2）棱角处加垫包角	
15	主机拆除及装车		二级较大	主机拆除区域必须经过夯实垫平，在支腿铁鞋下面必须垫上自制钢垫板	
16			二级较大	在主机下落时要安排专人监护，保证四个油缸的同步上升和下落	
17			二级较大	操作人员必须遵守操作规程	
18			二级较大	大雪、大雾、大风（风力达到六级及以上）等恶劣气候时必须停止组装作业	

第六章

焊接与金属检测

第一节　锅炉受热面、四大管道、锅炉附属管道焊接

锅炉受热面、四大管道、锅炉附属管道焊接的安全危险因素及控制见表 6-1。

表 6-1　　锅炉受热面、四大管道、锅炉附属管道焊接的安全危险因素及控制

序号	施工工序	可能导致的事故	风险分级/风险标识	主要防范措施	工作依据
1	焊条烘焙、发放、领用	机械、人身伤害	三级一般	（1）严格按照《烘干箱操作规程》操作焊条烘干箱。 （2）焊条烘干箱电源拆、装由专业电工严格按照操作规程进行操作，烘干箱发生故障时由专业人员修理。 （3）发放、领用焊条时应戴好绝热手套，禁止赤手触摸，防止烫伤。 （4）烘干箱发生故障时应请专业人员修理，禁止私自修理	焊接管理制度
2	焊接机械运输、安装	机械、人身伤害	三级一般	（1）运输焊机时要安排专人负责，统一指挥，统一信号，轻搬轻放。 （2）焊机棚、热处理棚吊运时请起重工指挥操作，禁止私自操作起重机械。	施工方案、《电力建设安全工作规程　第 1 部分：火力发电》（DL 5009.1—2014）、设备操作规程

续表

序号	施工工序	可能导致的事故	风险分级/风险标识	主要防范措施	工作依据
2	焊接机械运输、安装	机械、人身伤害	三级一般	（3）焊机、热处理机等机械由专业电工严格按照操作规程进行拆、装，用电设备与电源开关要挂牌标识。 （4）焊机、热处理机出现故障时应关掉电源，请专业人员修理。 （5）电焊机应布置在干燥场所，设置防雨棚。 （6）焊机裸露的导线部位及转动部位必须装设防护罩。 （7）严禁将缆管、吊车轨道作为电焊二次线，焊接导线不得靠近热源，并严禁接触钢丝绳或转动机械	施工方案、《电力建设安全工作规程　第1部分：火力发电》（DL 5009.1—2014）、设备操作规程
3	布置、拉设电焊及热处理皮线	人身坠落、触电	二级较大	（1）布置、拉设电焊及热处理皮线时应仔细观察周围环境，严禁在无安全防护设施的横梁、临空面、孔洞边缘等危险处行走，防止掉入，造成人身坠落事故。 （2）电焊及热处理皮线应拉直敷设，禁止高空斜拉，交叉往复，不能阻碍交通，下班前将皮线理顺盘好，放在指定位置。	施工方案、《电力建设安全工作规程　第1部分：火力发电》（DL 5009.1—2014）

续表

序号	施工工序	可能导致的事故	风险分级/风险标识	主要防范措施	工作依据
3	布置、拉设电焊及热处理皮线	人身坠落、触电	二级较大	（3）电焊机、工频机接地线及电源皮线不准搭设在易燃易爆物品上，机壳接地应符合安全规定。 （4）拉设皮线前必须对二次线接头进行绝缘处理，芯线不得外露。 （5）敷设或收回电焊导线时，必须将焊机电源关掉	施工方案、《电力建设安全工作规程　第1部分：火力发电》（DL 5009.1—2014）
4	气瓶运输、使用	机械、人身伤害	二级较大	（1）装卸、运输气瓶时要安排专人负责，统一指挥，统一信号，轻搬轻放，防止发生人身碰伤、挤伤事故或碰坏压力表接口。 （2）气瓶应直立放置在专用箱笼内。 （3）运输气瓶时严禁人货混装	施工方案、《电力建设安全工作规程　第1部分：火力发电》（DL 5009.1—2014）、《气瓶安全技术规程》（TSG 23—2021）
5	现场焊接	人身坠落、落物伤人、烫伤、火灾、触电	二级较大	（1）高空作业人员不得有高血压、恐高症等不适合高空作业的疾病，严禁疲劳作业，劳累时要适当休息。 （2）高空作业时不得穿硬底鞋，不得酒后参加高空作业。	施工方案、《电力建设安全工作规程　第1部分：火力发电》（DL 5009.1—2014）

续表

序号	施工工序	可能导致的事故	风险分级/风险标识	主要防范措施	工作依据
5	现场焊接	人身坠落、落物伤人、烫伤、火灾、触电	二级较大	（3）焊接人员进入施工现场必须戴好安全帽，走安全通道，禁止随意攀登，没有安全设施时禁止私自施工。 （4）上爬梯、脚手架时必须检查其牢固性，有无挂牌标志，有雨雪天气，脚手架湿滑时要采取防滑措施。 （5）施焊前应仔细检查脚手架是否牢固，高空作业时安全网、安全绳是否齐全，安全设施不完善时应拒绝施焊。 （6）高空行走和焊接时必须挂好安全带，并做到“高挂低用”，将安全带挂钩牢固地挂在坚固的构件上。 （7）严禁站在吊挂的管道等不稳定的结构部件上，以防高空坠落。 （8）构件放置平稳、牢固后方可施焊。 （9）设备或者管道必须就位牢固后方准施焊，防止挤伤、压伤。 （10）施焊时所有工具、焊条、皮线都应放置、绑扎牢固，更换焊条时将焊条头放入保温桶内，防止下落伤人。	施工方案、《电力建设安全工作规程　第1部分：火力发电》（DL 5009.1—2014）

续表

序号	施工工序	可能导致的事故	风险分级/风险标识	主要防范措施	工作依据
5	现场焊接	人身坠落、落物伤人、烫伤、火灾、触电	二级较大	（11）高空作业时严禁投掷焊接工具及其他器具。 （12）施焊工作面下方采用石棉布兜底，严禁焊花、飞溅下落。 （13）检查施焊场所周围有无易燃易爆物品，若有，应清除后方可施焊。 （14）严禁用氧、乙炔等可燃气体吹扫乘凉。 （15）焊接现场配备灭火器（或消防水桶）等消防设施。 （16）电焊皮线应绝缘良好，裸露处应用绝缘胶布包好，防止触电及擦伤构件。敷设或回收电焊导线时应关闭焊机电源。拖拉皮线时应注意防止触及其他零星物件，防止造成高空落物。 （17）严禁带电接线。 （18）皮线敷设或者回收时，工频机及焊机必须处于关闭状态	施工方案、《电力建设安全工作规程　第1部分：火力发电》（DL 5009.1—2014）
6		人身坠落、触电中暑	二级较大	（1）严禁在带电构件上施焊，防止电击、人身坠落事故。 （2）光照不足时使用的行灯电压不超过12V，通风不良时应装设排气扇。	

续表

序号	施工工序	可能导致的事故	风险分级/风险标识	主要防范措施	工作依据
6	现场焊接	人身坠落、触电、中暑	二级较大	（3）恶劣气候条件下，特别是在六级风以上或大雨雪天气严禁高空作业。 （4）冬季脚手架和爬梯上有积霜、雪时应去除后再施焊。 （5）夏季炎热天气应采取防暑降温措施，合理安排作息时间，以避开午间最高气温，准备足够的饮用水，防脱水中暑	施工方案、《电力建设安全工作规程　第1部分：火力发电》（DL 5009.1—2014）
7	焊接时及焊后清理	人身伤害、火灾	三级一般	（1）动用磨光机及凿子清理焊渣、飞溅时应戴好防护眼镜，并示意他人离开，防止焊渣、飞溅等飞入眼内。 （2）下班时关掉电源，消灭火灾隐患。	设备操作规程
8	焊后热处理	人身坠落、落物伤人、中暑、火灾、触电	二级较大	（1）热处理人员进入施工现场必须戴好安全帽，走安全通道，禁止随意攀登，没有安全设施时禁止私自施工。 （2）上爬梯、脚手架时必须检查其牢固性，有无挂牌标志；有雨雪天气，脚手架湿滑时要采取防滑措施。 （3）热处理工作应仔细检查脚手架是否牢固，高空作业时安全网、安全绳是否齐全，安全设施不完善时应拒绝工作。	施工方案、《电力建设安全工作规程　第1部分：火力发电》（DL 5009.1—2014）

续表

序号	施工工序	可能导致的事故	风险分级/风险标识	主要防范措施	工作依据
8	焊后热处理	人身坠落、落物伤人、中暑、火灾、触电	二级较大	（4）高空作业时必须挂好安全带，并做到“高挂低用”，将安全带挂钩牢固地挂在安全绳上或坚固的构件上。 （5）工作时所有工具都应放置、绑扎牢固，防止下落伤人。 （6）敷设或回收热处理导线时应关闭电源。拖拉皮线时应防止触及其他零星物件，防止造成高空落物。高空作业时严禁投掷焊接工具及其他器具。 （7）热处理前检查场所周围有无易燃易爆物品，若有，应清除后方可工作。 （8）恶劣气候条件下，特别是在六级风以上或大雨雪天气严禁高空作业。 （9）夏季作业时应采取防暑降温措施，并准备足够的饮用水，防止脱水中暑。 （10）管道热处理场所应设围栏，并挂警告牌，防止发生触电或烫伤事故。 （11）通电前仔细检查导线是否有破损处，如有则应用绝缘胶布包好。 （12）应及时将用过的保温棉放到指定地点，不能随意堆放	施工方案、《电力建设安全工作规程　第1部分：火力发电》（DL 5009.1—2014）

续表

序号	施工工序	可能导致的事故	风险分级/风险标识	主要防范措施	工作依据
9	不合格焊口返修	人身坠落、落物伤人、火灾、人身伤害	二级较大	（1）确认安全设施完善后方可返修。 （2）进入施工现场必须戴好安全帽，扎好安全带。工作时必须将安全带挂钩牢固地挂在坚固的构件上。 （3）所用工具放置牢固，防止下落。 （4）动用磨光机及凿子清理焊渣、飞溅时应戴好防护眼镜，并示意他人离开。 （5）防止焊渣、飞溅等飞入眼内。 （6）返修完毕，切断电源，消灭火种	施工方案、《电力建设安全工作规程　第1部分：火力发电》（DL 5009.1—2014）、设备工具操作规程
10	电动工具的使用	触电、人身伤害	三级一般	（1）使用电动工具前先全面检查是否漏电或工具器件及其性能是否良好，并做出相应的处理措施。 （2）不得乱拆、乱卸电动工具。 （3）使用工具时做好相应的安全保护措施，如使用磨光机时戴好防护眼镜等。 （4）正确、规范使用电动工具，做到“四不伤害”	设备工具操作规程

第二节　汽轮机中、低压管道焊接

汽轮机中、低压管道焊接的安全危险因素及控制见表6-2。

表 6-2　汽轮机中、低压管道焊接的安全危险因素及控制

序号	施工工序	可能导致的事故	风险分级/风险标识	主要防范措施	工作依据
1	焊条烘焙、发放、领用	机械、人身伤害	三级一般	（1）严格按照《烘干箱操作规程》操作焊条烘干箱。 （2）焊条烘干箱电源拆、装由专业电工严格按照操作规程进行操作，烘干箱发生故障时由专业人员修理。 （3）发放、领用焊条时应戴好绝热手套，禁止赤手触摸，防止烫伤。 （4）烘干箱发生故障时应请专业人员修理，禁止私自修理	焊接管理制度
2	焊接机械运输、安装	机械、人身伤害	三级一般	（1）运输焊机时要安排专人负责，统一指挥，统一信号，轻搬轻放。 （2）焊机棚、热处理棚吊运时请起重工指挥操作，禁止私自操作起重机械。 （3）焊机、热处理机等机械由专业电工严格按照操作规程进行拆、装，用电设备与电源开关要挂牌标识。 （4）焊机、热处理机出现故障时应关掉电源，请专业人员修理。 （5）电焊机应布置在干燥场所，设置防雨棚。	施工方案、《电力建设安全工作规程　第1部分：火力发电》（DL 5009.1—2014）、设备操作规程

续表

序号	施工工序	可能导致的事故	风险分级/风险标识	主要防范措施	工作依据
2	焊接机械运输、安装	机械、人身伤害	三级一般	（6）焊机裸露的导线部位及转动部位必须装设防护罩。 （7）严禁将缆管、吊车轨道作为电焊二次线，焊接导线不得靠近热源，并严禁接触钢丝绳或转动机械	施工方案、《电力建设安全工作规程　第1部分：火力发电》（DL 5009.1—2014）、设备操作规程
3	布置、拉设电焊及热处理皮线	人身坠落、触电	二级较大	（1）布置、拉设电焊及热处理皮线时应仔细观察周围环境，严禁在无安全防护设施的横梁、临空面、孔洞边缘等危险处行走，防止掉入，造成人身坠落事故。 （2）电焊及热处理皮线应拉直敷设，禁止高空斜拉，交叉往复，不能阻碍交通，下班前将皮线理顺盘好，放在指定位置。 （3）电焊机、工频机接地线及电源皮线不准搭设在易燃易爆物品上，机壳接地应符合安全规定。 （4）拉设皮线前必须对二次线接头进行绝缘处理，芯线不得外露。 （5）敷设或收回电焊导线时，必须将焊机电源关掉	施工方案、《电力建设安全工作规程　第1部分：火力发电》（DL 5009.1—2014）

续表

序号	施工工序	可能导致的事故	风险分级/风险标识	主要防范措施	工作依据
4	气瓶运输、使用	机械、人身伤害	二级较大	（1）装卸、运输气瓶时要安排专人负责，统一指挥，统一信号，轻搬轻放，防止发生人身碰伤、挤伤事故或碰坏压力表接口。 （2）气瓶应直立放置在专用箱笼内。 （3）运输气瓶时严禁人货混装	施工方案、《电力建设安全工作规程　第1部分：火力发电》（DL 5009.1—2014）、《气瓶安全技术规程》（TSG 23—2021）
5	现场焊接	人身坠落、落物伤人、烫伤、火灾、触电、中暑	二级较大	（1）高空作业人员不得有高血压、恐高症等不适合高空作业的疾病，严禁疲劳作业，劳累时要适当休息。 （2）高空作业时不得穿硬底鞋，不得酒后参加高空作业。 （3）焊接人员进入施工现场必须戴好安全帽，走安全通道，禁止随意攀登，没有安全设施时禁止私自施工。 （4）上爬梯、脚手架时必须检查其牢固性，有无挂牌标志；有雨雪天气，脚手架湿滑时要采取防滑措施。	施工方案、《电力建设安全工作规程　第1部分：火力发电》（DL 5009.1—2014）

续表

序号	施工工序	可能导致的事故	风险分级/风险标识	主要防范措施	工作依据
5	现场焊接	人身坠落、落物伤人、烫伤、火灾、触电、中暑	二级较大	（5）施焊前应仔细检查脚手架是否牢固，高空作业时安全网、安全绳是否齐全，安全设施不完善时应拒绝施焊。 （6）高空行走和焊接时必须挂好安全带，并做到高挂低用，将安全带挂钩牢固地挂在坚固的构件上。 （7）严禁站在吊挂的管道等不稳定的结构部件上，以防高空坠落。 （8）构件放置平稳、牢固后方可施焊。 （9）设备或者管道必须就位牢固后方准施焊，防止挤伤、压伤。 （10）施焊时所有工具、焊条、皮线都应放置、绑扎牢固，更换焊条时将焊条头放入保温桶内，防止下落伤人。 （11）高空作业时严禁投掷焊接工具及其他器具。 （12）施焊工作面下方采用石棉布兜底，严禁焊花、飞溅下落。 （13）检查施焊场所周围有无易燃易爆物品，若有，应清除后方可施焊。 （14）严禁用氧、乙炔等可燃气体吹扫乘凉。	施工方案、《电力建设安全工作规程　第1部分：火力发电》（DL 5009.1—2014）

续表

序号	施工工序	可能导致的事故	风险分级/风险标识	主要防范措施	工作依据
5	现场焊接	人身坠落、落物伤人、烫伤、火灾、触电、中暑	二级较大	（15）焊接现场配备灭火器（或消防水桶）等消防设施。 （16）电焊皮线应绝缘良好，裸露处应用绝缘胶布包好，防止触电及擦伤构件。敷设或回收电焊导线时应关闭焊机电源。拖拉皮线时应注意防止触及其他零星物件，防止造成高空落物。 （17）严禁带电接线。 （18）皮线敷设或者回收时，工频机及焊机必须处于关闭状态。 （19）严禁在带电构件上施焊，防止电击、人身坠落事故。 （20）光照不足时使用的行灯电压不超过 12V，通风不良时应装设排气扇。 （21）恶劣气候条件下，特别是在六级风以上或大雨雪天气严禁高空作业。 （22）冬季脚手架、爬梯上有积霜、雪时应去除后再施焊。 （23）夏季炎热天气应采取防暑降温措施，合理安排作息时间，以避开午间最高气温，准备足够的饮用水，防脱水中暑	施工方案、《电力建设安全工作规程　第 1 部分：火力发电》（DL 5009.1—2014）

续表

序号	施工工序	可能导致的事故	风险分级/风险标识	主要防范措施	工作依据
6	焊接时及焊后清理	人身伤害、火灾	三级一般	（1）动用磨光机及凿子清理焊渣、飞溅时应戴好防护眼镜，并示意他人离开，防止焊渣、飞溅等飞入眼内。 （2）下班时关掉电源，消灭火灾隐患	设备操作规程
7	焊后热处理	人身坠落、落物伤人、烫伤、火灾、触电	二级较大	（1）热处理人员进入施工现场必须戴好安全帽，走安全通道，禁止随意攀登，没有安全设施时禁止私自施工。 （2）上爬梯、脚手架时必须检查其牢固性，有无挂牌标志；有雨雪天气，脚手架湿滑时要采取防滑措施。 （3）热处理工作应仔细检查脚手架是否牢固，高空作业时安全网、安全绳是否齐全，安全设施不完善时应拒绝施焊。 （4）高空作业时必须挂好安全带，并做到高挂低用，将安全带挂钩牢固地挂在安全绳上或坚固的构件上。 （5）工作时所有工具都应放置、绑扎牢固，防止下落伤人。 （6）敷设或回收热处理导线时应关闭电源。拖拉皮线时应防止触及其他零星物件，防止造成高空落物。高空作业时严禁投掷工具及其他器具。	施工方案、《电力建设安全工作规程　第1部分：火力发电》（DL 5009.1—2014）

续表

序号	施工工序	可能导致的事故	风险分级/风险标识	主要防范措施	工作依据
7	焊后热处理	人身坠落、落物伤人、中暑、火灾、触电	二级较大	（7）热处理前检查场所周围有无易燃易爆物品，若有，应清除后方可工作。 （8）恶劣气候条件下，特别是在六级风以上或大雨雪天气严禁高空作业。 （9）夏季作业时应采取防暑降温措施，并准备足够的饮用水，防止脱水中暑。 （10）管道热处理场所应设围栏，并挂警告牌，防止发生触电或烫伤事故。 （11）通电前仔细检查导线是否有破损处，如有，则应用绝缘胶布包好。 （12）应及时将用过的保温棉放到指定地点，不能随意堆放	施工方案、《电力建设安全工作规程　第1部分：火力发电》（DL 5009.1—2014）
8	不合格焊口返修	人身坠落、落物伤人、火灾、人身伤害	二级较大	（1）确认安全设施完善后方可返修。 （2）进入施工现场必须戴好安全帽，扎好安全带。工作时必须将安全带挂钩牢固地挂在坚固的构件上。 （3）所用工具放置牢固，防止下落。 （4）动用磨光机及凿子清理焊渣、飞溅时应戴好防护眼镜，并示意他人离开。防止焊渣、飞溅等飞入眼内。 （5）返修完毕，切断电源，消灭火种	施工方案、《电力建设安全工作规程　第1部分：火力发电》（DL 5009.1—2014）、设备工具操作规程

续表

序号	施工工序	可能导致的事故	风险分级/风险标识	主要防范措施	工作依据
9	电动工具的使用	未规范、正确地使用电动工具，发生安全事故	三级一般	（1）使用电动工具前先全面检查是否漏电或工具器件及其性能是否良好，并做出相应的处理措施。 （2）不得乱拆、乱卸电动工具。 （3）使用工具时做好相应的安全保护措施，如使用磨光机时戴好防护眼镜等。 （4）正确、规范使用电动工具，做到“四不伤害”	设备工具操作规程
10	管道内焊接	触电、通风不畅、有害气体排不出、氧气减少，发生安全事故	二级较大	（1）管道内须可靠接地或采取其他防止触电的措施，严禁将行灯变压器带入管道内。 （2）焊工所穿衣服、鞋、帽等必须干燥，脚下应垫绝缘垫。 （3）严禁在管道内同时进行电焊、气焊或气割作业。 （4）在管道内作业时，应设通风装置，内部温度不得超过40℃，严禁用氧气作为通风的风源。 （5）在管道内进行焊接或切割作业时，入口处应设专人监护，并在监护人伸手可及处设二次回路的切断开关。监护人应与内部工作人员保持联系，电焊作业中断时应及时切断焊接电源。 （6）在管道内作业时，作业人员应系安全绳，绳的一端交由管道外的监护人钩挂住。	施工方案、《电力建设安全工作规程　第1部分：火力发电》（DL 5009.1—2014）

续表

序号	施工工序	可能导致的事故	风险分级/风险标识	主要防范措施	工作依据
10	管道内焊接	触电、通风不畅、有害气体排不出、氧气减少，发生安全事故	二级较大	（7）严禁将漏气的焊炬、割炬和橡胶软管带入管道内；焊炬、割炬不得在管道内点火，施工完后应及时拉出管道。 （8）下班时或作业结束后应及时清点人数	施工方案、《电力建设安全工作规程 第1部分：火力发电》（DL 5009.1—2014）

第三节 空冷系统焊接与烟、风、煤、粉、灰等管道及附件焊接和密封结构焊接

空冷系统焊接与烟、风、煤、粉、灰等管道及附件焊接和密封结构焊接的安全危险因素及控制见表6-3。

表6-3 空冷系统焊接与烟、风、煤、粉、灰等管道及附件焊接和密封结构焊接的安全危险因素及控制

序号	施工工序	可能导致的事故	风险分级/风险标识	主要防范措施	工作依据
1	焊条烘焙、发放、领用	机械、人身伤害	三级一般	（1）严格按照《烘干箱操作规程》操作焊条烘干箱。 （2）焊条烘干箱电源拆、装由专业电工严格按照操作规程进行操作，烘干箱发生故障时由专业人员修理。	焊接管理制度、烘干箱操作规程

续表

序号	施工工序	可能导致的事故	风险分级/风险标识	主要防范措施	工作依据
1	焊条烘焙、发放、领用	机械、人身伤害	三级一般	（3）发放、领用焊条时应戴好绝热手套，禁止赤手触摸，防止烫伤。 （4）烘干箱发生故障时应请专业人员修理，禁止私自修理	焊接管理制度、烘干箱操作规程
2	焊接机械运输、安装	机械、人身伤害	三级一般	（1）运输焊机时要安排专人负责，统一指挥，统一信号，轻搬轻放。 （2）焊机棚吊运时请起重工指挥操作，禁止私自操作起重机械。 （3）焊机由专业电工严格按照操作规程进行拆、装，用电设备与电源开关要挂牌标识。 （4）焊机出现故障时应关掉电源，请专业人员修理。 （5）电焊机应布置在干燥场所，设置防雨棚。 （6）焊机裸露的导线部位及转动部位必须装设防护罩。 （7）严禁将缆管、吊车轨道作为电焊二次线，焊接导线不得靠近热源，并严禁接触钢丝绳或转动机械	施工方案、《电力建设安全工作规程　第1部分：火力发电》（DL 5009.1—2014）、设备操作规程

续表

序号	施工工序	可能导致的事故	风险分级/风险标识	主要防范措施	工作依据
3	布置、拉设电焊皮线	人身坠落、触电	二级较大	（1）布置、拉设电焊皮线时应仔细观察周围环境，严禁在无安全防护设施的横梁、临空面、孔洞边缘等危险处行走，防止掉入，造成人身坠落事故。 （2）电焊皮线应拉直敷设，禁止高空斜拉，交叉往复，不能阻碍交通，下班前将皮线理顺盘好，放在指定位置。 （3）电焊机接地线及电源皮线不准搭设在易燃易爆物品上，机壳接地应符合安全规定。 （4）拉设皮线前必须对二次线接头进行绝缘处理，芯线不得外露。 （5）敷设或收回电焊导线时，必须将焊机电源关掉	施工方案、《电力建设安全工作规程　第1部分：火力发电》（DL 5009.1—2014）
4	气瓶运输、使用	机械、人身伤害	二级较大	（1）装卸、运输气瓶时要安排专人负责，统一指挥，统一信号，轻搬轻放，防止发生人身碰伤、挤伤事故或碰坏压力表接口。 （2）气瓶应直立放置在专用箱笼内。 （3）运输气瓶时严禁人货混装	施工方案、《电力建设安全工作规程　第1部分：火力发电》（DL 5009.1—2014）、《气瓶安全技术规程》（TSG 23—2021）

续表

序号	施工工序	可能导致的事故	风险分级/风险标识	主要防范措施	工作依据
5	现场焊接	人身坠落、落物伤人、烫伤、火灾、触电、中暑	二级较大	（1）高空作业人员不得有高血压、恐高症等不适合高空作业的疾病，严禁疲劳作业，劳累时要适当休息。 （2）高空作业时不得穿硬底鞋，不得酒后参加高空作业。 （3）焊接人员进入施工现场必须戴好安全帽，走安全通道，禁止随意攀登，没有安全设施时禁止私自施工。 （4）上爬梯、脚手架时必须检查其牢固性，有无挂牌标志；有雨雪天气，脚手架湿滑时要采取防滑措施。 （5）施焊前应仔细检查脚手架是否牢固，高空作业时安全网、安全绳是否齐全，安全设施不完善时应拒绝施焊。 （6）高空行走和焊接时必须扎好安全带，并做到高挂低用，将安全带挂钩牢固地挂在坚固的构件上。 （7）构件放置平稳、牢固后方可施焊。 （8）施焊时所有工具、焊条、皮线都应放置、绑扎牢固，更换焊条时将焊条头放入保温桶内，防止下落伤人。	施工方案、《电力建设安全工作规程　第1部分：火力发电》（DL 5009.1—2014）

续表

序号	施工工序	可能导致的事故	风险分级/风险标识	主要防范措施	工作依据
5	现场焊接	人身坠落、落物伤人、烫伤、火灾、触电、中暑	二级较大	（9）高空作业时严禁投掷焊接工具及其他器具。 （10）施焊工作面下方采用石棉布兜底，严禁焊花、飞溅下落。 （11）检查施焊场所周围有无易燃易爆物品，若有，应清除后方可施焊。 （12）严禁用氧、乙炔等可燃气体吹扫乘凉。 （13）焊接现场配备灭火器（或消防水桶）等消防设施。 （14）电焊皮线应绝缘良好，裸露处应用绝缘胶布包好，防止触电及擦伤构件。敷设或回收电焊导线时应关闭焊机电源。拖拉皮线时应注意防止触及其他零星物件，防止造成高空落物。 （15）严禁带电接线。 （16）皮线敷设或者回收时，焊机必须处于关闭状态。 （17）严禁在带电构件上施焊，防止电击、人身坠落事故。 （18）光照不足时使用的行灯电压不超过 12V，通风不良时应装设排气扇。	施工方案、《电力建设安全工作规程　第 1 部分：火力发电》（DL 5009.1—2014）

续表

序号	施工工序	可能导致的事故	风险分级/风险标识	主要防范措施	工作依据
5	现场焊接	人身坠落、落物伤人、烫伤、火灾、触电、中暑	二级较大	（19）恶劣气候条件下，特别是在六级风以上或大雨雪天气严禁高空作业。 （20）冬季脚手架、爬梯上有积霜、雪时应去除后再施焊。 （21）夏季炎热天气应采取防暑降温措施，合理安排作息时间，以避开午间最高气温，准备足够的饮用水防脱水中暑	施工方案、《电力建设安全工作规程 第1部分：火力发电》（DL 5009.1—2014）
6	焊接时及焊后清理	人身伤害、火灾	三级一般	（1）动用磨光机及凿子清理焊渣、飞溅时应戴好防护眼镜，并示意他人离开，防止焊渣、飞溅等飞入眼内。 （2）下班时关掉电源，消灭火灾隐患	设备操作规程
7	不合格焊口返修	人身坠落、落物伤人、火灾、人身伤害	二级较大	（1）确认安全设施完善后方可返修。 （2）进入施工现场必须戴好安全帽，扎好安全带。工作时必须将安全带挂钩牢固地挂在坚固的构件上。 （3）所用工具放置牢固，防止下落。 （4）动用磨光机及凿子清理焊渣、飞溅时应戴好防护眼镜，并示意他人离开。 （5）防止焊渣、飞溅等飞入眼内。 （6）返修完毕，切断电源，消灭火种	施工方案、《电力建设安全工作规程 第1部分：火力发电》（DL 5009.1—2014）、设备工具操作规程

续表

序号	施工工序	可能导致的事故	风险分级/风险标识	主要防范措施	工作依据
8	电动工具的使用	触电、人身伤害	三级一般	（1）使用电动工具前先全面检查是否漏电或工具器件及其性能是否良好，并做出相应的处理措施。 （2）不得乱拆、乱卸电动工具。 （3）使用工具时做好相应的安全保护措施，如使用磨光机戴好防护眼镜等。 （4）正确、规范使用电动工具，做到“四不伤害”	设备工具操作规程
9	管道内焊接	触电、通风不畅、有害气体排不出、氧气减少，发生安全事故	二级较大	（1）管道内须可靠接地或采取其他防止触电的措施；严禁将行灯变压器带入管道内。 （2）焊工所穿衣服、鞋、帽等必须干燥，脚下应垫绝缘垫。 （3）严禁在管道内同时进行电焊、气焊或气割作业。 （4）在管道内作业时，应设通风装置，内部温度不得超过 40℃，严禁用氧气作为通风的风源。 （5）在管道内进行焊接或切割作业时，入口处应设专人监护，并在监护人伸手可及处设二次回路的切断开关。监护人应与内部工作人员保持联系，电焊作业中断时应及时切断焊接电源。	施工方案、《电力建设安全工作规程　第 1 部分：火力发电》（DL 5009.1—2014）

续表

序号	施工工序	可能导致的事故	风险分级/风险标识	主要防范措施	工作依据
9	管道内焊接	触电、通风不畅、有害气体排不出、氧气减少，发生安全事故	二级较大	（6）在管道内作业时，作业人员应系安全绳，绳的一端交由管道外的监护人钩挂住。 （7）严禁将漏气的焊炬、割炬和橡胶软管带入管道内；焊炬、割炬不得在管道内点火，施工完后应及时拉出管道。 （8）下班时或作业结束后应及时清点人数	施工方案、《电力建设安全工作规程　第1部分：火力发电》（DL 5009.1—2014）

第四节　仪表管道焊接

仪表管道焊接的安全危险因素及控制见表6-4。

表6-4　　仪表管道焊接的安全危险因素及控制

序号	施工工序	可能导致的事故	风险分级/风险标识	主要防范措施	工作依据
1	焊接机械运输、安装	机械、人身伤害	三级一般	（1）运输焊机时要安排专人负责，统一指挥，统一信号，轻搬轻放。 （2）焊机棚吊运时由起重工指挥操作，禁止私自操作起重机械。	施工方案、《电力建设安全工作规程　第1部分：

续表

序号	施工工序	可能导致的事故	风险分级/风险标识	主要防范措施	工作依据
1	焊接机械运输、安装	机械、人身伤害	三级一般	（3）焊机由专业电工严格按照操作规程进行拆、装，用电设备与电源开关要挂牌标识。 （4）焊机出现故障时应关掉电源，由专业人员修理。 （5）电焊机应布置在干燥场所，设置防雨棚。 （6）焊机裸露的导线部位及转动部位必须装设防护罩。 （7）严禁将缆管、吊车轨道作为电焊二次线，焊接导线不得靠近热源，并严禁接触钢丝绳或转动机械	火力发电》（DL 5009.1—2014）、设备操作规程
2	布置、拉设电焊皮线	人身坠落、触电	二级较大	（1）布置、拉设电焊皮线时应仔细观察周围环境，严禁在无安全防护设施的横梁、临空面、孔洞边缘等危险处行走，防止掉入，造成人身坠落事故。 （2）电焊皮线应拉直敷设，禁止高空斜拉，交叉往复，不能阻碍交通，下班前将皮线理顺盘好，放在指定位置。 （3）电焊机接地线及电源皮线不准搭设在易燃易爆物品上，机壳接地应符合安全规定。 （4）拉设皮线前必须对二次线接头进行绝缘处理，芯线不得外露。 （5）敷设或收回电焊导线时，必须将焊机电源关掉	施工方案、《电力建设安全工作规程 第1部分：火力发电》（DL 5009.1—2014）

续表

序号	施工工序	可能导致的事故	风险分级/风险标识	主要防范措施	工作依据
3	气瓶运输、使用	机械、人身伤害	二级较大	（1）装卸、运输气瓶时要安排专人负责，统一指挥，统一信号，轻搬轻放，防止发生人身碰伤、挤伤事故或碰坏压力表接口。 （2）气瓶应直立放置在专用箱笼内。 （3）运输气瓶时严禁人货混装	施工方案、《电力建设安全工作规程　第1部分：火力发电》（DL 5009.1—2014）、《气瓶安全技术规程》（TSG 23—2021）
4	现场焊接	人身坠落、落物伤人、烫伤、火灾、触电、中暑	二级较大	（1）高空作业人员不得有高血压、恐高症等不适合高空作业的疾病，严禁疲劳作业，劳累时要适当休息。 （2）高空作业时不得穿硬底鞋，不得酒后参加高空作业。 （3）焊接人员进入施工现场必须戴好安全帽，走安全通道，禁止随意攀登，没有安全设施时禁止私自施工。 （4）上爬梯、脚手架时必须检查其牢固性，有无挂牌标志；有雨雪天气，脚手架湿滑时要采取防滑措施。	施工方案、《电力建设安全工作规程　第1部分：火力发电》（DL 5009.1—2014）

续表

序号	施工工序	可能导致的事故	风险分级/风险标识	主要防范措施	工作依据
4	现场焊接	人身坠落、落物伤人、烫伤、火灾、触电、中暑	二级较大	（5）施焊前应仔细检查脚手架是否牢固，高空作业时安全网、安全绳是否齐全，安全设施不完善时应拒绝施焊。 （6）高空行走和焊接时必须挂好安全带，并做到高挂低用，将安全带挂钩牢固地挂在坚固的构件上。 （7）严禁站在吊挂的管道等不稳定的结构部件上，以防高空坠落。 （8）构件放置平稳、牢固后方可施焊。 （9）施焊时所有工具、皮线都应放置、绑扎牢固，防止下落伤人。 （10）高空作业时严禁投掷焊接工具及其他器具。 （11）施焊工作面下方采用石棉布兜底，严禁焊花、飞溅下落。 （12）检查施焊场所周围有无易燃易爆物品，若有，应清除后方可施焊。 （13）焊接现场配备灭火器（或消防水桶）等消防设施。 （14）电焊皮线应绝缘良好，裸露处应用绝缘胶布包好，防止触电及擦伤构件。敷设或回收电焊导	施工方案、《电力建设安全工作规程　第 1 部分：火力发电》（DL 5009.1—2014）

续表

序号	施工工序	可能导致的事故	风险分级/风险标识	主要防范措施	工作依据
4	现场焊接	人身坠落、落物伤人、烫伤、火灾、触电、中暑	二级较大	线时应关闭焊机电源。拖拉皮线时应注意防止触及其他零星物件，防止造成高空落物。 （15）严禁带电接线。 （16）皮线敷设或者回收时，焊机必须处于关闭状态。 （17）严禁在带电构件上施焊，防止电击、人身坠落事故。 （18）光照不足时使用的行灯电压不超过12V，通风不良时应装设排气扇。 （19）恶劣气候条件下，特别是在六级风以上或大雨雪天气严禁高空作业。 （20）冬季脚手架、爬梯上有积霜、雪时应去除后再施焊。 （21）夏季炎热天气应采取防暑降温措施，合理安排作息时间，以避开午间最高气温，准备足够的饮用水，防脱水中暑	施工方案、《电力建设安全工作规程　第1部分：火力发电》（DL 5009.1—2014）
5	焊接时及焊后清理	人身伤害、火灾	三级一般	（1）动用磨光机及凿子清理焊渣、飞溅时应戴好防护眼镜，并示意他人离开，防止焊渣、飞溅等飞入眼内。 （2）下班时关掉电源，消灭火灾隐患	设备工具操作规程

第五节　容　器　焊　接

容器焊接的安全危险因素及控制见表6-5。

表6-5　　　　容器焊接的安全危险因素及控制

序号	施工工序	可能导致的事故	风险分级/风险标识	主要防范措施	工作依据
1	焊条烘焙、发放、领用	机械、人身伤害	三级一般	（1）严格按照《烘干箱操作规程》操作焊条烘干箱。 （2）焊条烘干箱电源拆、装由专业电工严格按照操作规程进行操作，烘干箱发生故障时由专业人员修理。 （3）发放、领用焊条时应戴好绝热手套，禁止赤手触摸，防止烫伤。 （4）烘干箱发生故障时应由专业人员修理，禁止私自修理	烘干箱操作规程、焊接管理制度
2	焊接机械运输、安装	机械、人身伤害	三级一般	（1）运输焊机时要安排专人负责，统一指挥，统一信号，轻搬轻放。 （2）焊机棚吊运时由起重工指挥操作，禁止私自操作起重机械。 （3）焊机由专业电工严格按照操作规程进行拆、装，用电设备与电源开关要挂牌标识。	施工方案、《电力建设安全工作规程　第1部分：火力发电》（DL 5009.1—2014）、设备操作规程

续表

序号	施工工序	可能导致的事故	风险分级/风险标识	主要防范措施	工作依据
2	焊接机械运输、安装	机械、人身伤害	三级一般	（4）焊机出现故障时应关掉电源，由专业人员修理。 （5）电焊机应布置在干燥场所，设置防雨棚。 （6）焊机裸露的导线部位及转动部位必须装设防护罩。 （7）严禁将缆管、吊车轨道作为电焊二次线，焊接导线不得靠近热源，并严禁接触钢丝绳或转动机械	施工方案、《电力建设安全工作规程　第1部分：火力发电》（DL 5009.1—2014）、设备操作规程
3	布置、拉设电焊皮线	人身坠落、触电	二级较大	（1）布置、拉设电焊皮线时应仔细观察周围环境，严禁在无安全防护设施的横梁、临空面、孔洞边缘等危险处行走，防止掉入，造成人身坠落事故。 （2）电焊皮线应拉直敷设，禁止高空斜拉，交叉往复，不能阻碍交通，下班前将皮线理顺盘好，放在指定位置。 （3）电焊机接地线及电源皮线不准搭设在易燃易爆物品上，机壳接地应符合安全规定。 （4）拉设皮线前必须对二次线接头进行绝缘处理，芯线不得外露。 （5）敷设或收回电焊导线时，必须将焊机电源关掉	施工方案、《电力建设安全工作规程　第1部分：火力发电》（DL 5009.1—2014）

续表

序号	施工工序	可能导致的事故	风险分级/风险标识	主要防范措施	工作依据
4	气瓶运输、使用	机械、人身伤害	二级较大	（1）装卸、运输气瓶时要安排专人负责，统一指挥，统一信号，轻搬轻放，防止发生人身碰伤、挤伤事故或碰坏压力表接口。 （2）气瓶应直立放置在专用箱笼内。 （3）运输气瓶时严禁人货混装	施工方案、《电力建设安全工作规程　第1部分：火力发电》（DL 5009.1—2014）、《气瓶安全技术规程》（TSG 23—2021）
5	现场焊接	人身坠落、落物伤人、烫伤、火灾、触电、中暑	二级较大	（1）高空作业人员不得有高血压、恐高症等不适合高空作业的疾病，严禁疲劳作业，劳累时要适当休息。 （2）高空作业时不得穿硬底鞋，不得酒后参加高空作业。 （3）焊接人员进入施工现场必须戴好安全帽，走安全通道，禁止随意攀登，没有安全设施时禁止私自施工。 （4）上爬梯、脚手架时必须检查其牢固性，有无挂牌标志；有雨雪天气，脚手架湿滑时要采取防滑措施。	施工方案、《电力建设安全工作规程　第1部分：火力发电》（DL 5009.1—2014）

续表

序号	施工工序	可能导致的事故	风险分级/风险标识	主要防范措施	工作依据
5	现场焊接	人身坠落、落物伤人、烫伤、火灾、触电、中暑	二级较大	（5）施焊前应仔细检查脚手架是否牢固，高空作业时安全网、安全绳是否齐全，安全设施不完善时应拒绝施焊。 （6）高空行走和焊接时必须扎好安全带，并做到高挂低用，将安全带挂钩牢固地挂在坚固的构件上。 （7）构件放置平稳、牢固后方可施焊。 （8）施焊时所有工具、焊条、皮线都应放置、绑扎牢固，更换焊条时将焊条头放入保温桶内，防止下落伤人。 （9）高空作业时严禁投掷焊接工具及其他器具。 （10）施焊工作面下方采用石棉布兜底，严禁焊花、飞溅下落。 （11）检查施焊场所周围有无易燃易爆物品，若有，应清除后方可施焊。 （12）严禁用氧、乙炔等可燃气体吹扫乘凉。 （13）焊接现场配备灭火器（或消防水桶）等消防设施。 （14）电焊皮线应绝缘良好，裸露处应用绝缘胶布包好，防止触电及擦伤构件。敷设或回收电焊导	施工方案、《电力建设安全工作规程　第1部分：火力发电》（DL 5009.1—2014）

续表

序号	施工工序	可能导致的事故	风险分级/风险标识	主要防范措施	工作依据
5	现场焊接	人身坠落、落物伤人、烫伤、火灾、触电、中暑	二级较大	线时应关闭焊机电源。拖拉皮线时应注意防止触及其他零星物件，防止造成高空落物。 （15）严禁带电接线。 （16）皮线敷设或者回收时，焊机必须处于关闭状态。 （17）严禁在带电构件上施焊，防止电击、人身坠落事故。 （18）光照不足时使用的行灯电压不超过 12V，通风不良时应装设排气扇。 （19）恶劣气候条件下，特别是在六级风以上或大雨雪天气严禁高空作业。 （20）冬季脚手架、爬梯上有积霜、雪时应去除后再施焊。 （21）夏季炎热天气应采取防暑降温措施，合理安排作息时间，以避开午间最高气温，准备足够的饮用水，防脱水中暑	施工方案、《电力建设安全工作规程　第 1 部分：火力发电》（DL 5009.1—2014）
6	焊接时及焊后清理	人身伤害、火灾	三级一般	（1）动用磨光机及凿子清理焊渣、飞溅时应戴好防护眼镜，并示意他人离开，防止焊渣、飞溅等飞入眼内。 （2）下班时关掉电源，消灭火灾隐患	设备工具操作规程

续表

序号	施工工序	可能导致的事故	风险分级/风险标识	主要防范措施	工作依据
7	不合格焊口返修	人身坠落、落物伤人、火灾、人身伤害	二级较大	（1）确认安全设施完善后方可返修。 （2）进入施工现场必须戴好安全帽，扎好安全带。工作时必须将安全带挂钩牢固地挂在坚固的构件上。 （3）所用工具放置牢固，防止下落。 （4）动用磨光机及凿子清理焊渣、飞溅时应戴好防护眼镜，并示意他人离开。 （5）防止焊渣、飞溅等飞入眼内。 （6）返修完毕，切断电源，消灭火种	施工方案、《电力建设安全工作规程　第1部分：火力发电》（DL 5009.1—2014）、设备工具操作规程
8	电动工具的使用	触电、人身伤害	三级一般	（1）使用电动工具前先全面检查是否漏电或工具器件及其性能是否良好，并做出相应的处理措施。 （2）不得乱拆、乱卸电动工具。 （3）使用工具时做好相应的安全保护措施，如使用磨光机时戴好防护眼镜等。 （4）正确、规范使用电动工具，做到“四不伤害”	设备工具操作规程

续表

序号	施工工序	可能导致的事故	风险分级/风险标识	主要防范措施	工作依据
9	容器内焊接	缺少氧气窒息、触电	二级较大	（1）容器内须可靠接地或采取其他防止触电的措施，严禁将行灯变压器带入容器内。 （2）焊工所穿衣服、鞋、帽等必须干燥，脚下应垫绝缘垫。 （3）严禁在容器内同时进行电焊、气焊或气割作业。 （4）在容器内作业时，应设通风装置，内部温度不得超过40℃，严禁用氧气作为通风的风源。 （5）在容器内进行焊接或切割作业时，入口处应设专人监护，并在监护人伸手可及处设二次回路的切断开关。监护人应与内部工作人员保持联系，电焊作业中断时应及时切断焊接电源。 （6）在容器内作业时，作业人员应系安全绳，绳的一端交由容器外的监护人勾挂住。 （7）严禁将漏气的焊炬、割炬和橡胶软管带入管道内；焊炬、割炬不得在容器内点火，施工完后应及时拉出容器。 （8）下班时或作业结束后应及时清点人数	施工方案、《电力建设安全工作规程　第1部分：火力发电》（DL 5009.1—2014）

第六节　给排水与暖通管道、一般支撑钢结构焊接

给排水与暖通管道、一般支撑钢结构焊接的安全危险因素及控制见表 6-6。

表 6-6　　给排水与暖通管道、一般支撑钢结构焊接的安全危险因素及控制

序号	施工工序	可能导致的事故	风险分级/风险标识	主要防范措施	工作依据
1	焊条烘焙、发放、领用	机械、人身伤害	三级一般	（1）严格按照《烘干箱操作规程》操作焊条烘干箱。 （2）焊条烘干箱电源拆、装由专业电工严格按照操作规程进行操作，烘干箱发生故障时由专业人员修理。 （3）发放、领用焊条时应戴好绝热手套，禁止赤手触摸，防止烫伤。 （4）烘干箱发生故障时应由专业人员修理，禁止私自修理	烘干箱操作规程、焊接管理制度
2	焊接机械运输、安装	机械、人身伤害	三级一般	（1）运输焊机时要安排专人负责，统一指挥，统一信号，轻搬轻放。 （2）焊机棚吊运时由起重工指挥操作，禁止私自操作起重机械。 （3）焊机由专业电工严格按照操作规程进行拆、装，用电设备与电源开关要挂牌标识。	施工方案、《电力建设安全工作规程　第 1 部分：火力发电》（DL 5009.1—2014）、设备操作规程

续表

序号	施工工序	可能导致的事故	风险分级/风险标识	主要防范措施	工作依据
2	焊接机械运输、安装	机械、人身伤害	三级一般	（4）焊机出现故障时应关掉电源，由专业人员修理。 （5）电焊机应布置在干燥场所，设置防雨棚。 （6）焊机裸露的导线部位及转动部位必须装设防护罩。 （7）严禁将缆管、吊车轨道作为电焊二次线，焊接导线不得靠近热源，并严禁接触钢丝绳或转动机械	施工方案、《电力建设安全工作规程　第1部分：火力发电》（DL 5009.1—2014）、设备操作规程
3	布置、拉设电焊皮线	人身坠落、触电	二级较大	（1）布置、拉设电焊皮线时应仔细观察周围环境，严禁在无安全防护设施的横梁、临空面、孔洞边缘等危险处行走，防止掉入，造成人身坠落事故。 （2）电焊皮线应拉直敷设，禁止高空斜拉，交叉往复，不能阻碍交通，下班前将皮线理顺盘好，放在指定位置。 （3）电焊机接地线及电源皮线不准搭设在易燃易爆物品上，机壳接地应符合安全规定。 （4）拉设皮线前必须对二次线接头进行绝缘处理，芯线不得外露。 （5）敷设或收回电焊导线时，必须将焊机电源关掉	施工方案、《电力建设安全工作规程　第1部分：火力发电》（DL 5009.1—2014）

续表

序号	施工工序	可能导致的事故	风险分级/风险标识	主要防范措施	工作依据
4	气瓶运输、使用	机械、人身伤害	二级较大	（1）装卸、运输气瓶时要安排专人负责，统一指挥，统一信号，轻搬轻放，防止发生人身碰伤、挤伤事故或碰坏压力表接口。 （2）气瓶应直立放置在专用箱笼内。 （3）运输气瓶时严禁人货混装	施工方案、《电力建设安全工作规程　第1部分：火力发电》（DL 5009.1—2014）、《气瓶安全技术规程》（TSG 23—2021）
5	现场焊接	人身坠落、落物伤人、烫伤、火灾、触电、中暑	二级较大	（1）高空作业人员不得有高血压、恐高症等不适合高空作业的疾病，严禁疲劳作业，劳累时要适当休息。 （2）高空作业时不得穿硬底鞋，不得酒后参加高空作业。 （3）焊接人员进入施工现场必须戴好安全帽，走安全通道，禁止随意攀登，没有安全设施时禁止私自施工。 （4）上爬梯、脚手架时必须检查其牢固性，有无挂牌标志，有雨雪天气，脚手架湿滑时要采取防滑措施。	施工方案、《电力建设安全工作规程　第1部分：火力发电》（DL 5009.1—2014）

续表

序号	施工工序	可能导致的事故	风险分级/风险标识	主要防范措施	工作依据
5	现场焊接	人身坠落、落物伤人、烫伤、火灾、触电、中暑	二级较大	（5）施焊前应仔细检查脚手架是否牢固，高空作业时安全网、安全绳是否齐全，安全设施不完善时应拒绝施焊。 （6）高空行走和焊接时必须扎好安全带，并做到高挂低用，将安全带挂钩牢固地挂在坚固的构件上。 （7）构件放置平稳、牢固后方可施焊。 （8）施焊时所有工具、焊条、皮线都应放置、绑扎牢固，更换焊条时将焊条头放入保温桶内，防止下落伤人。 （9）高空作业时严禁投掷焊接工具及其他器具。 （10）施焊工作面下方采用石棉布兜底，严禁焊花、飞溅下落。 （11）检查施焊场所周围有无易燃易爆物品，若有，应清除后方可施焊。 （12）严禁用氧、乙炔等可燃气体吹扫乘凉。 （13）焊接现场配备灭火器（或消防水桶）等消防设施。 （14）电焊皮线应绝缘良好，裸露处应用绝缘胶布包好，防止触电及擦伤构件。敷设或回收电焊导	施工方案、《电力建设安全工作规程　第1部分：火力发电》（DL 5009.1—2014）

续表

序号	施工工序	可能导致的事故	风险分级/风险标识	主要防范措施	工作依据
5	现场焊接	人身坠落、落物伤人、烫伤、火灾、触电、中暑	二级较大	线时应关闭焊机电源。拖拉皮线时应注意防止触及其他零星物件，防止造成高空落物。 （15）严禁带电接线。 （16）皮线敷设或者回收时，焊机必须处于关闭状态。 （17）严禁在带电构件上施焊，防止电击、人身坠落事故。 （18）光照不足时使用的行灯电压不超过 12V，通风不良时应装设排气扇。 （19）恶劣气候条件下，特别是在六级风以上或大雨、雪天气严禁高空作业。 （20）冬季脚手架、爬梯上有积霜、雪时应去除后再施焊。 （21）夏季炎热天气应采取防暑降温措施，合理安排作息时间，以避开午间最高气温，准备足够的饮用水，防脱水中暑	施工方案、《电力建设安全工作规程　第 1 部分：火力发电》（DL 5009.1—2014）
6	焊接时及焊后清理	人身伤害、火灾	三级一般	（1）动用磨光机及凿子清理焊渣、飞溅时应戴好防护眼镜，并示意他人离开，防止焊渣、飞溅等飞入眼内。 （2）下班时关掉电源，消灭火灾隐患	设备工具操作规程

续表

序号	施工工序	可能导致的事故	风险分级/风险标识	主要防范措施	工作依据
7	电动工具的使用	触电、人身伤害	三级一般	（1）使用电动工具前先全面检查是否漏电或工具器件及其性能是否良好，并做出相应的处理措施。 （2）不得乱拆、乱卸电动工具。 （3）使用工具时做好相应的安全保护措施，如使用磨光机时戴好防护眼镜等。 （4）正确、规范使用电动工具，做到“四不伤害”	设备工具操作规程

第七节　承重钢结构焊接

承重钢结构焊接的安全危险因素及控制见表6-7。

表6-7　　承重钢结构焊接的安全危险因素及控制

序号	施工工序	可能导致的事故	风险分级/风险标识	主要防范措施	工作依据
1	焊条烘焙、发放、领用	机械、人身伤害	三级一般	（1）严格按照《烘干箱操作规程》操作焊条烘干箱。 （2）焊条烘干箱电源拆、装由专业电工严格按照操作规程进行操作，烘干箱发生故障时由专业人员修理。	烘干箱操作规程、焊接管理制度

续表

序号	施工工序	可能导致的事故	风险分级/风险标识	主要防范措施	工作依据
1	焊条烘焙、发放、领用	机械、人身伤害	三级一般	（3）发放、领用焊条时应戴好绝热手套，禁止赤手触摸，防止烫伤。 （4）烘干箱发生故障时应由专业人员修理，禁止私自修理	烘干箱操作规程、焊接管理制度
2	焊接机械运输、安装	机械、人身伤害	三级一般	（1）运输焊机时要安排专人负责，统一指挥，统一信号，轻搬轻放。 （2）焊机棚吊运时由起重工指挥操作，禁止私自操作起重机械。 （3）焊机由专业电工严格按照操作规程进行拆、装，用电设备与电源开关要挂牌标识。 （4）焊机出现故障时应关掉电源，由专业人员修理。 （5）电焊机应布置在干燥场所，设置防雨棚。 （6）焊机裸露的导线部位及转动部位必须装设防护罩。 （7）严禁将缆管、吊车轨道作为电焊二次线，焊接导线不得靠近热源，并严禁接触钢丝绳或转动机械	施工方案、《电力建设安全工作规程　第1部分：火力发电》（DL 5009.1—2014）、设备操作规程

续表

序号	施工工序	可能导致的事故	风险分级/风险标识	主要防范措施	工作依据
3	布置、拉设电焊皮线	人身坠落、触电	二级较大	（1）布置、拉设电焊皮线时应仔细观察周围环境，严禁在无安全防护设施的横梁、临空面、孔洞边缘等危险处行走，防止掉入，造成人身坠落事故。 （2）电焊皮线应拉直敷设，禁止高空斜拉，交叉往复，不能阻碍交通，下班前将皮线理顺盘好，放在指定位置。 （3）电焊机接地线及电源皮线不准搭设在易燃易爆物品上，机壳接地应符合安全规定。 （4）拉设皮线前必须对二次线接头进行绝缘处理，芯线不得外露。 （5）敷设或收回电焊导线时，必须将焊机电源关掉	施工方案、《电力建设安全工作规程　第1部分：火力发电》（DL 5009.1—2014）
4	气瓶运输、使用	机械、人身伤害	二级较大	（1）装卸、运输气瓶时要安排专人负责，统一指挥，统一信号，轻搬轻放，防止发生人身碰伤、挤伤事故或碰坏压力表接口。 （2）气瓶应直立放置在专用箱笼内。 （3）运输气瓶时严禁人货混装	施工方案、《电力建设安全工作规程　第1部分：火力发电》（DL 5009.1—2014）、《气瓶安全技术规程》（TSG 23—2021）

续表

序号	施工工序	可能导致的事故	风险分级/风险标识	主要防范措施	工作依据
5	现场焊接	人身坠落、落物伤人、烫伤、火灾、触电、中暑	二级较大	（1）高空作业人员不得有高血压、恐高症等不适合高空作业的疾病，严禁疲劳作业，劳累时要适当休息。 （2）高空作业时不得穿硬底鞋，不得酒后参加高空作业。 （3）焊接人员进入施工现场必须戴好安全帽，走安全通道，禁止随意攀登，没有安全设施时禁止私自施工。 （4）上爬梯、脚手架时必须检查其牢固性，有无挂牌标志；有雨雪天气，脚手架湿滑时要采取防滑措施。 （5）施焊前应仔细检查脚手架是否牢固，高空作业时安全网、安全绳是否齐全，安全设施不完善时应拒绝施焊。 （6）高空行走和焊接时必须扎好安全带，并做到高挂低用，将安全带挂钩牢固地挂在坚固的构件上。 （7）构件放置平稳、牢固后方可施焊。 （8）施焊时所有工具、焊条、皮线都应放置、绑扎牢固，更换焊条时将焊条头放入保温桶内，防止下落伤人。	施工方案、《电力建设安全工作规程　第1部分：火力发电》（DL 5009.1—2014）

续表

序号	施工工序	可能导致的事故	风险分级/风险标识	主要防范措施	工作依据
5	现场焊接	人身坠落、落物伤人、烫伤、火灾、触电、中暑	二级较大	（9）高空作业时严禁投掷焊接工具及其他器具。 （10）施焊工作面下方采用石棉布兜底，严禁焊花、飞溅下落。 （11）检查施焊场所周围有无易燃易爆物品，若有，应清除后方可施焊。 （12）严禁用氧、乙炔等可燃气体吹扫乘凉。 （13）焊接现场配备灭火器（或消防水桶）等消防设施。 （14）电焊皮线应绝缘良好，裸露处应用绝缘胶布包好，防止触电及擦伤构件。敷设或回收电焊导线时应关闭焊机电源。拖拉皮线时应注意防止触及其他零星物件，防止造成高空落物。 （15）严禁带电接线。 （16）皮线敷设或者回收时，焊机必须处于关闭状态。 （17）严禁在带电构件上施焊，防止电击、人身坠落事故。 （18）光照不足时使用的行灯电压不超过 12V，通风不良时应装设排气扇。	施工方案、《电力建设安全工作规程　第 1 部分：火力发电》（DL 5009.1—2014）

续表

序号	施工工序	可能导致的事故	风险分级/风险标识	主要防范措施	工作依据
5	现场焊接	人身坠落、落物伤人、烫伤、火灾、触电、中暑	二级较大	（19）恶劣气候条件下，特别是在六级风以上或大雨、雪天气严禁高空作业。 （20）冬季脚手架、爬梯上有积霜、雪时应去除后再施焊。 （21）夏季炎热天气应采取防暑降温措施，合理安排作息时间，以避开午间最高气温，准备足够的饮用水，防脱水中暑	
6	焊接时及焊后清理	人身伤害、火灾	三级一般	（1）动用磨光机及凿子清理焊渣、飞溅时应戴好防护眼镜，并示意他人离开，防止焊渣、飞溅等飞入眼内。 （2）下班时关掉电源，消灭火灾隐患	设备工具操作规程
7	不合格焊口返修	人身坠落、落物伤人、火灾、人身伤害	三级一般	（1）确认安全设施完善后方可返修。 （2）进入施工现场必须戴好安全帽，扎好安全带。工作时必须将安全带挂钩牢固地挂在坚固的构件上。 （3）所用工具放置牢固，防止下落。 （4）动用磨光机及凿子清理焊渣、飞溅时应戴好防护眼镜，并示意他人离开，防止焊渣、飞溅等飞入眼内。 （5）返修完毕，切断电源，消灭火种	施工方案、《电力建设安全工作规程　第1部分：火力发电》（DL 5009.1—2014）、设备工具操作规程

续表

序号	施工工序	可能导致的事故	风险分级/风险标识	主要防范措施	工作依据
8	电动工具的使用	触电、人身伤害	三级一般	（1）使用电动工具前先全面检查是否漏电或工具器件及其性能是否良好，并做出相应的处理措施。 （2）不得乱拆、乱卸电动工具。 （3）使用工具时做好相应的安全保护措施，如使用磨光机时戴好防护眼镜等。 （4）正确、规范使用电动工具，做到"四不伤害"	设备工具操作规程

第八节 铝 母 线 焊 接

铝母线焊接的安全危险因素及控制见表 6-8。

表 6-8　　铝母线焊接的安全危险因素及控制

序号	施工工序	可能导致的事故	风险分级/风险标识	主要防范措施	工作依据
1	焊接机械运输、安装	机械、人身伤害	三级一般	（1）运输焊机时要安排专人负责，统一指挥，统一信号，轻搬轻放。 （2）焊机棚吊运时由起重工指挥操作，禁止私自操作起重机械。	施工方案、《电力建设安全工作规程　第 1 部分：

续表

序号	施工工序	可能导致的事故	风险分级/风险标识	主要防范措施	工作依据
1	焊接机械运输、安装	机械、人身伤害	三级一般	（3）焊机由专业电工严格按照操作规程进行拆、装，用电设备与电源开关要挂牌标识。 （4）焊机出现故障时应关掉电源，由专业人员修理。 （5）电焊机应布置在干燥场所，设置防雨棚。 （6）焊机裸露的导线部位及转动部位必须装设防护罩。 （7）严禁将缆管、吊车轨道作为电焊二次线，焊接导线不得靠近热源，并严禁接触钢丝绳或转动机械	火力发电》（DL 5009.1—2014）、设备操作规程
2	布置、拉设电焊皮线	人身坠落、触电	二级较大	（1）布置、拉设电焊皮线时应仔细观察周围环境，严禁在无安全防护设施的横梁、临空面、孔洞边缘等危险处行走，防止掉入，造成人身坠落事故。 （2）电焊皮线应拉直敷设，禁止高空斜拉，交叉往复，不能阻碍交通，下班前将皮线理顺盘好，放在指定位置。 （3）电焊机接地线及电源皮线不准搭设在易燃易爆物品上，机壳接地应符合安全规定。 （4）拉设皮线前必须对二次线接头进行绝缘处理，芯线不得外露。 （5）敷设或收回电焊导线时，必须将焊机电源关掉	施工方案、《电力建设安全工作规程　第1部分：火力发电》（DL 5009.1—2014）

续表

序号	施工工序	可能导致的事故	风险分级/风险标识	主要防范措施	工作依据
3	气瓶运输、使用	机械、人身伤害	二级较大	（1）装卸、运输气瓶时要安排专人负责，统一指挥，统一信号，轻搬轻放，防止发生人身碰伤、挤伤事故或碰坏压力表接口。 （2）气瓶应直立放置在专用箱笼内。 （3）运输气瓶时严禁人货混装	施工方案、《电力建设安全工作规程　第 1 部分：火力发电》（DL 5009.1—2014）、《气瓶安全技术规程》（TSG 23—2021）
4	现场焊接	人身坠落、落物伤人、烫伤、火灾、触电、中暑	二级较大	（1）高空作业人员不得有高血压、恐高症等不适合高空作业的疾病，严禁疲劳作业，劳累时要适当休息。 （2）高空作业时不得穿硬底鞋，不得酒后参加高空作业。 （3）焊接人员进入施工现场必须戴好安全帽，走安全通道，禁止随意攀登，没有安全设施时禁止私自施工。 （4）上爬梯、脚手架时必须检查其牢固性，有无挂牌标志；有雨、雪天气，脚手架湿滑时要采取防滑措施。	施工方案、《电力建设安全工作规程　第 1 部分：火力发电》（DL 5009.1—2014）

续表

序号	施工工序	可能导致的事故	风险分级/风险标识	主要防范措施	工作依据
4	现场焊接	人身坠落、落物伤人、烫伤、火灾、触电、中暑	二级较大	（5）施焊前应仔细检查脚手架是否牢固，高空作业时安全网、安全绳是否齐全，安全设施不完善时应拒绝施焊。 （6）高空行走和焊接时必须扎好安全带，并做到高挂低用，将安全带挂钩牢固地挂在坚固的构件上。 （7）构件放置平稳、牢固后方可施焊。 （8）施焊时所有工具、皮线都应放置、绑扎牢固，防止下落伤人。 （9）高空作业时严禁投掷焊接工具及其他器具。 （10）检查施焊场所周围有无易燃易爆物品，若有，应清除后方可施焊。 （11）焊接现场配备灭火器（或消防水桶）等消防设施。 （12）电焊皮线应绝缘良好，裸露处应用绝缘胶布包好，防止触电及擦伤构件。拖拉皮线时应注意防止触及其他零星物件，防止造成高空落物。 （13）严禁带电接线。 （14）皮线敷设或者回收时，焊机必须处于关闭状态。	施工方案、《电力建设安全工作规程　第1部分：火力发电》（DL 5009.1—2014）

续表

序号	施工工序	可能导致的事故	风险分级/风险标识	主要防范措施	工作依据
4	现场焊接	人身坠落、落物伤人、烫伤、火灾、触电、中暑	二级较大	（15）光照不足时使用的行灯电压不超过 12V，通风不良时应装设排气扇。 （16）恶劣气候条件下，特别是在六级风以上或大雨、雪天气严禁高空作业。 （17）冬季脚手架、爬梯上有积霜、雪时应去除后再施焊。 （18）夏季炎热天气应采取防暑降温措施，合理安排作息时间，以避开午间最高气温，准备足够的饮用水，防脱水中暑	施工方案、《电力建设安全工作规程 第1部分：火力发电》（DL 5009.1—2014）
5	焊接时及焊后清理	人身伤害、火灾	三级一般	（1）动用凿子、刮刀清理焊缝时应戴好防护眼镜，并示意他人离开，防止伤害他人。 （2）下班时关掉电源，消灭火灾隐患	设备工具操作规程
6	电动工具的使用	触电、人身伤害	三级一般	（1）使用电动工具前先全面检查是否漏电或工具器件及其性能是否良好，并做出相应的处理措施。 （2）不得乱拆、乱卸电动工具。 （3）使用工具时做好相应的安全保护措施，如使用磨光机时戴好防护眼镜等。 （4）正确、规范使用电动工具，做到“四不伤害”	设备工具操作规程

续表

序号	施工工序	可能导致的事故	风险分级/风险标识	主要防范措施	工作依据
7	氢氧化纳溶液、稀硝酸溶液的使用	氢氧化纳溶液、稀硝酸溶液对身体的腐蚀	二级较大	（1）穿专用工作服，工作服用棉布或适当的合成材料制作，戴橡胶手套。 （2）戴防护眼镜。 （3）工作场所要通风良好	施工方案、《电力建设安全工作规程 第1部分：火力发电》（DL 5009.1—2014）

第九节 射 线 检 测

射线检测的安全危险因素及控制见表6-9。

表6-9 射线检测的安全危险因素及控制

序号	施工工序	可能导致的事故	风险分级/风险标识	主要防范措施	工作依据
1	γ源的运输、储存、保管、领用及回收	辐射损害	二级较大	（1）使用专用储存室存放γ射源。 （2）γ源储存室选址在非施工且便于保卫人员巡视警戒的区域。 （3）γ源储存室的设计制作应满足防盗及辐射防护要求。	《电力建设安全工作规程 第1部分：火力发电》（DL 5009.1—2014）

续表

序号	施工工序	可能导致的事故	风险分级/风险标识	主要防范措施	工作依据
1	γ源的运输、储存、保管、领用及回收	辐射损害	二级较大	（4）储存室设安全警告标志，设防护安全联锁；房钥匙由探伤专业负责人保管。 （5）射源使用人员严格执行 γ 源领用及归还制度，并在相关记录上签字。 （6）γ源运往现场时必须使用四轮车或三轮车，运输途中设专人警戒。 （7）γ源非使用期间严禁放在施工现场，只能放在专用储存室内。 （8）废γ源由供货商回收处理	《电力建设安全工作规程 第1部分：火力发电》（DL 5009.1—2014）
2	现场检验	触电伤害	二级较大	（1）所有用电仪器设备必须经过绝缘性能检测。 （2）严禁私拆、乱接施工现场电源盘柜。 （3）仪器设备用电必须通过漏电保护器，电源接线使用绝缘插头，不准裸露接线，严禁将电源线直接钩挂在隔离开关上或直接插入插座内使用。 （4）接电源时一人操作，一人监护。 （5）地面检验时，为防止行车或吊车压断电缆及电源线，以上连线必须从行车轨道及行车电缆线底下穿过。所有检验用电缆线、电源线必须保证无破损、无裸露线，电缆头无扩涨、无压瘪，电缆线、插头、插座或开关损坏时要立即更换。	《电力建设安全工作规程 第1部分：火力发电》（DL 5009.1—2014）

续表

序号	施工工序	可能导致的事故	风险分级/风险标识	主要防范措施	工作依据
2	现场检验	触电伤害	二级较大	（6）活动电源盘漏电保护开关动作灵敏，有通电指示灯指示。 （7）在现场使用 X 射线机必须有良好接地。在锅炉上检验时应敷设专用接地线，禁止以锅炉钢梁替代接地线。 （8）X 射线机、光谱仪等检验仪器现场安置处的周围必须干燥，不得置于有油水的区域工作。 （9）现场用照明灯具必须设置防护罩，电源线必须用软橡胶电缆	《电力建设安全工作规程　第 1 部分：火力发电》（DL 5009.1—2014）
3		辐射损害	二级较大	（1）射线检测人员进行现场工作必须佩带辐射报警器及个人剂量计。 （2）射源操作人员必须穿铅防护服，戴铅防护眼镜。 （3）射线检测时用警戒绳划出警戒范围并设醒目标志，夜间设报警红灯。 （4）尽量避免与其他施工人员交叉作业。 （5）若出现交叉作业情况，严禁非探伤人员进入警戒区域，并设专人监护。	《电力建设安全工作规程　第 1 部分：火力发电》（DL 5009.1—2014）

续表

序号	施工工序	可能导致的事故	风险分级/风险标识	主要防范措施	工作依据
3	现场检验	辐射损害	二级较大	（6）射源处于工作状态时，操作人员严禁离开现场。 （7）各班人员要保持联络信号畅通，严禁误照射。 （8）射线探伤人员没有带班人员工作指令不得擅自作业	《电力建设安全工作规程 第1部分：火力发电》（DL 5009.1—2014）
4		高空坠落及高空落物、窒息	二级较大	（1）进入高处作业必须扎好安全带，安全带应挂在上方牢固可靠处。人员移动时应沿安全绳行走并将安全带挂钩挂在水平安全绳上。 （2）高处行走，必须集中精力，以防摔跌、高空坠落及物体打击。严禁在无安全防护的横梁、临边、孔洞边缘通行或逗留。 （3）留意现场安全警告标识，不经许可，不准进入安全警戒区域。 （4）严格遵守现场及作业场所的挂牌、上锁、隔离、装设围栏等安全规定和措施。 （5）不乱走捷径，攀爬斜梁、管道、构件等无安全保障的区域。 （6）现场所有安全设施，禁止乱拆乱动。 （7）交叉作业时要注意上方有无人员施工，并采取防止高空落物的有效隔离措施。	《电力建设安全工作规程 第1部分：火力发电》（DL 5009.1—2014）

续表

序号	施工工序	可能导致的事故	风险分级/风险标识	主要防范措施	工作依据
4	现场检验	高空坠落及高空落物、窒息	二级较大	（8）不准在运转的起重机械周围逗留。 （9）现场试验用仪器、材料、工具要摆放有序，搬运移动时要轻拿轻放，传递物品时只能用绳索或手递，不准抛扔物件。 （10）使用工具袋，较大的工具要拴上保险绳。 （11）在密闭的场所或容器内工作时要保持通风良好，并设专人监护	《电力建设安全工作规程　第1部分：火力发电》（DL 5009.1—2014）
5		仪器碰跌损坏	三级一般	（1）检验仪器及设备距行车轨道中心线的水平距离不得少于1m。 （2）在现场搬运γ射源时，搬运人员距射源容器不得少于0.5m，容器抬起高度不得超过膝部。 （3）在高处或悬空位置进行检验时必须搭设工作平台，且必须采取防止仪器设备坠落的可靠措施，如系安全绳等。 （4）在坡道上搬运仪器或设备时，应使用绳索拴牢，并做好防止倾倒的措施	设备仪器操作规程、作业工艺文件
6	暗室处理	摔碰、切割伤害、触电损害	三级一般	（1）暗室要保证有足够的作业空间，走道畅通。 （2）暗室内电、水源布置合适，电源不应有裸露接线的部分，控制电源要使用拉线开关。	设备仪器操作规程、作业工艺文件

续表

序号	施工工序	可能导致的事故	风险分级/风险标识	主要防范措施	工作依据
6	暗室处理	摔碰、切割伤害、触电损害	三级一般	（3）检验人员进入暗室至少停留 3min，待适应暗室光线情况后才能进行暗室操作。 （4）检验人员使用切片刀注意力要集中且保持高度警惕，防止切片刀切手	设备仪器操作规程、作业工艺文件

第十节　超 声 波 检 测

超声波检测的安全危险因素及控制见表 6-10。

表 6-10　　超声波检测的安全危险因素及控制

序号	施工工序	可能导致的事故	风险分级/风险标识	主要防范措施	工作依据
1	现场检验	触电伤害	二级较大	（1）所有用电仪器设备必须经过绝缘性能检测。 （2）严禁私拆、乱接施工现场电源盘柜。 （3）仪器设备用电必须通过漏电保护器，电源接线使用绝缘插头，不准裸露接线，严禁将电源线直接钩挂在隔离开关上或直接插入插座内使用。	《电力建设安全工作规程　第1部分：火力发电》（DL 5009.1—2014）、设备仪器工器具操作规程

续表

序号	施工工序	可能导致的事故	风险分级/风险标识	主要防范措施	工作依据
1	现场检验	触电伤害	二级较大	（4）地面检验时，为防止行车或吊车压断电源线，必须从行车轨道及行车电缆线底下穿过。所有检验用电缆线、电源线必须保证无破损、无裸露线，电缆线、插头、插座或开关损坏时要立即更换。 （5）活动电源盘漏电保护开关动作灵敏，有通电指示灯指示。 （6）现场用照明灯具必须设置防护罩，电源线必须用软橡胶电缆	《电力建设安全工作规程 第1部分：火力发电》（DL 5009.1—2014）、设备仪器工器具操作规程
2		高空坠落及高空落物	二级较大	（1）进入高处作业必须扎好安全带，安全带应挂在上方牢固可靠处。人员移动时应沿安全绳行走并将安全带挂在水平安全绳上。 （2）高处行走，必须集中精力，以防摔跌、高空坠落及物体打击。严禁在无安全防护的横梁、临边、孔洞边缘通行或逗留。 （3）留意现场安全警告标识，不经许可，不准进入安全警戒区域。 （4）严格遵守现场及作业场所的挂牌、上锁、隔离、装设围栏等安全规定和措施。	《电力建设安全工作规程 第1部分：火力发电》（DL 5009.1—2014）

续表

序号	施工工序	可能导致的事故	风险分级/风险标识	主要防范措施	工作依据
2	现场检验	高空坠落及高空落物、窒息	二级较大	（5）不乱走捷径，攀爬斜梁、管道、构件等无安全保障的区域。 （6）现场所有安全设施，禁止乱拆乱动。 （7）交叉作业时要注意上方有无人员施工，并采取防止高空落物的有效隔离措施。 （8）不准在运转的起重机械周围逗留。 （9）现场试验用仪器、材料、工具要摆放有序，搬运移动时要轻拿轻放，传递物品时只能用绳索或手递，不准抛扔物件。 （10）使用工具袋，较大的工具要拴上保险绳。 （11）在密闭的场所或容器内工作时要保持通风良好，并设专人监护	《电力建设安全工作规程　第1部分：火力发电》（DL 5009.1—2014）

第十一节　表　面　检　测

表面检测的安全危险因素及控制见表6-11。

表 6-11　　　　　　　　表面检测的安全危险因素及控制

序号	施工工序	可能导致的事故	风险分级/风险标识	主要防范措施	工作依据
1	高空磁粉探伤	试验仪器和人身坠落或受落物打击	二级较大	进行高空探伤工作时，探伤检验人员应扎好安全带，使用速差式自控器或自锁器。交叉作业时应有相应的隔离设施，脚手架不完善不允许施工，仪器和人身应有防坠落或防落物打击措施	《电力建设安全工作规程　第1部分：火力发电》（DL 5009.1—2014）、设备仪器工器具操作规程
2	磁粉探伤	触电、人身伤害	三级一般	（1）所有的电动工具使用前均必须经绝缘检测并贴上合格标签方可使用。 （2）操作人员应佩戴防护眼镜	
3	高空渗透探伤	试验仪器和人身坠落或受落物打击	二级较大	（1）进行高空探伤工作时，探伤验人员应扎好安全带，从软爬梯往高处攀登时使用速差式自控器或自锁器。 （2）交叉作业时应有相应的隔离设施，脚手架不完善不允许施工，仪器和人身应有防坠落或防落物打击措施	
4	渗透探伤	触电、人身伤害	三级一般	（1）所有的电动工具使用前均必须经绝缘检测并贴上合格标签方可使用。 （2）操作人员应佩戴防护眼镜	

续表

序号	施工工序	可能导致的事故	风险分级/风险标识	主要防范措施	工作依据
5	渗透探伤	中毒	二级较大	（1）在容器内等密闭场所进行渗透探伤时候，一定要做好通风，以免人员吸进有害气体中毒。 （2）进行渗透探伤时，尤其是在容器内进行作业时，作业人员应戴口罩、手套等劳动防护用品	《电力建设安全工作规程 第1部分：火力发电》（DL 5009.1—2014）、探伤工艺文件
6	涡流探伤	触电	三级一般	（1）涡流探伤一般在地面探伤，危险因素较低，需要注意的是施工用电方面，探伤使用的移动电源盘应经有关管理部门探伤，并贴合格标签。 （2）不允许私自接电。	

第十二节 理 化 检 验

理化检验的安全危险因素及控制见表6-12。

表6-12 理化检验的安全危险因素及控制

序号	施工工序	可能导致的事故	风险分级/风险标识	主要防范措施	工作依据
1	高空光谱分析	高空人身、设备坠落	二级较大	高空作业检测人员必须扎好安全带，设备绑扎牢固	《电力建设安全工作规程 第

续表

序号	施工工序	可能导致的事故	风险分级/风险标识	主要防范措施	工作依据
2	现场光谱分析	触电伤害	三级一般	移动电源盘必须经过检定，不允许私自乱拉电源，检测人员戴绝缘手套	1 部分：火力发电》(DL 5009.1—2014)、检验工艺文件
		高空落物打击	三级一般	戴好安全帽，注意查看周围作业环境	
3	在易燃易爆气体，例如氧气、氢气附近进行光谱分析	电弧容易引起爆炸	一级重大	必须办理作业票，采取隔离措施，在密闭容器内进行光谱分析时，还应派专人监护	
4	现场硬度检验	高空人身坠落	二级较大	高空作业必须注意查看周围工作环境、扎好安全带	《电力建设安全工作规程　第1 部分：火力发电》(DL 5009.1—2014)、检验工艺文件
		触电伤害	三级一般	用测试电笔进行测试、查看漏电器灵敏程度	
		高空落物打击	三级一般	戴好安全帽，注意查看周围工作环境	
		火灾	三级一般	现场严禁烟火	
		废弃砂轮片高空伤人	三级一般	用完后的砂轮片放入指定存放处	

第七章

风电与送电线路工程施工

第一节 风 电 施 工

风电施工的安全危险因素及控制见表 7-1。

表 7-1 **风电施工的安全危险因素及控制**

序号	施工工序	可能导致的事故	风险分级/风险标识	主要防范措施	工作依据
1	爆破作业	物体打击、爆炸	二级较大	爆破材料的保管、存放及作业过程应严格按照 DL 5009.1—2014 第 15 条、《爆破安全规程》（GB 6722—2011）的相关规定，拉设足够的安全警戒范围，并设置警戒标志、警戒人员和监护人员	《电力建设安全工作规程 第 1 部分：火力发电》（DL 5009.1 — 2014）、《爆破安全规程》（GB 6722—2014）
2	基坑人工掏挖作业、人工成孔作业	坍塌、物体打击、窒息	二级较大	（1）进入施工前进行氧气含量检测，配备足够的安全电压照明。 （2）斜开挖面改成梨弧面，改善土层受力状态。 （3）中间增设安全保护罩，保护罩要求牢固，上部增加通气孔（管）和牵引绳索。 （4）在基础上口四周铺设脚手板，增加上部提升装置底部受力面积。	施工方案、《电力建设安全工作规程 第 1 部分：火力发电》（DL 5009.1—2014）

续表

序号	施工工序	可能导致的事故	风险分级/风险标识	主要防范措施	工作依据
2	基坑人工掏挖作业、人工成孔作业	坍塌、物体打击、窒息	二级较大	（5）根据现场情况增设侧壁支撑保护筒，防止直段开挖面塌陷。 （6）人工掏挖基坑应编制专项施工方案，重点对基坑坍塌情况进行危险源辨识。 （7）施工过程中安排专职安全员进行监控。 （8）办理安全施工作业票，做好人员安全技术交底	施工方案、《电力建设安全工作规程 第1部分：火力发电》（DL 5009.1—2014）
3	混凝土生产	机械伤害	三级一般	（1）严格按照搅拌站操作规程操作。 （2）经常对设备进行维修保养。 （3）严格机械的检查，发现问题及时整改，问题整改完成前禁止工作。 （4）混凝土生产系统的安全防护装置必须完好、可靠	《电力建设安全工作规程 第1部分：火力发电》（DL 5009.1—2014）、设备操作规程
4	大型设备运输	车辆伤害、设备事故	二级较大	（1）场内驾驶机动车车速应低于15km/h。 （2）严格执行机械准入制度，确保进入现场的车辆符合安全使用要求。 （3）提前检查运输车辆的传动、车架、转向、制动等系统及轮胎，以确保处于良好的机械、液压、电子和气动操作条件。	施工方案、《电力建设安全工作规程 第1部分：火力发电》（DL 5009.1—2014）

续表

序号	施工工序	可能导致的事故	风险分级/风险标识	主要防范措施	工作依据
4	大型设备运输	车辆伤害、设备事故	二级较大	（4）提前对运输线路进行检查、勘验，主要检查桥梁、涵洞等处的承载能力和转弯、限高、限宽等。 （5）雨雪天气小心驾驶，在有雪的道路上行驶需装防滑链。 （6）按照要求进行封车，确保设备装车封车牢固。 （7）在山路上减速慢行，谨慎驾驶。 （8）禁止夜间在山路上行驶。 （9）装载机等拖拽车辆马力要够，钢丝绳要符合使用要求。 （10）安排人员进行过程监护，拖拽不动时，运输车辆车轮随时垫枕木，防止车辆下滑	施工方案、《电力建设安全工作规程　第1部分：火力发电》（DL 5009.1—2014）
5	风力发电机组吊装作业	其他伤害	三级一般	（1）严格执行 DL 5009.1—2014 第 7.4 条规定。 （2）每一件风机设备吊装后，及时连接该设备的接地线路。 （3）加强现场监督检查	
6	风力发电机组吊装作业	其他伤害	三级一般	（1）起吊大件或不规则组件时，应在吊件上拴以牢固的溜绳。 （2）加强现场监督检查力度。 （3）发现溜绳使用不合理的及时制止、更正	

续表

序号	施工工序	可能导致的事故	风险分级/风险标识	主要防范措施	工作依据
7	风力发电机组吊装作业	机械伤害、设备事故	三级一般	（1）吊装塔身下段、中段时风速不得大于12m/s。 （2）吊装塔身上段、机舱时风速不得大于8m/s。 （3）吊装轮毂和叶片时风速不得大于6m/s	施工方案、《电力建设安全工作规程　第1部分：火力发电》（DL 5009.1—2014）
8			三级一般	（1）根据安装手册和风机厂家说明书进行螺栓紧固。 （2）认真做好螺栓紧固的检查验收，进行力矩确认	
9	不停电放线作业	触电、物体打击、大面积停电	二级较大	（1）按规定办理退重合闸等手续。 （2）要设定警戒区，设立警示牌。 （3）严格按照规程要求的安全距离搭设。 （4）跨越不停电线路时，新建线路的导引绳通过跨越架时，应用绝缘绳作引绳	《电力建设安全工作规程　第2部分：电力线路》（DL 5009.2—2013）、施工方案
10	组立杆塔、架线安装	物体打击、高处坠落、其他伤害	二级较大	（1）严格按照施工方案施工。 （2）地脚螺栓使用前做强度试验。 （3）混凝土养护试块合格后方可施工。 （4）按照规定对螺栓进行紧固。 （5）根据编制的组塔架线检查表格进行检查，验收合格后方可允许下一道工序施工	

续表

序号	施工工序	可能导致的事故	风险分级/风险标识	主要防范措施	工作依据
11	施工管理	自然灾害	三级一般	（1）制定地质灾害安全管理程序，开展地质灾害风险评估，制定控制措施。 （2）与当地气象部门建立联系，关注天气情况，及时发布预警信息。 （3）制定极端天气应急预案，组织应急演练	《电力建设安全工作规程　第1部分：火力发电》（DL 5009.1—2014）
12	人员管理	车辆伤害、机械伤害、高处坠落、起重伤害、触电	三级一般	（1）人员入场时严格审查特种作业人员证件，并将证件复印件存档备查。 （2）特种作业人员现场作业时必须随身携带特殊工种证件，便于随时检查	《电力建设安全工作规程　第1部分：火力发电》（DL 5009.1—2014）
13		物体打击、机械伤害、起重伤害	三级一般	（1）制定并严格执行《高危作业人员禁用手机安全管理程序》。 （2）加强人员教育，现场作业时不得玩手机等电子产品，保持精力集中，观察周围的施工环境，以便应对突发危险状况。 （3）加强现场监督检查，严厉查处违章行为	《电力建设安全工作规程　第1部分：火力发电》（DL 5009.1—2014）

续表

序号	施工工序	可能导致的事故	风险分级/风险标识	主要防范措施	工作依据
14	载人车辆使用	车辆伤害	三级一般	（1）加强对驾驶员行车安全教育及管理，消除人的不安全行为。 （2）加强对车辆保养及监督检查。 （3）做好对驾驶员所驾车辆的交底工作。 （4）做好道路交通事故应急预案的培训工作	《电力建设安全工作规程　第1部分：火力发电》（DL 5009.1—2014）
15	高空作业	高处坠落、高空落物伤人	三级一般	（1）完善现场临边安全防护。 （2）加强人员安全教育，进行高处作业必须扎好安全带，并正确使用。 （3）安全带必须挂在上方稳固独立的位置。 （4）加强现场监督检查，加大违章查处处罚力度。 （5）通道上方的高处作业点拉设兜底安全网或在下方设置隔离层、警戒区。 （6）高处放置的材料、工器具必须做好捆绑固定	《电力建设安全工作规程　第1部分：火力发电》（DL 5009.1—2014）
16	起重作业	起重伤害、高处坠落、物体打击	三级一般	（1）设置专用号段，避免串号。 （2）使用前进行通话测试，确认信号清晰，配备两块电池。 （3）指挥信号必须连贯，每隔30s进行一次信号重复，如无信号，应立即停止操作，待确认无误后方可进行后续工作	《电力建设安全工作规程　第1部分：火力发电》（DL 5009.1—2014）

续表

序号	施工工序	可能导致的事故	风险分级/风险标识	主要防范措施	工作依据
17	起重机械作业	起重伤害、机械伤害	三级一般	（1）建立恶劣天气预警预报系统，及时掌控天气变化。 （2）遇有大雪、大雾、雷雨等恶劣气候，或因夜间照明不足，使指挥人员看不清工作地点、操作人员看不清指挥信号时，不得进行起重工作。 （3）当作业地点的风力达到五级时，不得进行受风面积大的起吊作业；当风力达到六级及以上时，不得进行起吊作业	《电力建设安全工作规程　第1部分：火力发电》（DL 5009.1—2014）
18	汽车起重机作业	机械伤害	三级一般	（1）严格执行《电力建设安全工作规程》。 （2）施工现场操作人员、起重人员及技术人员严格检查、监督。 （3）列入安全技术交底内容。 （4）加强现场监督、检查	《电力建设安全工作规程　第1部分：火力发电》（DL 5009.1—2014）、设备操作规程
19	实验和并网	触电、机械伤害	三级一般	（1）严格执行试运行作业票制度。 （2）严格执行安全“一对一”监护制度。 （3）加强现场的监督检查，查禁违章。 （4）执行试运、消缺制度	施工方案、《电力建设安全工作规程　第1部分：火力发电》（DL 5009.1—2014）

续表

序号	施工工序	可能导致的事故	风险分级/风险标识	主要防范措施	工作依据
20	停送电作业	触电	三级一般	应符合《电力建设安全工作规程》要求，对准备停电进行作业的电器设备把电源完全断开，恢复送电前收回全部工作票，撤离工作人员	施工方案、《电力建设安全工作规程　第1部分：火力发电》（DL 5009.1—2014）
21	带电盘柜电缆防火封堵	触电、火灾	三级一般	（1）严格执行 DL 5009.1—2014 相关内容，采取防止静电感应或电击的安全措施。 （2）防火封堵所用工具为绝缘工具，严禁用金属器具进行防火封堵工作。 （3）封堵前必须办理施工工作票，施工区域必须停电并设专人监护，盘前、后应挂“有人工作、禁止合闸”警示牌和绝缘隔离防护措施，并在工作区域拉设警戒。 （4）严格执行“一对一”结伴，一人监护，另一人操作	

第二节　输电线路施工

输电线路施工的安全危险因素及控制见表 7-2。

表 7-2　　输电线路施工的安全危险因素及控制

序号	施工工序	可能导致的事故	风险分级/风险标识	主要防范措施	工作依据
1	特殊跨越施工	触电、坍塌、起重伤害物体打击、触电、高空坠落	一级重大	（1）跨越架搭设时，必须办理停电手续，经批准停电后方可搭设。 （2）带电作业时，应采用木质架管搭设跨越架，严禁使用钢管等导电体。 （3）作业人员必须戴绝缘手套等防护用品。 （4）管理人员现场旁站，全程监护。 （5）搭设完毕检查挂牌使用。 （6）所有特殊跨越项目必须使用张力放线并计算数据明确。 （7）牵引绳连接导线必须采用检测合格的导线蛇皮套，并做二次保护措施。 （8）跨越段两端耐张塔临时拉线选择固定点正确，经受力验算保证拉线时受力均匀。 （9）跨越段内导线严禁出现接头，提前计算跨越长度。 （10）跨越施工区域必须设置硬质围栏，设专人监护。 （11）严格执行专项施工方案报总部审批	《电力建设安全工作规程　第 2 部分：电力线路》（DL 5009.2—2013）、施工方案

续表

序号	施工工序	可能导致的事故	风险分级/风险标识	主要防范措施	工作依据
2	不停电跨越	触电	二级较大	（1）按规定办理退重合闸等手续。 （2）要设定警戒区，设立警示牌。 （3）严格按照规程要求的安全距离搭设。 （4）跨越不停电线路时，新建线路的导引绳通过跨越架时，应用绝缘绳作引绳	《电力建设安全工作规程　第2部分：电力线路》（DL 5009.2—2013）、施工方案
3	组塔架线	杆塔倒塌	二级较大	（1）严格按照施工方案施工。 （2）地脚螺栓使用前做强度试验。 （3）混凝土养护试块合格后方可施工。 （4）专业质检人员检查螺栓各项指标，合格后方可施工。 （5）制定组塔架线前安全质量检查表，根据组塔架线前安全质量检查表进行检查后施工	
4	放线	杆塔倒塌	二级较大	（1）地锚、转向地锚或临时地锚的埋深符合计算要求。 （2）放线过程中专人指挥、监督。 （3）牵引绳的端头连接部位、导线蛇皮套检测合格后使用，并做二次保护措施	

续表

序号	施工工序	可能导致的事故	风险分级/风险标识	主要防范措施	工作依据
5	拉线	杆塔倒塌	二级较大	（1）临时拉线地锚固定牢固并经受力验算，缆风线拉设要牢固。 （2）设置危险警戒区域，拉设硬围栏，派专人监护。 （3）使用机械、吊车施工，统一听从一人指挥	《电力建设安全工作规程　第2部分：电力线路》（DL 5009.2—2013）、施工方案
6	垮塌施工	触电、高空落物伤人、导线浪费	二级较大	（1）牵引绳连接导线必须采用检测合格的导线蛇皮套，并做二次保护措施。 （2）跨越段两端耐张塔临时拉线选择固定点正确，经受力验算保证拉线时受力均匀。 （3）跨越段内导线严禁出现接头，提前计算跨越长度。 （4）跨越施工区域必须设置硬质围栏，设专人监护。 （5）跨越架搭设时，必须办理停电手续，经批准停电后方可搭设。 （6）带电作业时，应采用竹木质架杆搭设跨越架，严禁使用钢管等导电体。 （7）作业人员必须穿戴个人绝缘防护用品。 （8）管理人员现场旁站，全程监护。 （9）搭设前测量确定与被跨越物的安全距离。 （10）搭设完毕检查、挂牌使用	

附录　特种设备目录

国家质量监督检验检疫总局公告 2014 年 114 号

代码	种类	类别	品种
1000	锅炉	锅炉是指利用各种燃料、电或者其他能源，将所盛装的液体加热到一定的参数，并通过对外输出介质的形式提供热能的设备，其范围规定为设计正常水位容积大于或者等于 30L，且额定蒸汽压力大于或者等于 0.1MPa（表压）的承压蒸汽锅炉；出口水压大于或者等于 0.1MPa（表压），且额定功率大于或者等于 0.1MW 的承压热水锅炉；额定功率大于或者等于 0.1MW 的有机热载体锅炉	
1100		承压蒸汽锅炉	
1200		承压热水锅炉	
1300		有机热载体锅炉	
1310			有机热载体气相炉
1320			有机热载体液相炉

续表

代码	种类	类别	品种
2000	压力容器	压力容器是指盛装气体或者液体，承载一定压力的密闭设备，其范围规定为最高工作压力大于或者等于0.1MPa（表压）的气体、液化气体和最高工作温度高于或者等于标准沸点的液体、容积大于或者等于30L且内直径（非圆形截面指截面内边界最大几何尺寸）大于或者等于150mm的固定式容器和移动式容器；盛装公称工作压力大于或者等于0.2MPa（表压），且压力与容积的乘积大于或者等于1.0MPa•L的气体、液化气体和标准沸点等于或者低于60℃液体的气瓶；氧舱	
2100		固定式压力容器	
2110			超高压容器
2130			第三类压力容器
2150			第二类压力容器
2170			第一类压力容器
2200		移动式压力容器	
2210			铁路罐车
2220			汽车罐车
2230			长管拖车
2240			罐式集装箱

续表

代码	种类	类别	品种
2250			管束式集装箱
2300		气瓶	
2310			无缝气瓶
2320			焊接气瓶
23T0			特种气瓶（内装填料气瓶、纤维缠绕气瓶、低温绝热气瓶）
2400		氧舱	
2410			医用氧舱
2420			高气压舱
8000	压力管道	压力管道是指利用一定的压力，用于输送气体或者液体的管状设备，其范围规定为最高工作压力大于或者等于 0.1MPa（表压），介质为气体、液化气体、蒸汽或者可燃、易爆、有毒、有腐蚀性、最高工作温度高于或者等于标准沸点的液体，且公称直径大于或者等于 50mm 的管道。公称直径小于 150mm，且其最高工作压力小于 1.6MPa（表压）的输送无毒、不可燃、无腐蚀性气体的管道和设备本体所属管道除外。其中，石油天然气管道的安全监督管理还应按照《安全生产法》《石油天然气管道保护法》等法律法规实施	

续表

代码	种类	类别	品种
8100		长输管道	
8110			输油管道
8120			输气管道
8200		公用管道	
8210			燃气管道
8220			热力管道
8300		工业管道	
8310			工艺管道
8320			动力管道
8330			制冷管道
7000	压力管道元件		
7100		压力管道管子	
7110			无缝钢管
7120			焊接钢管

续表

代码	种类	类别	品种
7130			有色金属管
7140			球墨铸铁管
7150			复合管
71F0			非金属材料管
7200		压力管道管件	
7210			非焊接管件（无缝管件）
7220			焊接管件（有缝管件）
7230			锻制管件
7270			复合管件
72F0			非金属管件
7300		压力管道阀门	
7320			金属阀门
73F0			非金属阀门
73T0			特种阀门

续表

代码	种类	类别	品种
7400		压力管道法兰	
7410			钢制锻造法兰
7420			非金属法兰
7500		补偿器	
7510			金属波纹膨胀节
7530			旋转补偿器
75F0			非金属膨胀节
7700		压力管道密封元件	
7710			金属密封元件
77F0			非金属密封元件
7T00		压力管道特种元件	
7T10			防腐管道元件
7TZ0			元件组合装置

续表

代码	种类	类别	品种
3000	电梯	电梯是指动力驱动，利用沿刚性导轨运行的箱体或者沿固定线路运行的梯级（踏步），进行升降或者平行运送人、货物的机电设备，包括载人（货）电梯、自动扶梯、自动人行道等。非公共场所安装且仅供单一家庭使用的电梯除外	
3100		曳引与强制驱动电梯	
3110			曳引驱动乘客电梯
3120			曳引驱动载货电梯
3130			强制驱动载货电梯
3200		液压驱动电梯	
3210			液压乘客电梯
3220			液压载货电梯
3300		自动扶梯与自动人行道	
3310			自动扶梯
3320			自动人行道
3400		其他类型电梯	
3410			防爆电梯

续表

代码	种类	类别	品种
3420			消防员电梯
3430			杂物电梯
4000	起重机械	起重机械是指用于垂直升降或者垂直升降并水平移动重物的机电设备，其范围规定为额定起重量大于或者等于 0.5t 的升降机；额定起重量大于或者等于 3t（或额定起重力矩大于或者等于 40t·m 的塔式起重机，或生产率大于或者等于 300t/h 的装卸桥），且提升高度大于或者等于 2m 的起重机；层数大于或者等于 2 层的机械式停车设备	
4100		桥式起重机	
4110			通用桥式起重机
4130			防爆桥式起重机
4140			绝缘桥式起重机
4150			冶金桥式起重机
4170			电动单梁起重机
4190			电动葫芦桥式起重机
4200		门式起重机	

续表

代码	种类	类别	品种
4210			通用门式起重机
4220			防爆门式起重机
4230			轨道式集装箱门式起重机
4240			轮胎式集装箱门式起重机
4250			岸边集装箱起重机
4260			造船门式起重机
4270			电动葫芦门式起重机
4280			装卸桥
4290			架桥机
4300		塔式起重机	
4310			普通塔式起重机
4320			电站塔式起重机
4400		流动式起重机	
4410			轮胎起重机

续表

代码	种类	类别	品种
4420			履带起重机
4440			集装箱正面吊运起重机
4450			铁路起重机
4700		门座式起重机	
4710			门座起重机
4760			固定式起重机
4800		升降机	
4860			施工升降机
4870			简易升降机
4900		缆索式起重机	
4A00		桅杆式起重机	
4D00		机械式停车设备	
9000	客运索道	客运索道是指动力驱动，利用柔性绳索牵引箱体等运载工具运送人员的机电设备，包括客运架空索道、客运缆车、客运拖牵索道等。非公用客运索道和专用于单位内部通勤的客运索道除外	

续表

代码	种类	类别	品种
9100		客运架空索道	
9110			往复式客运架空索道
9120			循环式客运架空索道
9200		客运缆车	
9210			往复式客运缆车
9220			循环式客运缆车
9300		客运拖牵索道	
9310			低位客运拖牵索道
9320			高位客运拖牵索道
6000	大型游乐设施	大型游乐设施是指用于经营目的，承载乘客游乐的设施，其范围规定为设计最大运行线速度大于或者等于 2m/s，或者运行高度距地面高于或者等于 2m 的载人大型游乐设施。用于体育运动、文艺演出和非经营活动的大型游乐设施除外	
6100		观览车类	
6200		滑行车类	
6300		架空游览车类	

续表

代码	种类	类别	品种
6400		陀螺类	
6500		飞行塔类	
6600		转马类	
6700		自控飞机类	
6800		赛车类	
6900		小火车类	
6A00		碰碰车类	
6B00		滑道类	
6D00		水上游乐设施	
6D10			峡谷漂流系列
6D20			水滑梯系列
6D40			碰碰船系列
6E00		无动力游乐设施	
6E10			蹦极系列

续表

代码	种类	类别	品种
6E40			滑索系列
6E50			空中飞人系列
6E60			系留式观光气球系列
5000	场（厂）内专用机动车辆	场（厂）内专用机动车辆是指除道路交通、农用车辆以外仅在工厂厂区、旅游景区、游乐场所等特定区域使用的专用机动车辆	
5100		机动工业车辆	
5110			叉车
5200		非公路用旅游观光车辆	
F000	安全附件		
7310			安全阀
F220			爆破片装置
F230			紧急切断阀
F260			气瓶阀门